Материалы III международной научно-практической конференции

Академическая наука - проблемы и достижения

20-21 февраля 2014 г.

Москва

УДК 4+37+51+53+54+55+57+91+61+159.9+316+62+101+330

ББК 72

ISBN: 978-1496060730

В сборнике представлены материалы докладов III международной научно-практической конференции " Академическая наука - проблемы и достижения "

Все статьи представлены в авторской редакции.

Содержание
Биологические науки

Географические науки

Исторические науки

Медицинские науки

Содержание

Науки о земле

Педагогические науки

Содержание

Содержание

Фармацевтические науки

Содержание

Физико-математические науки

Филологические науки

Философские науки

Химические науки

Экономические науки

Содержание

Юридические науки

Марценюк В.Ф., Артуянц А.Ю.*, Абрафикова Л.Г., Высеканцев И.П.
*кандидат биологических наук, Институт проблем криобиологии и криомедицины НАН Украины, г.Харьков
nastya.sir@gmail.com

СОХРАННОСТЬ СВОБОДНЫХ И ИММОБИЛИЗОВАННЫХ НА РАЗЛИЧНЫХ НОСИТЕЛЯХ КЛЕТОК *SACCHAROMYCES BOULARDII* ПОСЛЕ ЛИОФИЛИЗАЦИИ

Опыт работы таких известных и авторитетных банков, коллекций микроорганизмов, как ATCC, NCYC, IMI, DSM и др., показывает, что одним из наиболее эффективных методов длительного хранения микроорганизмов является лиофилизация. Лиофилизацию в настоящее время широко используют для длительного хранения многих видов микроорганизмов [8, 243-245].

В настоящее время в биотехнологических производствах, медицине, ветеринарии, пищевой промышленности одним из приоритетных направлений является применение микроорганизмов, иммобилизованных на/в носителях [7, 85]. Технологии консервирования иммобилизованных микроорганизмов, в т.ч. лиофилизации, находятся в стадии разработки и посвящены преимущественно консервированию клеток, иммобилизованных в гелевых гранулах и микрокапсулах [9,7301; 10,39-40; 11,129-130].

Исследования по изучению влияния лиофилизации на микроорганизмы, иммобилизованные на носителях, немногочисленны. До настоящего времени отсутствовали методические подходы к оценке сохранности непосредственно комплексов «носитель-иммобилизованные клетки». Сохранность иммобилизованных микроорганизмов после лиофилизации авторы оценивали по биологическому эффекту или по суммарному количеству колониеобразующих единиц (КОЕ) в 1 мл препарата [3,2; 4,2; 5,3]. В Институте проблем криобиологии и криомедицины НАН Украины (г.Харьков) был разработан способ оценки сохранности, комплексов «носитель-иммобилизованные клетки» при котором учитывают непосредственно макроколонии, образованные комплексами [6, 2].

Учитывая вышесказанное, целью данного исследования являлось сравнительное изучение сохранности свободных клеток дрожжей *Saccharomyces boulardii* и клеток, иммобилизованных на различных энтеросорбентах, после лиофилизации.

Объектом исследования были дрожжи *Saccharomyces boulardii* (штамм выделен из коммерческого препарата «Ентерол 250», Лаборатория Биокодекс, Франция).

Клетки *S.boulardii* выращивали при 30˚C на скошенном сусло-агаре в течении 48 часов. Часть клеток суспендировали в 5% растворе сахарозы до концентрации 10^8 клеток/мл. Вторую часть клеток иммобилизовали на углеродсодержащих энтеросорбентах «СУМС-1» (ОАО «Новосибхимфарм» РФ) и «Сорбекс» (АО «Экособр» Украина). Иммобилизацию проводили в соответствии с описанием [1, 59]. Иммобилизованные клетки также были суспендированы в 5% растворе сахарозы.

Лиофилизацию проводили в установке КЗВ-9 (СКТБ с ОП ИПК и К НАН Украины, г.Харьков). Образцы охлаждали до -27°С со скоростью 1 град/мин. Начальная температура сублимации составляла -27°С. Продолжительность цикла – 8 часов. Остаточное давление при сублимации составляло 1,38 Па. Остаточная влажность в образцах с иммобилизованными клетками составляла 0,97%, в образцах со свободными клетками – 2,5%. Лиофилизированные образцы герметизировали и хранили при 4°С в течении 7 суток. Последующую регидратацию образцов проводили путем добавления в каждый флакон по 1 мл дистиллированной воды. Изучение жизнеспособности *S.boulardii* проводили «чашечным методом» Коха [2, 9]. В опытах с иммобилизованными клетками сохранность комплексов «носитель-иммобилизованные клетки» определяли по вышеуказанному методу [1, 59]. Статистическую обработку полученных результатов проводили с помощью компьютерной программы SPSS Statistics 17.0.

В результате проведенных исследований было установлено, что после лиофилизации свободных клеток число КОЕ/мл, образованными жизнеспособными клеток дрожжей снижалось на 0,7 lg (рис.1). Различия достоверны при уровне значимости 0,05. Сохранность колониеобразующих комплексов «носитель-иммобилизованные клетки» для обоих носителей после лиофилизации достоверно не отличалась.

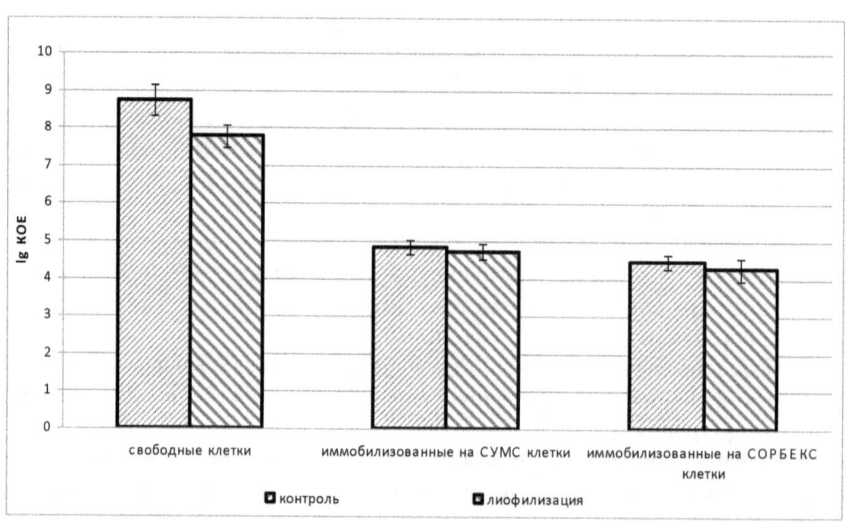

Рис. 1. Сохранность свободных и иммобилизованных на энтеросорбентах клеток *Saccharomyces boulardii* до и после лиофилизации.

Полученные результаты свидетельствуют о различиях в чувствительности свободных клеток и клеток, иммобилизованных на углеродсодержащих сорбентах, к повреждающим факторам процесса лиофилизации. Наиболее вероятно, что дрожжевые клетки, иммобилизованные на поверхности сорбентов, частично дегидратируются на этапе подготовки к лиофилизации. При последующих охлаждении-сублимации они повреждаются в меньшей степени.

СПИСОК ЛИТРАТУРЫ

1. Высеканцев И.П., Бабинец О.М., Марценюк В.Ф., Шатилова Л.Е. Сравнительное изучение адсорбции стандартных маркеров и пробиотиков на энтеросорбентах // Вісник проблем біології і медицини. – 2011. – Вип.1. – С. 58–62.
2. Луста К. А. Методы определения жизнеспособности микроорганизмов / К. А. Луста, Б. А. Фихте. – Пущино: ОНТИ НЦБИ АН СССР, 1990. – 186 с.
3. Патент 2118535 РФ, МПК А6/К 35/74, С12N 11/14. Комплексный бактериальный препарат / Бородин Ю.И., Бурмистров В.А., Гуськов А.А. и др.; заявитель и патентообладатель Ин-т клин. и эксперим. Лимфологии СО РАМН, ЗАО «Вектор-Бест» – N 97104352/13; заявл. 20.03.1997; опубл. 10.09.1998, Бюл. №25.
4. Патент 2164801 РФ, МПК А6/К 35/74. Препарат-пробиотик в сухой иммобилизованной форме / Молокеев А.В., Никулин Л.Г., Ильина Р.М. и др.; заявитель и патентообладатель Дочернее гос. Унитарное эксперим.-производственное пред-ие «Вектор-Биольгам» – N 97104352/13; заявл. 06.12.1999; опубл. 10.04.2001, Бюл. №10.
5. Патент 2017486 С1 РФ, МПК А61К31/00. Способ получения комплексного бактерийного препрата/ А.В. Григорьев, В.А. Знаменскийц, В.Н. Клевцов. заявл. 02.12.1991; Опубл. 15.08.1994. Бюл. №10.
6. Патент 72110 Украина, МПК G01N33/148. Способ определения жизнеспособности микробных клеток, иммобилизованных на носителях/ В.Ф. Марценюк, О.М.Бабинец, И.П. Высеканцев. заявл. 05.01.2012; опубл. 10.08.2012. Бюл. №15.
7. Соловьева И.В., Точилина А.Г., Белова И.В. и др. Конструирование иммобилизованной формы жидкого пробиотика /

Микробиология и эпидемиология. Вестник Нижегородского университета им. Н.И. Лобачевского. – 2012. – №2. – С. 85–92.

8. Antheunisse I. Viability of lyophilized microorganisms after storage / Antonie Van Leeuwenbock Journal. – 1973. – Vol. 39(1). – p. 243–248.

9. Lee J.S. Cha D.S., Park H.J. Survival of freeze-dried *Lactobacillus bulgaricus* KFRI 673 in chitosan-coated calcium alginate microparticles // J. Agric. Food Chem. – 2004. – Vol.52, №24. – P. 7300–7305.

10. Kailasapathy K. Microencapsulation of probiotic bacteria: technology and potential applications / Curr. Issues Intest. Microbiol. – 2002. – Vol. 3. – p. 39–48.

11. Rojas-Tapias D., Ortiz-Vera M., Rivera D., etc. Evaluation of three methods for preservation of Azotobacter chiroococcum and Azotobacter vinelandii / Universitas Scientiarum. Journal of the faculty of sciences. – 2013. – Vol. 18(2). – p. 129–139.

Совгира С.В. - д.п.н., профессор, заведующий кафедрою
Гончаренко Г.Е. - к.б.н., доцент
Мистрюкова Л.М. - к.б.н., доцент
Грабовская С.Л. - аспирант
Уманский государственный педагогический
университет имени Павла Тычины
e-mail: eco-lab-udpu@yandex.ru

ОБЩАЯ ХАРАКТЕРИСТИКА БАССЕЙНА РЕКИ ЮЖНЫЙ БУГ И ЕГО ИХТИОФАУНЫ

Как любая естественная система, ландшафт в процессе эволюции претерпевает изменения как на локальном так и глобальном уровнях, что приводит к появлению видоизмененных или совершенно новых, качественно отличных от предыдущих уровней организации типов ландшафтных экосистем.

Почти 40 лет ландшафты бассейна реки Южный Буг испытывают нагрузки со стороны человека. В настоящее время экологические антропогенные ландшафты занимают почти всю территорию бассейна реки Южный Буг. При экспедиционных исследованиях 1992...2013 гг. нами изучены изменения ландшафтных экосистем бассейна реки Южный Буг под влиянием хозяйственной деятельности человека [2,178].

Болото на водоразделе между реками Збруч и Случ вблизи с. Холодец на Хмельниччине, дает начало реке Южный Буг, которая имеет длину 792 км, падение − 40 м/км. Она прокладывает свое устье среди Подольской и Приднепровской возвышенности и Причерноморской низменности. В верхнем течении, которым считается участок от вытока до г. Винница, устье пролегает среди заболоченной низменности, где оно нередко теряется в зарослях высшей водной растительности. Ширина устья здесь не превышает 10-15 м, глубина − не более 2,5 м, течение едва заметное. Притоки этого участка заболоченные. Во многих местах как на Южном Буге, так и на его притоках построено много водоемов. Такой характер присущ и притоку реке Иква, где она с северо-восточного направления поворачивает круто на восток, сделав значительное колено. Такие изменения направлений устья обусловлены составом пород, которые размывает река. В ряде мест она размывает горные породы, образуя водопады, порожистые участки, которые впоследствии переходят в плесы со спокойным течением. Так, сливаясь с рекой Вовк, Южный Буг образует большой плес, длиной более 3 км, а чуть ниже этого места вблизи с. Новоконстантинов его берега значительно повышаются, на них и в устье появляются выступления гранитов. Скалистые берега сопровождают русло то с одной стороны, то с обеих, благодаря чему река нередко течет как бы в каньоне, где гранитные скалы образуют пороги и перекаты. Пройдя очередную каменистую гряду, река снова размывает мягкие породы, образуя широкое устье и заболоченную пойму, как это наблюдается на участке от устья реки Згар до устья реки Десна. От устья последней река Южный Буг с южного направления поворачивает на юго-запад, сохраняя это направление до устья реки Ров.

От г. Винница до плотины Александровской ГЭС находится среднее течение Южного Буга. Его устье здесь каньйонообразная, долина то отходит от устья, то снова сжимает его, образуя стремительные, высокие, каменистые берега. Во многих местах река перегорожена плотинами, выше которых созданы водохранилища, которые своими водами покрыли порожистые участки, перекаты.

Так, Ладыжинское водохранилище было построено в 1964 году для тепловой электростанции. Оно каньйонного типа, вытянутое с севера на юг на расстояние почти 17 км, имеет ширину 300-1000 м, наибольшую глубину – 19 м, площадь водного зеркала 20,8 км.

На этом же участке Южный Буг принимает и самые большие притоки: Соб, Савранка, Кодыма, Синюха, последняя из которых имеет значительно длиннее притоки (Большая Высь, Горный Тикыч, Гнилой Тикыч, Ятрань, Уманка, Черный Ташлык), они разные по своим гидрологическим особенностям, размывая то горные породы, то мягкие, где появляются заболоченные поймы. Воды большинства из них используются для водоснабжения, разведения рыбы, а в недалеком прошлом и для получения электрической энергии, в связи с чем на них сооружены многочисленные плотины. На этом же участке построен и Южно-Украинский энергетический комплекс. Особенно значительные порожистые места размещены на участке от г. Первомайск до с. Олександровки, где нередко скалистые берега достигают высоты до 90 м. Иногда они снижаются, долина расширяется, на ней появляются болота и даже торфянники. Возле с. Александровка порожистый участок реки заканчивается, она вступает в пределы Причерноморской низменности. Еще до устья реки Мертвовод течение Южного Буга достаточно быстрое, а возле поселка Новая Одесса она уже едва заметна. Устье ниже Александровской ГЭС значительно шире, оно размещается на широкой долине, берега низкие, иногда окружены дамбами, составленные из заиленных песков. Ниже устья реки Чичеклии берега во многих местах покрыты зарослями тростника, камыша и других водных растений, нередко размещаются в плавнях, которые прорезаны рукавами, протоками, где образуются озера. Нередко заросли исчезают, берега обнажаются, их склоны чаще пологие, сложены из песков, часто с примесью ила. Такой характер сохраняется до устья приток реки Ингул, здесь фактически Южный Буг переходит в отроги Днепровско-Бугского лимана. В низовьях солевой и газовый режим очень изменчивы и зависят от действия ветров. При нагонах засоленные воды достигают иногда до Новой Одессы, а поступление вместе с ними сероводорода вызывает удушья всего живого, не смогло избежать этой зоны. Конечно, чаще всего этому способствует длительная штилевой погода.

Рыбное население Южного Буга насчитывает 75 видов. Оно беднее в верхнем течении и богаче – в нижнем, однако численность различных видов зависит как от природных факторов, так и от деятельности человека. Так, когда-то многочисленные в низовьях реки вырезуб и шемая стали редкими и даже исчезающими; то же можно сказать и о судаке–буговце. На эти рыбы отрицательно повлияло сооружения плотины Александровской ГЭС наряду с интенсивными выловом. Очевидно, выше указанной плотины для размножения поднимались и такие проходные рыбы, как белуга и осетр – из осетровых, сельдь – с сельдевых, с полупроходных – рыбец, чехоня и другие. В верхнем течении Южного Буга встречаются сазан (карп), лещ, карась золотистый, карась серебристый, линь, плотва, красноперка, верховодка, пескарь, горчак, щука, окунь, ерш, вьюн, бычки. В среднем течении – от Винницы до Александровки, кроме некоторых из указанных видов, достаточно известны: мурена, судак, сом, миньок. В нижнем течении – ниже плотины Александровской ГЭС – указываются рыбы, которые заходят сюда из Днепровско-Бугского лимана и Черного моря, в частности белуга, осетр, севрюга, тюлька, сельдь, тарань, шемая, рыбец, чехонь, угорь речной, судак обычный, судак–буголовець (он же судак морской), перкарина, лещ, окунь, сазан и другие. Конечно, разведения в прудах некоторых видов рыб, родиной которых являются другие регионы, способствует вселению их и в естественные водоемы, среди них необходимо назвать толстолобика белого, толстолобика пестрого, карася серебристого. Они могут встречаться как в русле Южного Буга, так и во многих её притоках, достаточно многочисленными здесь являются [1,110].

Таким образом, бассейн реки Южный Буг – уникальный равнинный регион, который отличается высокой степенью компонентного литологического, морфологического, климато- и биоресурсного ландшафтного разнообразия. Но эта территория с момента заселения человеком подвергается интенсивному хозяйственному воздействию, что привело к значительной ее трансформации. В этих условиях рыбное население реки Южный Буг достаточно разнообразное.

Литература

1. Малі річки України: довідник / За ред. А.В. Яцика.– К.:Урожай, 1991. – 294 с.
2. Трансформація ландшафтних екосистем Центрального Побужжя : монографія / [Гончаренко Г.Є., Совгіра С.В., Лаврик О.Д., Гончаренко В.Г.]. – К. : Наук. світ, 2009. – 329 с.

Медведев М.А. (академик РАН, д.м.н., СибГМУ)., **Гусакова С.В.**
(д.м.н., СибГМУ), **Ковалёв И.В.**(профессор, д.м.н., СибГМУ), **Суханова
Г.А.** (профессор, д.б.н., СибГМУ), **Студницкий В.Б.** (доцент, к.б.н.,
СибГМУ), **Бармин В.Ю.** (доцент, к.м.н., СибГМУ)., **Погудин Ю.А.**
(к.м.н., СибГМУ), **Антонов О.И.**(ассистент СибГМУ), **Скворцов А.В.**
(аспирант СибГМУ)
nphys@yandex.ru

РОЛЬ ИЗМЕНЕНИЕ ВНУТРИКЛЕТОЧНОГО pH В РЕГУЛЯЦИИ ФУНКЦИИ ГЛАДКИХ МЫШЦ РАЗЛИЧНЫХ ОТДЕЛОВ ЖЕЛУДОЧНО-КИШЕЧНОГО ТРАКТА

Хорошо известно, что гладкие мышцы желудочно-кишечного тракта (ЖКТ) характеризуются многообразием электрических и сократительных свойств, которые находятся под сложным контролем нервной и гуморальной систем регуляции организма. В этом плане особого внимания заслуживают не только сфинктерные образования ЖКТ, но и прилегающие к ним гладкомышечные структуры, которые имеют ряд особенностей функционирования миогенной природы, а также регуляции со стороны клеточно-межклеточных информационных посредников [2, 3, 5].

Наряду с классическими внутриклеточными информационными посредниками, ионы водорода, создающие определённое значение внутриклеточного pH (pH$_i$), существенным образом могут изменять функциональный ответ гладкомышечных клеток (ГМК) к воздействию факторов регуляции [4, 6, 7].

Являясь одной из основных констант внутриклеточного гомеостаза, ионы водорода могут определять особенности электро- и фармакомеханического сопряжения ГМК ЖКТ и приводить к модулирующему или коррегирующему влиянию конечного функционального ответа гладкомышечной ткани [4, 6, 7].

Среди основных ионтранспортирующих систем регуляции pH$_i$ в гладких мышцах висцеральных органов наиболее важная роль принадлежит катионному – Na^+/H^+ обменнику и анионному - натрий зависимому – или натрий независимому Cl^-/HCO_3 обменнику [7].

Методом двойного "сахарозного мостика" [1] было изучено влияние изменения pH$_i$ на параметры электрической и сократительной активности ГМК циркулярного слоя пищевода, проксимального отдела толстого кишечника, прямой кишки, нижнего пищеводного и внутреннего анального (ВАС) сфинктеров котов.

Внутриклеточное защелачивание, вызванное применением NH_4Cl (20 мМ) в нормальном растворе Кребса (рис. 1), приводило к достоверному снижению сопротивления мембраны и подавлению вызванной электрической и сократительной активности ГМК, а внутриклеточное закисление, связанное с окончанием действия хлористого аммония, приводило к восстановлению и усилению изучаемых параметров.

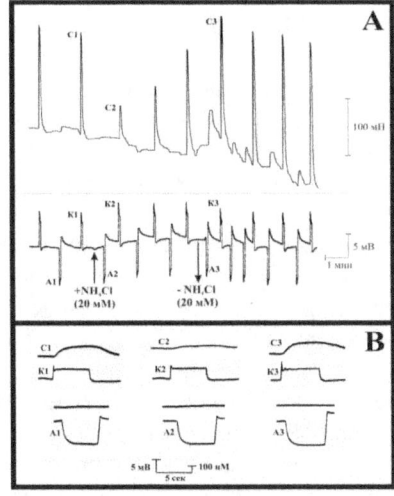

Рисунок 1. Действие хлорида аммония (20мМ) на электрические и сократительные свойства циркулярного слоя гладких мышц.

А1-А3 – анэлектротонические потенциалы;

К1-К3 – катэлектротонические потенциалы;

С1-С3 – сокращение

Здесь и далее нижняя кривая – электрическая, верхняя – сократительная активность.

А) Регистрация записи

В) Микрофотографии

Исключение составляли ГМК ВАС, обладающие противоположными эффектами. ТЭА (10мМ) ослаблял ингибирующие и усиливал активирующие влияния NH_4Cl, за исключением ГМК ВАС.

В условиях модификации проводимости кальциевых каналов (рис. 2) в ЭГТА – содержащих растворах применение NH_4Cl приводило к потере электровозбудимости, а внутриклеточное закисление характеризовалось частичным её восстановлением.

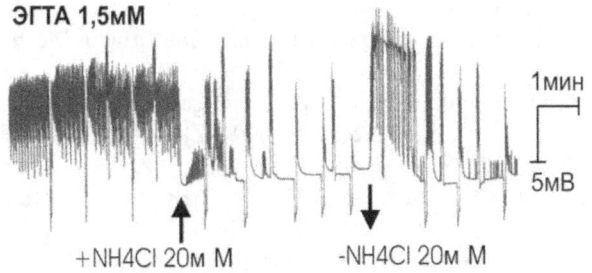

Рисунок 2 Влияние NH_4Cl (20 мМ) на параметры модифицированной электрической активности гладкомышечных клеток.

Нитропрусид натрия (HNa) (10^{-6} – 10^{-4} М), как донор NO, оказывал выраженное дозозависимое угнетающее влияние на параметры ГМК, степень которого зависит от отдела ЖКТ и частично снижается ТЭА. На фоне внутриклеточного защелачивания усиливалось ингибирующее действие HNa (10^{-4} М), а внутриклеточное закисление характеризовалось снижением его ингибирующего действия, за исключением ГМК ВАС. Эти эффекты модулировались ТЭА.

Таким образом, изменение pH_i существенно влияет на электромеханическое сопряжение в ГМК ЖКТ, которое зависит от регионального расположения гладкомышечных объектов. Выраженность этого влияния определяется не только изменениями калиевой проводимости мембраны, но также и её кальциевой проводимости. Ингибирующее действие HNa существенно зависит от состояния pH_i, а потенциальная роль в этом принадлежит калиевой проводимости мембраны ГМК.

Обобщая вышеизложенный материал, можно заключить, что в ГМК различных регионов ЖКТ активно функционирует не только натрий-протонный обменник, но и хлор - бикарбонатный, изменение активности которых вносит существенный вклад в регуляцию электрофизиологических свойств гладких мышц. При этом внутриклеточное закисление оказывает активирующее действие на параметры электрической и сократительной активности ГМК (за исключением ГМК ВАС), а внутриклеточное защелачивание приводит к повышению угнетающего влияния нитропруссида натрия, который может оказывать как прямое цГМФ-зависимое, так и цГМФ-независимое действие на параметры электромеханического сопряжения.

Литература

1. Артеменко Д.П. Методика дослідження електричних властивостей нервових та м'язових волокон за допомогою поверхневих позаклітинних електродів / Д.П. Артеменко, М.Ф. Шуба // Физиол. журн. АН УССР. - 1964. - Т. 10. - N. 3. - С.403-407.

2. Berk B.C. Vascular Smooth Muscle Growth: Autocrine Growth Mechanisms / B.C. Berk, // Physiol. Rev. - 2001. - Vol. 81. - P.999–1030.

3. Bolton T.B. Excitation-contraction coupling in gastrointestinal and other smooth muscles / T.B. Bolton, S.A. Prestwich, A.V. Zholos, D.V. Gordienko // Annu. Rev. - Vol. Physiol. 1999. - Vol. 61. - P.85-115.

4. Boron W. F. Regulation of intracellular pH / W. F. Boron // Advan. Physiol. Edu. 2004 - 28, - P. 160-179.

5. Ignarro L. Nitric oxide as a signaling molecule in the vascular system: an overview./ L.Ignarro, G.Cirino, A.Casini, C.Napoli // J.Cardiovasc.Pharmacol.- 1999.-V.34,N6.-P.879-886.

6. Roos A., Intracellular pH / A. Ross, W.F. Boron // Physiol. Rev. – 1981. – V. 61. – P. 296 – 434.

7. Rajendran V.M. Role of Cl channels in Cl-dependent Na/H exchange / V.M. Rajendran, J. Geibel, H.J. Binder. // Am. J. Physiol. Gastrointest. Liver Physiol. - 1999. - Vol. 276. - P.G73–G78.

Симкин А.Н.

аспирант, Томский государственный педагогический университет,

e-mail: simkin@sibmail.com

ПЕРСПЕКТИВЫ РАЗВИТИЯ СЕЛЬСКОГО ТУРИЗМА В ТОМСКОЙ ОБЛАСТИ

Сельский туризм в Томской области – отдых в сельских поселениях области. Сельский туризм призван размещать на отдых в сельской местности преимущественно горожан [1, 22]. Местность, в которой развивается сельский туризм, должна быть благоприятной для отдыха и приёма потока горожан. Соответственно сельские хозяйства должны иметь дополнительные места для размещения отдыхающих.

Горожан в сельском туризме привлекает неспешный сельский отдых, сельские ландшафты, посильное участие в обслуживании сельского хозяйства (доить коров, ухаживать за посадками клубники, добывать мёд из улей), общение в кругу сверстников, познавательные прогулки в окрестностях [4, 55]. Наличие бани, возможности прогулки на конях, водоёма и пляжа вблизи поселения превращает летний сельский отдых в удовольствие. Зимние удовольствия сельского туризма – зимний подлёдный лов, катание на лыжах, на снегоходах, для некоторых – охота, купание в проруби и опять баня.

К сельскому туризму можно отнести и *дачный туризм* [3, 219]. Его владельцы в этом случае сами являются собственниками средств размещения (дачи, иногда функционирующие в виде частных егерских кордонов, заимок, хуторов).

В Томской области возможно развитие сельского туризма с разными видами занятий для туристов. Например, на юге области имеется возможность совмещать отдых с добычей мёда из улей, наблюдать и учиться посеву и сбору зерновых культур, доить коров и ухаживать за ними. В северных районах Томской области в занятиях туристов может преобладать охота и рыбалка. Для этого можно использовать для проживания туристов егерские кордоны, заимки и хутора.

Владельцы, получающие доход от сельского туризма, могут выкрашивать стены своих домов в какой-то определённый цвет, чтобы выделить из деревенских домов те сельские хозяйства, что принимают поток отдыхающих для отдыха [1, 23]. А соседство деревни с культурно-историческим памятником, историческим или этнографическим музеем привлечёт большой поток зрителей и участников и благоприятно скажется на гостевом доходе сельчан. Для примера можно привести с. Парабель (север Томской области), в котором находится этнический центр селькупской культуры [5]. Кроме этого, ежегодно в июне в с. Парабель проходит селькупский праздник «Этюды Севера» с театрализованными представлениями, песнями на селькупском и хантыйском языках, традиционными танцами и национальными состязаниями.

Зарождающаяся туристская отрасль сможет оказывать всё большее положительное влияние на уровень жизни сельского населения [2, 68]. Возникнет приток «городских денег» на село, появятся туристские хозяйства, возрастёт востребованность в строительных и транспортных услугах. Соседи и жители окрестных деревень (на сельских трактах, автодорогах) будут иметь возможность обеспечивать отдыхающих экологически чистыми продуктами, содержать лошадей. Как правило, во дворе сельского туристского хозяйства начинают появляться второй дом для сдачи в наём. Почувствовав туристский спрос от постояльцев в сёлах, местные жители начинают заниматься изготовлением сувенирной продукции (нанесение фирменной символики тиснением на бересту).

Так же к перспективным районам сельского и дачного туризма относятся известные Киреевск, Кулманы, Ярское, Моряковский Затон, а также такое экзотическое поселение в Кожевниковском районе, как Могильники, в Томском районе – Кирек, Берёзовая речка. «Дыхание большого города» заставляет отнести все населённые пункты в непосредственнной близости к городу Томску к сельским туристским хозяйствам. Летом население этих поселений, благодаря сельскому туризму, увеличивается в разы.

Ещё одной разновидностью сельского туризма является *агротуризм* [3, 221]. Отдых в деревенских и фермерских хозяйствах, как правило, совмещается с частичной занятостью в обслуживании сельского хозяйства (выполнение сельскохозяйственных работ – посадка сельскохозяйственных культур, сенокос, прополка, сбор урожая, уход за скотиной, заготовка дров, строительство и обустройство подворья).

К инфраструктуре сельского туризма отнесём улучшенные просёлочные дороги, средства размещения туристов в населенных пунктах и в природе: деревенские гостевые дома, заимки, фермерские хозяйства, егерские кордоны, охотничьи домики, гостиницы, туристские кемпинги, заимки), бани, рыболовные водоёмы и сельские пляжи, экскурсионные объекты, прогулочные маршруты, конноспортивные клубы, конезаводчики, туристские агентства и туристские справочные бюро, предоставляющие информацию о возможности отдыха и наличии свободных мест.

Таким образом, Томская область обладает большим потенциалом для развития различных видов сельского туризма, что, несомненно, положительно скажется на экономическом развитии села, его инфраструктуры и благосостоянии сельских жителей.

Список литературы

1. Бордюг Т. Ю. Туризм для служебного пользования // КоммерсантЪ. Деньги. 2003. № 9. С. 22–23.

2. Громов В. В. Воздействие туризма на развитие региона. Петрозаводск: Скандинавия, 2003. 192 с.

3. Менеджмент туризма. Экономика туризма: Учебник / Главный редактор Квартальнов   В. А. М.: Финансы и статистика, 2001. 320 с.

4. Проурзин Л. Ю. Туризм как экономический приоритет. М.: Новый век, 2004. 216 с.

5. Селькупы – коренные жители парабельской земли // Официальный интернет-портал Администрации Томской области URL: http://old.tomsk.gov.ru/ru/tourism/route/selkupy.html?version=print

Павлович Н.А.
доцент, кандидат географических наук
Северный (Арктический) федеральный университет имени М.В. Ломоносова

НАЧАЛЬНЫЕ ЭТАПЫ КАРТОГРАФИРОВАНИЯ ПОЛУОСТРОВА КАНИН

Хотя русские промышленники первыми познакомились с берегами Канина, сам полуостров появился на картах Московии лишь во второй половине 16-го века, после английских плаваний в поисках Северо-восточного прохода на карте Герберштейна (1546 г.) полуостров отсутствует. Впервые Канин был изображён на карте Антония Дженкинсона (1562 г.), в виде короткого полуострова, без характерного сужения в средней части. Чешской губы почти нет, и полуостров разделяет узкий, как река, пролив. Река Мезень проведена неверно, но устье её нанесено правильно.

Затем поиски северо-восточного прохода продолжил Вильгельм Баренц, в 1598 году появилась карта северных полярных стран («Карта Баренца»), где Канин очень сильно искажён, имеет вытянутую форму. В средней части полуострова нанесена впадающая в Белое море река (судя по направлению течения – Месна), а узкий, как река, пролив на месте долины Чижи – Чёши отчётливо обозначен только в западной части, а в восточной едва намечен.

В самом начале XVII века были составлены иностранцами карты – карты голландцев Исаака Массы 1612 года, и карта Гесселя Герарда (Герритса) 1613 и 1614 годов. На этих картах Канин изображался практически одинаково. Вся северная и средняя часть полуострова, к северу от долины Чижи – Чёши представляет остров. По долинам Чижи – Чёши показан настоящий, более или менее широкий пролив, в средней части имеется вдающийся на юго-восток, крупный залив Полоок. Сам полуостров значительно выдвигается на север. На западном берегу изображены впадающими в северной части три реки – Торна, Кия и Волосовая, и в южной тоже три реки (не подписаны, вероятно, Семжа, Несь, Яжма). Название реки Мезень совершенно исчезло с карты, а на её месте нанесена река Пинега. По Б.А. Рыбакову основой для последней карты Герритса служил один из более поздних вариантов карты Большого Чертежа, известный как «карта царевича Федора Борисовича Годунова». Примерно к тому же времени появились первые сведения о водном пути через южную часть полуострова по рекам Чиже и Чёши, полученные от русских промышленников.[1]

Первая специальные съёмки берегов Канина были выполнены участниками Великой Северной Экспедиции, с целью «описать морской берег от города Архангельска к востоку до материка Америки, и острова по Восточному океану рассеянные». [2] По результатам этой экспедиции в начале 1741 года была составлена карта северных берегов России. Западная её часть, включая полуостров Канин, выполнена схематично. Тем не менее изображение Канина на этой карте представляет очевидный прогресс по сравнению с прежними картами. Очертания полуострова значительно приблизились к реальным. Линия берега постоянно прерывается широким устьями рек, от которых изображены только входы, тогда как сплошная линия берега присутствует лишь на коротких участках, в двух местах – на западе и северо-востоке имеются обширные пропуски. По долинам Чижи и Чёши показан пролив; протяженная отмель, обсыхающая при отливе («кошка»), в виде узкой полосы изображена вдоль всего западного побережья от устья Чижи вплоть до Канина Носа. Кроме того, вдоль западного побережья, в открытом море, нанесена пунктиром большая мель. Из мысов на западном берегу указан Канушин Нос, на севере Канин Нос и на востоке Луговотой. В прибрежной полосе показаны устья многочисленных рек.

В 1741 году Евстихей Бестужев и Петр Михайлов в полевых условиях обнаружили вместо пролива Чижи - Чёши на юге полуострова сквозную долину рек Чеши и Чижи.

В 1756 году Беляев выполнил более точные съёмки территории полуострова, отразив на своей карте целый ряд топонимов с грубыми ошибками. Выполненные съемки вошли в рукописную карту восточной части Белого моря, составленную в 1770 году.

В 1772 году на полуострове работали участники академической экспедиции И.И. Лепёхин и Н.Я.Озерецковский, описавшие так же участки его побережья.

Работами Пахтусова и Бережных на востоке и Рейнеке [5] на западе окончилась опись и съемка берегов полуострова Канин. С тех пор до самого последнего времени (за исключением небольшой работы Крузенштерна) берега Канина никем практически не изучались, если не считать определений ряда астропунктов для морских карт.

Таким образом, на протяжении XVI –XIX веков многочисленными экспедициями в процессе береговых съемок удалось установить с достаточной точностью лишь общие очертания полуострова, в то время как его внутренние районы, практически оставались «Белым пятном» на карте страны, которое было ликвидировано уже в XX веке сначала полевыми экспедиционными исследованиями, а затем и дистанционными методами, позволившими по результатам аэрофотосъемки создать карту, удовлетворяющую современным требованиям на всю территорию полуострова.

Список литературы:

1. Рыбаков Б.А. Русские карты Московии XV – начала XVI века. М.,1974.
2. С. Г. Григорьев. Полуостров Канин. Т. 1. Москва, 1929 г.
3. Отчеты экспедиции Императорского Русского Географического Общества на Канин Полуостров в 1902 году.
4. Б. Житков. Предварительный отчет о поездке на полуостров Канин. Известия Имп. Русского Географического Общества. Т. XXXIX, вып. III. 1903. СПБ
5. И. Рейнеке. Гидрографическое описание северного берега России, составленное капитан-лейтенантом И.Ф.Рейнеке в 1833 г. Часть 1. Белое море СПБ. 1850г.
6. Корякин В. С. Исследовательские маршруты по территории Русского Севера.

Князький И.О.

доктор исторических наук, профессор
Институт мировой экономики и информатизации, г. Москва
E-mail: knyazkiy@bk.ru

АЛЕКСАНДР I И ПАДЕНИЕ ИМПЕРИИ НАПОЛЕОНА

«Кампания 1812 г. закончилась полным истреблением неприятеля». Такой итог Отечественной войне подвел главнокомандующий русской армией светлейший князь фельдмаршал М.И. Кутузов. И это не было преувеличением. Наполеон перевёл через Неман 420 тысяч солдат. Еще 155 тысяч в дальнейшем пересекли русскую границу в качестве подкреплений «Великой армии». В конце же декабря из русского похода вернулось только 70 тысяч уцелевших его участников, из которых только 30 тысяч собственно солдат и офицеров императорской армии, 40 же тысяч представляли войска вынужденных союзников Наполеона из Австрии и Пруссии. Причём австрийцы приняли самое незначительное участие в боевых действиях, а прусаки только сопутствовали французам, но в сражения так и не вступили. В плену оказалось около 130 тысяч человек, 55 тысяч французы числили дезертирами (почти каждый десятый!). Таким образом, погибших участников похода Наполеона на Москву никак не менее320 тысяч. Прибыв в Варшаву по пути в Париж из России, где император французов бесславно бросил остатки своей разгромленной армии, он тоже подвёл итог всей кампании 1812 г. На вопрос: «А где армия, сир?», он ответил: «Армии нет». Как мы видим, в оценке исхода войны Кутузов и Наполеон оказались едины.

Не столь трудно было понять, что такие огромные потери восполнить в ближайшее время Франция будет не в состоянии. Но из этого очевидного факта в русских верхах делались разные выводы. Главнокомандующий князь М.И. Кутузов и канцлер Российской империи граф Н.П. Румянцев, руководитель внешней политики России, полагали, что армии, пусть и победоносной, но измотанной тяжелейшей войной и понёсшей немалые потери, не следует двигаться за границу. Но Государь Александр Павлович мыслил иначе. «Либо он – либо я. Вместе мы не можем царствовать» - так русский император обозначил конечную цель войны, каковую он вовсе не полагал завершившейся возвращением на исходные рубежи по Неману. Столь радикальный взгляд далеко не все сразу поняли и оценили. Казалось, крупнейшая армия, когда-либо создававшая в Европе, истреблена. Наполеон более не может быть опасен. Зачем России проливать кровь своих сынов за пределами страны?

На первый взгляд, возразить здесь нечего. Но только на первый взгляд! Менее всего Александр I исходил в своей непримиримости из личных амбиций. Он прекрасно изучил Наполеона и понимал, что император, порождённый революцией, не сможет смириться с поражением. Тем более, таким жестоким. В этом спустя несколько месяцев в разговоре с канцлером Австрийской империи князем Меттернихом признался сам Наполеон. Он откровенно сказал, что иные европейские короли и императоры могут позволить себе быть битыми сколько угодно, но в столицы свои они вернутся всё равно королями и императорами. Он же – солдат-проходимец, не имеющий права на поражение. Потому легко сделать вывод, что не приемлемого мира искал Наполеон после катастрофы 1812 г., но стремился к полноценному реваншу, дабы сохранить свое господство в Западной Европе и не дать России воспользоваться плодами своей победы.

Что было бы, если бы русская армия не перешла бы границу и не двинулась бы на запад в начале 1813 г.?

Очевидно, что в этом случае ни Пруссия, ни Австрия не решились бы разорвать союзные отношения с Францией, а спустя несколько месяцев на русских рубежах появилась бы новая наполеоновская армия, пусть и не столь могучая, как в 1812 г., но всё равно крайне неприятная для соседства. И противостоять ей, учитывая опыт предыдущей кампании, России вновь пришлось бы в одиночку. А восстановив со временем свою военную мощь, Наполеон непременно повторил бы вторжение. Причём куда более осторожно и расчетливо, нежели в 1812 г.

Останься русская армия в 1813 г. на Немане, такая перспектива была бы абсолютно реальной. Александр I это прекрасно понимал. Знал он и о враждебности покорённых французами народов, прежде всего большинства немцев, к Наполеону и его империи. Не стоило забывать о подавленном неудачами, но отнюдь не ушедшем стремлении униженных Наполеоном Австрии и Пруссии к реваншу. Не пойди русские войска на запад – кто в Берлине и Вене решился бы бросить очередной вызов Наполеону? Память об Аустерлице, Иене, Ауэрштадте, Ваграме непременно перевесила бы. Достаточно вспомнить, что, когда в Берлине прусский король встретился с русским Царём и услышал от Александра слова в адрес Наполеона: «Негодник должен быть сброшен!», то почти что впал в прострацию. Нашему Государю немалых трудов стоило убедить своего венценосного собрата в необходимости не просто нового военного союза, но и в ведении войны до самого победного конца.

То, что империю Наполеона хоронить было рано, и что нельзя было недооценивать её способности к восстановлению прежней мощи, показала кампания весны 1813 г. В двух сражениях - при Люцене и Бауцене – Наполеон, мобилизовавший во Франции новую почти трёхсоттысячную армию, сумел отбросить союзные русские и прусские войска на восток от Эльбы и вновь грозил Берлину. «Я опять на Висле!» - истерически пенял Александру Фридрих-Вильгельм. Но русский Царь был непреклонен. Временное перемирие – да. Но мир с Наполеоном всерьёз недопустим.

К лету 1813 г. в Европе сложилась патовая ситуация: наступление союзных войск Наполеон сумел остановить и даже отбросил их на немалое расстояние, но и французы не могли продолжить казалось бы успешно начатое наступление. Резервы были исчерпаны. 1812 г. самым суровым образом напоминал Наполеону о себе. В ходе летнего перемирия решался важнейший вопрос: кто сумеет найти союзников и тем самым обеспечить себе перевес. Важнейшим здесь представлялось привлечь на свою сторону Австрийскую империю, способную выставить не одну сотню тысяч испытанных солдат. Надо помнить, что в 1809 г. во время последней австро-французской войны победа далась Наполеону далеко не так, как в памятном 1805 г. Ваграм не походил на Аустерлиц. Он был, конечно, неудачей для австрийцев, но никак не разгромом. А предшествовало ему вообще поражение Наполеона под Асперном, вызвавшее живейшее волнение во всей Европе. В Вене не могли не думать о реванше. Тот факт, что после войны 1809 г. Наполеон стал зятем императора Франца, женившись на его дочери Марии-Луизе, скорее усиливал у гордых Габсбургов ненависть к корсиканскому проходимцу, так нагло навязавшему себя в родственники старейшей в Европе династии. Александр I был прекрасно об этом осведомлён и всё летнее перемирие в военных действиях посвятил дипломатической борьбе за расширение антинаполеоновской коалиции. И успех им был достигнут полный.

В конце августа 1813 г. военные действия в Европе возобновились. Но на сей раз Наполеону противостояла коалиция России, Пруссии, Австрии и Швеции, имевшая почти двойной перевес в силах. Создание этой коалиции – прямая заслуга императора Александра I. Им же и была сформулирована и конечная цель её: низвержение Наполеона. Любопытная деталь. Когда князь Меттерних спросил у Царя, что делать союзникам, если Наполеон вдруг примет предложенные ему условия мира, Александр с улыбкой ответил: «Ну что ж, тогда мы выдвинем новые условия».

Именно непреклонная решимость Александра I, его политическая воля и дипломатическое искусство обеспечили создание столь могучей европейской коалиции, противостоять которой Наполеоновская империя уже не могла. «Битва народов» под Лейпцигом осенью 1813 г., сокрушившая военное могущество Наполеона, - прямое детище политики русского Царя. Вступление Александра I в Париж весной 1814 г. достойно увенчало противостояние двух великих императоров Европы.

Будылина И.Н.
старший научный сотрудник Центрального архива Министерства обороны Российской Федерации, соискатель ученой степени кандидата исторических наук. Адрес электронной почты: ib3007@mail.ru
Галдобина С.В.
старший преподаватель кафедры истории Военного университета Министерства обороны Российской Федерации, доктор исторических наук, профессор

ПОДГОТОВКА КОМАНДНЫХ КАДРОВ ВОЙСК СВЯЗИ В ПЕРИОД ВЕЛИКОЙ ОТЕЧЕСТВЕННОЙ ВОЙНЫ (1941-1945 гг.)

Одним из основных элементов, определявших боевую готовность войск связи в годы Великой Отечественной войны, являлся уровень подготовки командных (офицерских) кадров. В военно-учебных заведениях первоочередное внимание было обращено на перестройку и последовательное совершенствование системы образования будущих командиров. Процесс подготовки командных кадров преследовал две взаимосвязанные цели. Первой являлась подготовка курсантов и слушателей к военной службе на должностях командного (офицерского) состава в войсках, второй – профессиональная подготовка высококвалифицированных военных специалистов, способных эффективно выполнять свои функциональные обязанности. Как было подчеркнуто в приказе Народного комиссара обороны СССР от 01 мая 1942 года № 130, «основная задача Красной армии заключалась в том, чтобы учиться военному делу, учиться настойчиво, изучать в совершенстве свое оружие, стать мастерами своего дела и научиться, таким образом, бить врага наверняка…» [1,288].

Согласно разработанной методике план профессиональной подготовки кадров для войск связи делился на три ступени. При 9-ти месячном сроке обучения продолжительность 1-й ступени составляла четыре месяца, 2-й ступени – два месяца, 3-й ступени – три месяца. При этом каждая ступень обучения предусматривала подготовку профессионального специалиста: 1-я ступень – младшего командира; 2-я ступень – младшего лейтенанта; 3-я ступень – лейтенанта [2,1].

В военном учебном заведении основным являлся блок дисциплин, в процессе изучения которых осуществлялась специальная, военно-профессиональная подготовка командных кадров войск связи. Средний расчет часов по всем изучаемым дисциплинам на весь учебный год утверждался начальником Главного управления связи Красной армии. Главным критерием распределения учебного времени являлась важность и необходимость изучения данной дисциплины применительно к действующей армии. Будущим командирам прививалось понимание необходимости эффективного использования средств связи, сохранения «живучести» всей системы связи, способности к маневрированию в любых условиях боевой обстановки, взаимозаменяемости отдельных технических средств.

Наибольшее внимание уделялось изучению радиосвязи. Приказом Народного комиссара обороны СССР от 23 июля 1941 года № 0243 была определена роль и значение радиосвязи в современной войне. В приказе подчеркивалось, что «недооценка радиосвязи, как наиболее надежной формы связи и основного средства управления войсками, является результатом косности штабов, непонимания ими значения радиосвязи в подвижных формах современного боя...» [3,375].

Одной из наиболее важных задач являлась выработка в ходе обучения у курсантов и слушателей выносливости, умения работать в неимоверно тяжелых условиях военного времени: в различное время суток, при любой погоде и в самой сложной обстановке. Высокое сознание своего служебного долга по защите Родины должно было преобладать над чувством страха и заставлять воина совершать подвиги.

Одним из наиболее важных направлений формирования морально-психологических качеств военнослужащих являлось воспитание будущих офицеров войск связи на боевых воинских традициях, воинских ритуалах, организация информационно-воспитательного воздействия на сознание и поведение руководящего командного и преподавательского состава и непосредственно самих курсантов и слушателей. Главное политическое управление Красной армии, военные советы фронтов и армий оказывали помощь Главному управлению связи и управлениям связи фронтов в издании массовым тиражом листовок, памяток, инструкций и брошюр под рубрикой «В помощь командиру-связисту». В них содержались практические рекомендации по действиям в конкретных условиях боевой обстановки. Курсантов и слушателей военно-учебных заведений связи знакомили и с зарубежными изданиями. Периодически Разведывательным управлением Генерального штаба РККА в адрес начальника Управления военно-учебными заведениями направлялись бюллетени аннотаций по иностранной (военной и экономической) периодической литературе.

В учебном процессе большое внимание было уделено правильному сочетанию всех видов учебных занятий. В учебных программах целесообразно сочетались лекции и семинары, групповые упражнения, полевые занятия и специальные тренировки, индивидуальные, контрольные и зачетные задания.

В военный период возросло значение самостоятельной работы слушателей и курсантов в овладении учебной программой. Газета Красная Звезда в то время писала: «Нужно обеспечить наиболее плодотворное, разумное использование каждой минуты учебного времени. Война – строгий судья. Каждое пропущенное занятие, потерянный впустую час, малейшая недоделка в боевой подготовке – на войне оплачивается самой дорогой ценой. Растранжиривание учебного времени надо считать в данных условиях преступлением перед Родиной» [4,221]. В училищах был установлен 12-часовой рабочий день (восемь часов плановых классных и полевых занятий, четыре часа обязательной самоподготовки). Самостоятельная работа обеспечивалась необходимой материальной частью, наставлениями, учебниками и другой литературой. По любому предмету курсант мог получить квалифицированную помощь дежурного преподавателя-консультанта.

Порядок проведения выпускных экзаменов в военных учебных заведениях был изложен в Инструкции, утвержденной начальником Главного управления связи Красной армии 10 августа 1943 года. На выпускных экзаменах в обязательном порядке проверялись практические навыки в умении организовать проводную (радио) связь в масштабе стрелкового батальона, стрелкового полка, выполнять обязанности начальника связи от дивизии к полку и др. Курсантов, получивших на выпускных экзаменах одну оценку «плохо» по службе связи, топографии и специальной подготовке или две оценки «плохо» по другим предметам, из училищ не выпускали, а отчисляли в запасные части связи в званиях сержантского состава.

Таким образом, в военно-учебных заведениях войск связи наблюдалась тесная взаимосвязь между профессиональной и морально-психологической подготовкой командного состава. В процессе воинского воспитания формировались такие качества, которые необходимы воинам всегда, но особенно при выполнении задач в боевых условиях.

Литература (источники):

1. Центральный архив Министерства обороны Российской Федерации. Ф. 2. Оп. 920266. Д. 3.
2. ЦА МО РФ. Ф. 71. Оп. 12188. Д. 38.
3. ЦА МО РФ. Ф. 2. Оп. 795437. Д. 3.
4. ЦА МО РФ. Ф. 71. Оп. 12171. Д. 82.

Ковчинская С.Г.

старший преподаватель кафедры истории дореволюционной России исторического факультета ПетрГУ

Петрозаводский государственный университет (ПетрГУ)

sve6581@yandex.ru

РЕВОЛЮЦИЯ НА СЛУЖБЕ АКАДЕМИЧЕСКОЙ НАУКИ: «ОТКРЫТИЕ АРХИВОВ» ДЛЯ УЧЕНЫХ СОВЕТСКОЙ РОССИИ В 1917 – 1920 гг.

Статья подготовлена при поддержке Программы стратегического развития Петрозаводского государственного университета (ПетрГУ) в рамках реализации комплекса мероприятий по развитию научно-исследовательской деятельности на 2012-2016 гг. НОЦ "SCANDICA: конвергенции в культуре стран Северной Европы"

Революционные преобразования в России с февраля 1917 г. по июнь 1918 г. внесли радикальные изменения в отечественное архивное дело и, прежде всего, в сферу использования архивных документов.

Революции и войны, социальные катаклизмы, не смотря на все опасности, грозившие национальным культурным ценностям, в том числе и архивам, создавали в революционной России 1917 – 1918 гг. «особые политические условия», в результате которых было отменено «ведомственное право» на архивные документы и становились доступными для исследователей практически любые архивохранилища страны. Наиболее ярко и образно эту мысль выразил в 1941 г. известный французский историк Марк Блок, отмечая «роль божества, нередко покровительствующего исследователю, божества по имени Катастрофа». [2, 43] Действительно, «именем революции» открывались самые секретные архивы, самые недоступные правительственные кабинеты, разоблачались и становились известными широкой публике самые охраняемые государственные тайны.

Революционные события в России также сопровождались свободным доступом широкому кругу лиц в мир науки и дворянской культуры в целом, являвшейся ранее привилегией высших слоев общества. В первые годы советской власти архивные документы предоставлялись в свободное пользование практически всем желающим, хотя круг исследователей, в условиях гражданской войны и интервенции, разрухи и преобладающей неграмотности населения, безусловно, был очень невелик и ограничен академической средой.

Одной из первых революционно – политических акций советского правительства стало опубликование в октябре – ноябре 1917 г. в газетах секретных дипломатических документов из архивов бывшего МИД царской России. В советской историографии этот сюжет достаточно подробно рассматривался в статьях и монографиях М.Рабиновича, В. Хевролиной, М.Ирошникова, М. Чубарьяна и др. [6].

10 ноября 1917 г. нарком иностранных дел РСФСР Л.Д.Троцкий объявил о начале кампании по разоблачению внешнеполитического курса Временного правительства, сопровождавшейся публикацией в периодической печати текстов дипломатических документов из «секретных архивов» бывшего МИД России. Публикация осуществлялась в два этапа, вначале в виде подборок статей в газетах «Правда» и «Известия ВЦИК». Затем, с декабря 1917 г., в дополнение к газетным статьям, под редакцией матроса – балтийца Николая Маркина, исполнявшего обязанности секретаря НКИД, в издательстве НКИД стали выходить тематические сборники дипломатических договоров и соглашений царского и Временного правительств, относившихся к периоду 1915 – 1917 гг., получивших впоследствии название «портфелей Маркина». Издание продолжалось до февраля 1918 года, всего вышло 7 сборников дипломатических документов. Не вызывает сомнения, что спланированная советским правительством «дипломатическая революция» носила ярко выраженный агитационно-пропагандистский характер и ставила в качестве своих главных политических целей – незамедлительный выход России из империалистической войны и дискредитацию военной политики стран Антанты и Временного правительства. Следует отметить, что данная публикация архивных документов действительно имела довольно разрушительные в политическом плане последствия, получив широкий международный резонанс. Сыграв свою политическую роль, со временем «портфели Маркина» стали настоящей библиографической редкостью. Вместе с тем, научная и археографическая ценность данной публикации впоследствии была поставлена советскими архивистами под сомнение.[3, Л 2 об.]

Научная общественность революционной России расценивала чрезвычайную ситуацию, сложившуюся в отечественном архивном деле после октября 1917 г., не иначе как «архивную революцию». На этой «революционной волне» появляется на свет один из самых известных и неоднозначных советских законодательных актов в области архивного дела – декрет СНК РСФСР «О реорганизации и централизации архивного дела в РСФСР», подписанный 1 июня 1918 г. первым председателем советского правительства В.И.Лениным [7, С.12 – 13]. Декрет предусматривал организацию доступа к архивам на основе общих архивно – технических правил, разработанных государственной архивной службой страны, которая впервые создавалась в России данным декретом.

В ходе подготовки текста декрета, ставшей продолжением реформаторской деятельности Союза российских архивных деятелей, были выработаны основные положения архивной реформы в РСФСР. Не смотря на то, что вопросу использования архивных документов в декрете уделялось незначительное внимание, всего несколько строк, этот революционный документ первоначально был воспринят российской научной общественностью с большим энтузиазмом и даже был объявлен «декларацией прав науки в архивах». Декрет во многом носил декларативный характер, однако трудно переоценить его влияние на дальнейшее развитие советского архивного дела. В июне 1918 г. впервые профессиональная деятельность архивистов признавалась делом государственной важности и официально включалась в сферу государственного управления. Обязанности по формированию и осуществлению архивной политики государства возлагались декретом на специально созданную государственную архивную службу России – Главное управление архивным делом (ГУАД) при Народном комиссариате просвещения РСФСР, первым управляющим которого был назначен Б.Д.Рязанов. ГУАД делегировалось право решения всех вопросов, связанных с допуском в архивы непосредственно работникам архивохранилищ. Исследователю, представившему о себе администрации архива достаточные рекомендации, разрешались занятия в читальном зале архива или, в особых случаях, архивные документы могли выдаваться на дом, под личную ответственность ученого. Однако, «домашний порядок» пользования архивными материалами не приветствовался в среде архивистов, создавал угрозу порчи или утраты уникальных подлинников и постепенно исключен из практики архивов.

Характерной особенностью «эпохи Рязанова» являлось приоритетное использование архивных документов в научных целях. Изданные летом 1920 г. «Правила пользования архивными материалами для государственных, научных и частных потребителей», разработанные специалистами Петроградского отделения ГУАД, объявляли все российские архивы «открытыми для пользования». Вместе с тем, в названии «Правил» предполагалось разграничение посетителей архивов на три основные категории, из которых первые две пользовались бо́льшими преимуществами в работе и доверием у архивным служащих.

Таким образом, в России впервые было сформулировано положение об отсутствии «срока давности» (периода закрытости) в использовании архивных документов. В современной архивоведческой литературе данное положение трактуется как провозглашение принципа «гласности» в архивах в первые годы советской власти (Т.И.Хорхордина). Требование «широко открыть архивы для науки» исходило из среды российской гуманитарной интеллигенции и активно поддерживалось первым управляющим ГУАД Б.Д.Рязановым. На первоначальном этапе порядок допуска исследователей в архивы разрабатывался на основе обобщенного дореволюционного опыта работы исследователей в ведомственных исторических архивах Москвы и Петрограда ((МГАМИД, МАМЮ,

Государственного архива МИД России, архива Министерства народного просвещения и архива Морского ведомства).

С момента издания Декрета СНК РСФСР от 1 июня 1918 г. «О реорганизации и централизации архивного дела в РСФСР» государственные архивные учреждения России строили свою работу по организации использования архивных документов на основе общих архивно – технических правил, разработанных в 1920 г. специалистами Петроградского отделения ГУАД РСФСР, возглавляемого историком С.Ф.Платоновым. При этом, работники архивных секций ориентировались в своей «нормотворческой» деятельности также на методические рекомендации, выработанные Союзом Российских архивных деятелей (далее – Союз РАД) в апреле – мае 1917 г.

Как известно, Союз РАД официально объявил о своем образовании 18 марта 1917 года. Его деятельность с апреля 1917 года по май 1919 направлялась видным отечественным историком, профессором А.С.Лаппо-Данилевским. Многие принципиальные положения архивной реформы, проведенной советским правительством в 1918 – 1920 гг., по справедливому мнению В.Н.Автократова, были сформулированы в ходе работы заседаний Союза РАД. Таким образом, в архивной политике новой власти наиболее ярко проявлялась тенденция преемственности дореволюционных архивных традиций.

Действительно, можно найти почти дословные совпадения в формулировках новых Правил работы исследователей в отечественных архивах, преамбулы которых разрабатывались в 1920 – 1922 гг., с выписками из протокола № 6 общего собрания Союза РАД. Рабочее заседание Общества состоялось в Петрограде, в здании Зимнего Дворца 13 мая 1917 г. В докладе «О допущении посторонних лиц к занятиям в архивах» Г.А.Князев предложил сформулировать новые правила о допуске посторонних лиц для научных занятий в архивах и устранить лишние формальности при прохождении процедуры получения разрешения приступить к занятиям. Вместе с тем обращалось внимание на «ограждение архивного материала от лиц неизвестных лично служащим архива» и тем более лиц, не имеющих отношения к академической среде. Доклад Г.А.Князева вызвал горячий отклик всех членов Союза, отметивших, что поднятый вопрос, в особенности в ближайшее время, ввиду возможностей погони за газетными сенсациями, является самым животрепещущим. Указывалось далее, что за границей (во Франции и Германии), доступ к архивам очень затруднен и обязательно требовались личные рекомендации, в частности, в зарубежных архивах существовал строгий надзор за занимающимися лицами, чего в русских архивах, по мнению большинства участников заседания Союза РАД, «наоборот совершенно нет» [5, Л. 44]. Признавая необходимым охранять архивные материалы, собрание обратило внимание на необходимость рассматривать вопрос о занятиях посторонних лиц в архивах в связи с вопросом о надзоре, облегчив доступ лиц уничтожением лишних формальностей и вместе с тем ограничив круг лиц, приходящих в архив допуском лишь действительно для занятий научных работников. Признав вопрос весьма сложным, собрание постановило передать выработку общих для всех архивов правил комиссии, выбранной на предыдущем заседании для обсуждения вопросов о секретности хранящихся в архивах дел.

Таким образом, «доступ в архивы» понимался членами Союза РАД как «разрешительная процедура», предоставляющая право посетителю архива (постороннему лицу) работать в архивохранилище (государственном или частном) с архивными документами исключительно с научно – исследовательскими целями, т.е. под «доступом» понималась максимальная либерализация «допуска» в архивы. Решение проблемы виделось тогда в усовершенствовании данной процедуры и передачи права предоставления допуска наиболее компетентным представителям научной общественности. Крайне нежелательным представлялось присутствие в архивах «всевозможных любителей сенсаций», например, журналистов [5, Л. 45].

Можно понять опасения архивистов, не желавших допускать в архивы лиц, не относящихся к академической среде. В читальном зале архива возникают доверительные отношения между исследователем и архивистом, осуществляется непосредственный доступ к архивным документам, реализуется традиционный научный поиск ученого, который является творческим процессом и началом научного исследования. «Это предполагает установление глубокого взаимопонимания и особой, творческой атмосферы в архиве» (В.Н.Автократов)

Провозгласив законодательно национализацию историко – документального наследия страны и объявив его общенародным достоянием, советская архивная реформа 1918 года отменила тем самым юридическое право ведомств (ведомственное право) на хранение и использование собственных документов. Первоначально идея национализации архивного наследия страны (создания единого государственного архивного фонда) содержала в себе основополагающее положение о публичности новой власти как наиболее важное проявление революционной ломки прежних государственных структур, демократизации общества и установления открытого характера различных форм действий и процедур нового правительства. Поэтому изначально считалось, что создание Единого государственного архивного фонда РСФСР должно было способствовать идее публичности (открытости) архивов.

При Б.Д.Рязанове начинают складываться два противоположных подхода к вопросу использования архивных документов: научный и политический [4,С.25–44]. Однако, в первые годы революции предпочтение отдавалось академической науке и научному использованию архивных материалов. Научный подход предполагал создание наиболее благоприятных условий для научных занятий в архивах, «безо всякой политики», по определению А. Лаппо-Данилевского и С.Платонова, продолжавших дореволюционную традицию в отечественной исторической науке и приветствовавших «научную революцию» в архивах. В 1921 г. историк Ю.В.Готье констатировал, что развитие русской исторической науки «тесно связано с превращением наших архивов в научные лаборатории» [1, С. 118].

Данное положение дел в советских архивах просуществовало до 1922 г., когда отечественную архивную службу возглавил М.Н.Покровский. Главархив РСФСР был переведен тогда из ведения Наркомпроса в подчинение ВЦИК, окончательно закрепив политический статус архивных учреждений страны в «Положении о Центральном архиве РСФСР» (1922 г.)

СПИСОК ЛИТЕРАТУРЫ

1. Архивное дело. 1923. Вып.1.
2. Блок М. Апология истории или ремесло историка. М.: Наука, 1986.
3. Докладная записка о состоянии материалов Архива Внешней Политики в связи с возможным изданием документов 1914 – 1917 гг. (не ранее 1924 г.).// ГАРФ, Ф.5325, Оп.9, Д.397.
4. Нерсисьян Е. Научное использование архивных документов в 1918-1923 гг.//Архивное дело. 1926. Вып. 5 – 6.
5. Протокол № 6 Общего собрания Союза российских архивных деятелей (Зимний дворец, 13 мая 1917 г.) // ГАРФ, Ф.7789, Оп.1, Д.1.
6. Рабинович М. Публикаторская деятельность Николая Маркина// Архивное дело. 1939. № 2(50). С.98 – 102; Кондратьев В.А., Хевролина В.М. Из истории археографической деятельности в первые годы советской власти// Археографический ежегодник за 1959 год. М., 1960. С.256 – 276; Селезнев М.С. Советская публикация дипломатических документов в конце 1917 – начале 1918 года //Археографический ежегодник за 1962 год. М., 1963. С.338 – 346; Ирошников М.П.Опубликование советским правительством в 1917 – 1918 гг. тайных дипломатических документов //Археографический ежегодник за 1963 год. М., 1964. С.198 – 214; Ирошников М.П., Чубарьян А.О. Тайное становится явным. Об издании секретных договоров царского и временного правительств. М.: Наука, 1970. 80 с.
7. Сборник руководящих материалов по архивному делу. 1917 – июнь 1941 г. М.: ГАУ при СМ СССР МГИАИ, 1961.

Аверьянова С.А.
аспирантка Северного (Арктического) федерального университета
им. М.В. Ломоносова
vetka22@yandex.ru

ПРОЦЕССЫ ИНСТИТУЦИОНАЛИЗАЦИИ МОЛОДЁЖНОГО СОТРУДНИЧЕСТВА В БАРЕНЦЕВОМ ЕВРО-АРКТИЧЕСКОМ РЕГИОНЕ

Баренцев Евро-Арктический регион – крупнейшая арена межрегионального сотрудничества в Европе, которая объединяет территории четырех государств, примыкающие к Баренцеву морю. На протяжении двадцати лет с момента создания региона в структуре сотрудничества, как и в живом организме, происходят непрерывные изменения: создаются и обновляются рабочие документы, наблюдается процесс интеграции рабочих групп, развиваются направления сотрудничества и т.д. Данные тенденции отражаются также и в рамках системы молодежного сотрудничества, институционализация которого имеет свои особенности в структуре БЕАР.

Непосредственно само создание Баренцева Евро-Арктического региона явилось плодом, с одной стороны, реформ, начатых в Советском Союзе после прихода к власти М.С. Горбачева и заключавшихся в обеспечении безопасности страны путем международного сотрудничества, а не военного противостояния; а с другой — мощных интеграционных процессов, происходивших в Западной Европе. Благодаря совместным усилиям, 11 января 1993 г. в Киркенесе состоялась историческая конференция министров иностранных дел, на которой была подписана Киркенесская декларация, являющаяся основным документом Баренцева сотрудничества на протяжении двадцати лет сотрудничества.

Двухуровневая организация Баренцева региона представляет особую ценность для дальнейшего развития сотрудничества, именно благодаря данной структуре происходит важная региональная работа по развитию региона вне государственных границ. Решения, принимаемые центральными органами власти, часто основаны на приоритетах и выводах, сделанных на региональном уровне. «Крёстный отец» идеи БЕАР Торвальд Столтенберг указывал на принципиально важный фактор – инициативу и поддержку снизу: «Каким быть сотрудничеству стран Баренцева региона определяли люди, живущие в этом регионе. А не указания их столиц» [2,4-17]. Трудно не согласится с данным утверждением, которое явно подтверждается на примере регионального молодёжного сотрудничества, начало которому было положено ещё в конце XX века.

Приоритетные направления Баренцева сотрудничества были обозначены в Киркенесской декларации: экономика, торговля, наука и технологии, туризм, инфраструктура, образование, культурные обмены, а также проекты, связанные с улучшением положёния коренных народов Севера. Следует отметить, что направление молодёжного сотрудничества появилось гораздо позже – в 2002 году, а на момент создания Киркенесской декларации молодёжь Баренцева региона не рассматривалась как предмет для отдельного направления сотрудничества.

Практика последних десятилетий убедительно доказывает, что в быстро изменяющемся мире стратегические преимущества будут у тех государств, которые смогут эффективно развивать и продуктивно использовать инновационный потенциал, основным носителем которого является молодёжь. Именно поэтому в последние десятилетия XX в. страны мирового сообщества обратили внимание на молодежь как особенную группу общества, требующую новых подходов для взаимодействия.

Официально молодёжное сотрудничество на региональном уровне в Баренцевом регионе началось со встречи молодёжи БЕАР, которая состоялась в шведском городе Кируне (4 - 6 сентября 1998 г.). Впервые молодежная тематика Баренцева региона оказалась на повестке дня на шестой встрече Совета Баренцева Евро-Арктического региона в 1999 г. в норвежском городе Будо[1]. В мае 1999 г. по финской инициативе была создана специальная рабочая груп по молодёжной политике под началом Баренцева совета. Формальный статус молодёжное сотрудничество в рамках БЕАР получило путем организации в 2000 г. Баренцева Регионального Международного Форума, который после своего создания провел ряд конференций. Одной из таких конференций стала конференция «Лицом в будущее», состоявшаяся 15-16 мая 2001 года в норвежском городе Тромсё [2,4-17]. В конференции приняли участие министры, ответственные за реализацию молодёжной политики в странах Баренцева региона. По итогам работы конференции назрела необходимость принятия особой программы для молодёжи Баренцева региона. Был принят план будущих действий в сфере молодёжной политики, в рамках которого было предусмотрено создание органа, оказывающего информационную поддержку и помощь молодежным группам в регионе.

Результатом проявленного интереса к вопросам молодёжной политики стало создание в 2002 г. Рабочей Группы по Молодёжной Политике Совета Баренцева Евро-Арктического региона (Working Group on Youth Policy (WGYP), которая получила статус постоянной наряду с

---

[1] The Barents Euro Arctic Working Group on Youth Policy (WGYP) / Barents Youth/ URL: http://www.barentsyouth.org/cppage.72315.ru.html (дата обращения: 02.05.2012)

остальными рабочими группами[2]. Рабочая Группа по Молодежной Политике состоит из представителей министерств, ответственных за реализацию молодежной политики в странах Баренцева региона [3,108-110].

В мае 2002 года Совет Баренцева региона принял план действий с целью повышения сотрудничества в молодёжной сфере Баренцева региона. В соответствие с определенными приоритетами и поставленными целями в рамках молодежной политики Баренцева региона было принято решение о создании в декабре 2002 г. в Мурманске Офиса содействия молодёжному сотрудничеству (Barents Youth Cooperation Office - BYCO).

Главной задачей офиса является оказание информационной поддержки, а также помощи в поиске партнёров и управления проектами молодёжным организациям, работающими с молодёжными международными инициативами в Баренцевом регионе, а также стимулирование сотрудничества между информационными структурами в молодежной сфере Баренц-региона[3]. Офис финансируется министерствами, ответственными за молодёжную политику в России, Финляндии, Швеции и Норвегии, как часть молодёжного сотрудничества под эгидой Совета Баренцева региона.

Необходимо отметить высокую роль расположения Офиса содействия молодёжному сотрудничеству - именно в Мурманске на территории России, в непосредственной близости к границе с Норвегией, а также Норвежским и Международным Баренцевыми Секретариатами в Киркенесе. Данное положение офиса даёт возможность для возникновения более частых контактов и решения возникающих вопросов. Примечательным также является неоспоримый факт того, что большинство молодёжных проектов, поданных в Баренцев Секретариат, инициируется именно от российских партнёров. В этом контексте результат работы Офиса содействия молодёжному сотрудничеству в Баренцевом регионе не оставляет сомнений в эффективности проделанной работы.

На региональном уровне структурный процесс закрепления молодёжной политики происходил практически параллельно с министерским уровнем. Баренцев Региональный Комитет основал Региональную Рабочую Группу по Молодёжным Вопросам (Regional Working Group on Youth Issues (RWGYI) в 2002 году. Примечательно, что с первых же дней создания отмечался временный характер Рабочей Группы по Молодежным Вопросам, основной задачей которой являлась

---

[2] Офис содействия молодежному сотрудничеству / Молодежь Баренцева региона. URL: http://www.barentsyouth.org/cppage.433331-72314.html (дата обращения: 02.05.2012)
[3] Офис содействия молодежному сотрудничеству / Молодежь Баренцева региона. URL: http://www.barentsyouth.org/cppage.433331-72314.html (дата обращения: 02.05.2012)

реализация Молодёжной Программы Баренцева региона, разработка и принятие которой находится в компетенции Регионального Совета[4].

С момента созданиях двух групп по молодёжной политике и вопросам молодёжи на министерском и региональном уровнях отмечается их тесное взаимодействие и сотрудничество, как между собой, так и с Региональным Советом Баренцева региона[5].

Главным документом, обобщающим направления и содержание сотрудничества в регионе на ближайшее время, является Баренцева программа, которая представляет собой эффективный инструмент и прочную базу для совместных решений и осуществления проектов. В рамках Баренцевой программы Региональным Молодёжным Советом была принята первая Молодёжная программа (the Barents Regional Youth Programme) в январе 2003 г. (на данный момент реализовывается Молодежная программа Баренцева региона на 2011-2014 гг. (Приложение № 1) [1,75-85].

Программа была принята в качестве меры в ответ на вызов сокращения численности населения в БЕАР. Регионы на севере России, Норвегии, Швеции и Финляндии имеют общие вызовы и проблемы, среди них к наиболее насущным относится сокращение численности населения, меры по борьбе с которым мало эффективны. Результатом является то, что молодёжь стремится покинуть Баренцев регион и выбрать более теплый и центральный регион в своей стране. По данным статистики территорию покидает наиболее образованная молодёжь. Именно поэтому Молодёжная программа Баренцева региона направлена на улучшение привлекательности жизни и профессионального развития путем улучшения жизненных условий, а также обеспечения новыми возможностями для индивидуального развития молодежи. Основными приоритетными областями сотрудничества Молодёжной программы являются: образование и предпринимательство, культура и спорт, окружающая среда, социальные вопросы и здоровье, коренное население и меньшинства.

Председатель Баренцева Регионального совета Г. Кнутсон, определяя значение принятой Молодёжной программы, указывал, что она является первым шагом в выработке здоровой региональной молодёжной политики в Баренцевом Евро-Арктическом регионе. Также он подчеркнул, что ответственность по её реализации лежит на всех регионах-членах БЕАР [2,4-17]. Разработка и принятие Молодёжной программы стало хорошей и крепкой основой для развития и углубления Баренцева процесса в области

---

[4] The Regional Working Group on Youth Issues / Barents Youth. URL:http://www.barentsyouth.org/cppage.71763.ru.html (дата обращения: 02.05.2012)
[5] The Regional Working Group on Youth Issues / Barents Youth. URL:http://www.barentsyouth.org/cppage.71763.ru.html (дата обращения: 02.05.2012)

человеческого измерения, а также создало благоприятные предпосылки для дальнейшего взаимного сотрудничества между странами региона.

У стран Баренцева региона существует множество общих задач в сфере молодёжной политики, что является предпосылкой для взаимного сотрудничества в данной сфере. Во время международного молодёжного семинара в Мурманске в октябре 2003 года участники выразили общее желание молодёжи в более активном участии в Баренцевом сотрудничестве. Они пришли к выводу, что лучшим путём решения данного вопроса является создание новой молодёжной структуры в Баренцевом сотрудничестве – совета, состоящего из представителей молодёжи всего региона[6].

Таким образом, Баренцев Региональный Молодёжный Совет – БРИК (the Barents Regional Youth Council - BRYC) был создан в 2004 году, чтобы обеспечить активное участие молодёжи в структуре Баренцева сотрудничества. Первое организованное заседание БРИКа прошло к Киркенесе во время фестиваля «Баренц Спектакль» в 2004 г. [1,75-85].

Совет состоит из 14 членов: одного молодёжного представителя от каждого субъекта Баренцева региона и одного представителя от коренных и малочисленных народов. Создание Молодёжного Совета БЕАР направлено на продвижение региональных молодёжных интересов и проектов.

Члены БРИКа работают совместно над усилением многостороннего молодежного сотрудничества, расширения прав и возможностей молодежи принимать активное участие в формировании и развитие Баренцева региона. Деятельность Совета финансируется странами Баренцева региона. Члены Совета выбираются администрациями субъектов Баренцева региона по следующим критериям: возраст – 18-30 лет, знание английского языка, знание молодежных вопросов региона и интерес к международному сотрудничеству[7].

Основным механизмом для поиска финансирования является получение грантов на молодёжные проекты через Норвежский Баренцев Секретариат. Проекты в рамках Баренцева региона имеют свою особенность: как правило, реализация проектов основывается на двусторонних договорах между муниципалитетами, а также в рамках побратимских связей. Необходимо отметить, что сотрудничество осуществляется не только посредством взаимодействия между муниципалитетами, но также и между некоммерческими объединениями, работающими с молодёжью (Красный Крест, экологическая организация "Этас" и т.д.). Молодёжные проекты имеют разную направленность:

---

[6] Баренцев Региональный Молодежный Совет (БРИК) / Молодежь Баренцева региона. URL: http://www.barentsyouth.org/cppage.443803-71762.html (дата обращения: 02.05.2012)
[7] The Barents Regional Youth Program 2011-2014 (электронный документ) URL: http://www.barents.no/index.php?id=4619267 (дата обращения: 03.05.2012)

молодежные инициативы, студенческие обмены, исследовательские проекты и т.д.

Ежегодно Министерство иностранных дел Норвегии выделяет финансирование (порядка 20-23 миллионов крон) губерниям Тромс, Нурланд и Финнмарк на сотрудничество с другими губерниями Баренцева региона [4,154-165]. Распределением финансовых ресурсов занимается Норвежский Баренцев Секретариат, состоящий из представителей администраций трех северных норвежских губерний, Министерства регионального развития и Министерства иностранных дел Норвегии. Таким образом, формируется финансирование молодежного сотрудничества Баренцева региона.

Баренцев Региональный Молодежный Совет ежегодно организует одно крупное мероприятие на территории Баренцева региона, место проведения которого каждый год меняется. БРИК привлекает сотни представителей активной молодёжи из регионов БЕАР для участия в проектах, которые имеют широкий охват и различные виды деятельности.

Знаковым событием в сфере молодёжной политики и молодёжного сотрудничества Баренцева региона в 2011 г. стало объединение двух рабочих групп по молодёжи: Рабочей Группы по Молодёжной политике Совета Баренцева Евро-Арктического региона (Working Group on Youth Policy) и Региональной Рабочей Группы по Молодёжным вопросам (Regional Working Group on Youth Issues). В результате на данный момент в Баренцевом регионе действует Объединенная Рабочая Группа по Молодёжным вопросам (Joint Working Group on Youth Issues), которую возглавляет Бьёрн Хансен – старший советник Министерства по делам детей, равенства и социальной политики Норвегии[8]. Первое большое заседание Объединенной Рабочей Группы по Молодёжным Вопросам прошло совместно с Баренцевым Региональным Молодёжным Советом в апреле 2012 г. в норвежском городе Тромсё. Во время заседания молодёжь представила ситуацию в своём регионе, прошло обсуждение актуальных вопросов, направлений развития, а также проблем в сфере молодёжного сотрудничества Баренцева региона. Участники заседания пришли к необходимости более тесного взаимодействия и взаимопомощи в мероприятиях Баренцева региона.

Можно предположить, что поводом для объединения стало решение сделать сотрудничество на региональном и министерском уровнях более плодотворным и интенсивным, т.к. до объединения количество участников каждой группы не превышало пяти человек. Более того, у БРИК появилось больше возможностей для сотрудничества с новой объединенной группой. Также необходимо отметить, что объединение двух групп по молодёжной

---

[8] Working Group on Youth Policy (WGYP) / The Barents Euro-Arctic Council. URL: http://www.beac.st/?DeptID=8577 (дата обращения: 03.05.2012)

политике и сотрудничеству гармонично вписываются в процесс интеграции других групп в структуре Баренцева региона: Объединенная Рабочая Группа по туризму (Joint Working Group on Tourism (JWGT)), Объединенная Рабочая Группа по культуре (Joint Working Group on Culture (JWGC)), Объединенная Рабочая Группа по энергетике (Joint Working Group on Energy (JEWG)), Объединенная Рабочая Группа по образованию и науке (Joint Working Group on Education and Research (JWGER)), Объединенная Рабочая Группа по здравоохранению и социальным вопросам (Joint Working Group on Health and Related Social Issues (JWGHS))[9].

Одной из основных проблем Баренцева молодёжного сотрудничества является то, что молодёжь на Севере, как правило, обладает ограниченными знаниями о Баренцеве регионе, а вместе с тем слабо представляет возможности, которые таит в себе международное сотрудничество [1,75-85]. Поэтому одной из задач выступает стремление распространить знания и информацию внутри Баренцева региона среди молодёжи о существующих возможностях. Следующей проблемой, влияющей на процесс формирования молодёжного сотрудничества в регионе, является депопуляция населения на севере стран БЕАР. Именно поэтому одним из приоритетов становится представление Баренцева региона как региона дружбы, сотрудничества, в котором живут открытые, добрые, толерантные, образованные и талантливые люди.

В XXI веке молодежь представляет собой важную целевую группу в рамках Баренцева региона, которая затрагивает многие стороны Баренцева сотрудничества. Именно поэтому было разработано несколько региональных программ: «Программа для детей и молодежи в зоне риска» на 2008-2012 гг.[10], а также Баренцева Региональная Молодежная программа на 2011-2014 гг.[11]

Важным событием стала встреча глав правительств стран-членов СБЕР в июне 2013 г. в Киркенесе, по итогам которой была подписана новая Киркенесская декларация[12]. В новом документе основное внимание направлено на такие вопросы как глобальное потепление, транспортное сообщение, окружающая среда и т.д. Примечательно, что в документе

---

[9] Barents working groups and activities / The Barents Euro-Arctic Council. URL: http://www.beac.st/in_English/Barents_Euro-Arctic_Council/Working_Groups.iw3 (дата обращения: 26.04.2012)
[10] Working Group on Youth Policy (WGYP) / The Barents Euro-Arctic Council. URL: http://www.beac.st/?DeptID=8577 (дата обращения: 23.04.2012)
[11] Barents Regional Youth Program 2011-2014 // текущий архив Норвежского Баренцева Секретариата.
[12] Новая Киркенесская декларация / The Barents Observer. URL: http://barentsobserver.com/ru/politika/2013/06/novaya-kirkenesskaya-deklaraciya-04-06 (дата обращения: 01.09.2013)

выделяется важная «роль Баренцева регионального молодежного совета и Баренцева бюро по вопросам сотрудничества молодежи»[13].

Таким образом, процесс институционализации молодежного сотрудничества в Баренцевом регионе, начавшийся в 2002 г., является результатом проявленных инициатив, начатых в 1998 г. Молодежное сотрудничество Баренцева региона является особенным направлением и сегодня, так как затрагивает основные области взаимодействия между странами региона. Повышенное внимание к молодежному сотрудничеству уделено не случайно: именно активная молодежь формирует характер будущих отношений в рамках БЕАР благодаря созданной и функционирующей структуре молодежного участия в жизни региона. Пример институционализации молодежного сотрудничества в структуре БЕАР свидетельствует о гибкости созданной системы международного сотрудничества, способной изменяться в ответ на актуальные вызовы и потребности жителей региона.

Библиографический список:

1. Dalhaug L. Children and youth as a priority // Barents Borders. Delimitation and internationalization. Barents Review 2012. Norwegian Barents Secretariat. – P. 75-85
2. Голдин В.И. Международное сотрудничество в Баренцево Евро-Арктическом регионе: десять лет истории и взгляд в будущее // Баренц-журнал, №1, 2003. – С. 4-17.
3. Харченко В.В. Состояние и перспективы международного сотрудничества в молодежной сфере в России // Вестник международных организаций, 2009. № 1 (23). – С.108-110.
4. Шалев А.А. Российско-норвежское сотрудничество в Баренцевом Евро-Арктическом регионе как модель международной региональной интеграции // Свеча – 2000. Религия в гуманитарном измерении Баренцева региона. – 2001. – Вып. 1, Ч.2. – С. 154-165.
5. Barents working groups and activities / The Barents Euro-Arctic Council. URL: http://www.beac.st/in_English/Barents_Euro-Arctic_Council/Working_Groups.iw3 (дата обращения: 26.04.2012)
6. The Barents Euro Arctic Working Group on Youth Policy (WGYP) / Barents Youth/ URL: http://www.barentsyouth.org/cppage.72315.ru.html (дата обращения: 02.05.2012)

---

[13] Декларация по итогам встречи глав правительства стран-членов СБЕР (Киркнес, 3-4 июня 22013 года) / URL: http://government.ru/media/files/41d46b75c7931f08b9b7.pdf (дата обращения: 05.07.2013)

7. The Barents Regional Youth Program 2011-2014 (электронный документ) URL: http://www.barents.no/index.php?id=4619267 (дата обращения: 03.05.2012)

8. The Regional Working Group on Youth Issues / Barents Youth. URL:http://www.barentsyouth.org/cppage.71763.ru.html (дата обращения: 02.05.2012)

9. Working Group on Youth Policy (WGYP) / The Barents Euro-Arctic Council. URL: http://www.beac.st/?DeptID=8577 (дата обращения: 03.05.2012)

10. Баренцев Региональный Молодежный Совет (БРИК) / Молодежь Баренцева региона. URL: http://www.barentsyouth.org/cppage.443803-71762.html (дата обращения: 02.05.2012)

11. Декларация по итогам встречи глав правительства стран-членов СБЕР (Киркнес, 3-4 июня 22013 года) / URL: http://government.ru/media/files/41d46b75c7931f08b9b7.pdf (дата обращения: 05.07.2013)

12. Новая Киркенесская декларация / The Barents Observer. URL: http://barentsobserver.com/ru/politika/2013/06/novaya-kirkenesskaya-deklaraciya-04-06 (дата обращения: 01.09.2013)

13. Офис содействия молодежному сотрудничеству / Молодежь Баренцева региона. URL: http://www.barentsyouth.org/cppage.433331-72314.html (дата обращения: 02.05.2012)

Гурьева В.А.

профессор, д.м.н., Алтайский государственный медицинский университет

РАСПРОСТРАНЕННОСТЬ И ПРИЧИНЫ ЖЕНСКОГО БЕСПЛОДИЯ В СЕЛЬСКОЙ И ГОРОДСКОЙ МЕСТНОСТИ

Целью настоящего исследования явилась оценка демографической ситуации в Алтайском крае с определением уровня бесплодия и особенностей структуры бесплодного брака в городской и сельской местности. Работа выполнена в рамках международной программы ВОЗ «Репродукция человека» с использованием обязательной и однородной для сотрудничающих центров документации [1,6].

Распространенность и особенности структуры бесплодного брака изучались по технологиям, утвержденным международной программой ВОЗ «Репродукция человека». Женщинам предлагалось ответить на унифицированный вопросник, разработанный группой экспертов ВОЗ (тематическая карта - проект №88093). Для изучения структуры бесплодного брака использовали стандартизованный протокол обследования бесплодной пары (протокол №84914).

Отбор респонденток (1300 женщин) осуществлялся путем сплошной случайной селекции, единовременно с августа 2006 по июль 2007 года в выбранных населенных пунктах. В городе Барнауле он проводился на базе акушерско-гинекологического отделения МУЗ «Городская больница №3» (1000), в Усть-Пристанском районе - в акушерско-гинекологическом отделении ЦРБ (300 женщин). Возраст женщин в группах сравнения не различался, в городе он составил 28,5±0,2, в селе – 31,2±0,5 года и соответствовал рекомендациям ВОЗ (18-45 лет). На этапе проводимого исследования все женщины в соответствии с классификационным алгоритмом ВОЗ распределились на пять категорий: «фертильные», «предполагаемо фертильные», «первично-инфертильные», «вторично-инфертильные» и «с неизвестной фертильностью». С целью определения факторов риска инфертильности из числа обследуемых были выделены 2 группы сравнения: первая - 210 инфертильных и вторая - 114 фертильных женщин. В городе группа инфертильных состояла из 153, в сельской местности из 57 бесплодных женщин. Группа сравнения была представлена соответственно 82 и 32 фертильными женщинами.

Для установления причины бесплодия инфертильных супружеских пар по методологии ВОЗ обследовано 70 городских и 30 сельских супружеских пар. Диагностика бесплодия у женщин базировалась на следующих элементах: анамнестические данные, общий медицинский осмотр, гинекологический осмотр, дополнительные методы обследования.

Функция яичников изучалась по параметрам тестов функциональной диагностики (базальной термометрии), уровню гонадотропных и стероидных гормонов (ПРЛ, ФСГ, ЛГ, эстрадиола, прогестерона, тестостерона, ДЭАС) – всем пациенткам. Гонадотропные гормоны (ПРЛ, ФСГ, ЛГ) определяли методом прямого иммуноферментного анализа (ИФА) с использованием стандартных тест-систем фирмы «F. Hoffman La Roche Ltd.», Швейцария на анализаторе CORAS CORE («F. Hoffman La Roche Ltd.», Швейцария). Уровень стероидных гормонов (эстрадиола, прогестерона) определяли методом DELFIA наборами фирмы «WALLAK Оу» (Финляндия). Функцию тиреоидной системы изучали путем определения в сыворотке крови тиреотропного гормона (ТТГ), трийодтиронина (Тз), тироксина (Т4) – всем пациенткам. Исследование уровней ТТГ в сыворотке крови осуществляли методом твердофазного иммуннеферментного анализа набором реагентов «Тироид ИФА-ТТГ-1» (Россия). Бактериоскопическое и бактериологическое исследование влагалищного содержимого, метод ПЦР для идентификации микрофлоры (всем женщинам). Для исключения туберкулеза гениталий проводилось бактериологическое исследование менструальной крови (по показаниям). УЗИ гениталий выполнялись всем пациенткам на аппаратах Spectra Masters (ФИРМА General Electric, США) и SSD-500 (фирма Aloka, Япония) стандартными ультразвуковыми датчиками 3,5 МГц и 5,0-10,0 МГц. Гистеросальпингография, краниография и эндоскопические методы (лапароскопия, гистероскопия с использованием оборудования фирмы «Olympus») по показаниям. Основополагающим звеном в диагностике мужского бесплодия явилось исследование эякулята (всем пациентам). Иммунологический фактор бесплодия верифицировался с помощью определения уровня антиспермальных аутоантител и посткоитального теста (по показаниям).

Статистическая обработка полученных данных проводилась с учетом замечаний и рекомендаций по статистическому анализу медицинских данных в зависимости от типа случайных величин и поставленной задачи исследования.

В случаях нормального распределения, а также равенства выборочных дисперсий, для сравнения средних использовали t-критерий Стьюдента. Для сравнения связанных выборок использовали парный t-критерий Стьюдента. В случае распределений, не соответствующих нормальному, а также при неравенстве дисперсий, использовали непараметрические U-критерий Манна-Уитни (для независимых выборок) и Т-критерий Вилкоксона (для связанных выборок). Для сравнения значений качественных признаков использовали непараметрический критерий $\chi2$ и метод четырехпольных таблиц сопряженности Фишера. Уровень статистической значимости при проверке нулевой гипотезы принимали соответствующий Р<0,05. Прогностическая карта риска женского бесплодия разработана по методике Генкина А.А. и Гублера Е.В. (1964), усовершенствованной Шиганом Е.Н. (1968). Обработку и графическое представление данных проводили с помощью компьютерных программ Statistica 6.0 и Excel 2003.

Результаты исследований выявили более неблагоприятную демографическую ситуацию в сельской местности по сравнению с городской.

Число разводов остается на высоком уровне – каждая вторая пара разводится в сельской и городской местности. При этом в селе динамика ухудшилась, т.к. раньше только один брак из трех заканчивался разводом. В городе - улучшилась, потому что ранее расторгалось два брака из трех.

Это еще большее имеет значение в связи с тем, что в селе установлено снижение численности вступающих в брак женщин и мужчин в возрасте до 45 лет на 10,8% у женщин (с 94,6% до 83,8%) и на 11,7% у мужчин (с 94,6% до 82,9%). В то время как в городе наблюдается рост численности этого показателя у женщин на 1,9% (с 90,3% до 92,2%) и у мужчин на 1,9% (с 88,0% до 90,1%), что обусловлено, вероятно, миграцией наиболее трудоспособной прослойки населения в город.

Мы изучили динамику колебаний среднего возраста женщины и мужчины при регистрации брака в возрасте до 45 лет. В общем возраст вступающих в брак в городе старше, чем в селе. Однако за исследуемый период, учитывая миграцию населения из села в город отмечается некоторое «омоложение» вступающих в брак городских женщин на 0,8 года (1994г - 26,5 года, 2007г - 25,8 лет), у мужчин показатель стабильный (1994г – 27,9 лет, 2007г - 27,9лет). Для сельчан отмечается «постарение» возраста брачности на 3,3 года для женщин (1994г – 20,1 лет, 2007г - 23,4 года) и на 3,4 года для мужчин (1994г – 23,2 года, 2007г - 26,6 лет). Изменение возраста брачности обусловлено современным социальным поведением (получение образования, приобретение жилья и т.д.). Девушки, при вступлении в брак, все более склонны выбирать потенциальных женихов с устойчивым социальным и экономическим статусом. Кроме того, изменилась ситуация на брачном рынке, в связи с меняющимся соотношением возрастных групп потенциальных женихов и невест на фоне общего постарения сельского населения.

В результате социальных преобразований в городе рождаемость повысилась в 1,4 раза (1994г - 5545, 2007г - 7581), а сельской местности за установленный период снизилась в 1,2 раза (1994г - 184, 2007г - 152).

Смертность же за анализируемый период времени имеет тенденцию к снижению, как в городе (1994г - 9564, 2007г - 8626), так и в селе (1994г - 320, 2007г - 292).

Распространенность бесплодия в городе составила 15,3%, а в селе 19%, в среднем по Алтайскому краю - 16,2 %. В структуре женского бесплодия превалирует вторичное бесплодие над первичным как в городе (69,3% и 30,7%), так и в селе (68,4% и 31,6%).

Частота женского бесплодия в Алтайском крае составляет 66% (67,1% в городской и 63,3% в сельской местности), взаимообусловленного – 24% (22,9% в городе и 26,6% в селе), частота мужского бесплодия – 7% (7,1% в городе и 6,7% в селе). Бесплодие неясного генеза наблюдалось в 3% случаев (2,9% в городе и 3,3% в селе).

Следует отметить, что в структуре причин женского бесплодия практически у половины бесплодных женщин – 48,9% (в городе – 54%, в селе – 37%) отмечается сочетание от 2 до 5 факторов, способствующих нарушению репродуктивной функции.

В городе женщины фертильного возраста старших возрастных групп (36 и более лет) входят в группу риска женского бесплодия. Так, в возрасте 36-40 лет риск бесплодия повышается в 3,4 раза (весовой индекс +3), а старше 41 года – в 24,1 раза (+7), уменьшается риск в 2 раза в возрасте до 25 лет (-2) и в 1,7 раза в возрасте 26-30 лет (-1). У сельских женщин риск бесплодия увеличивается в 3,9 раза в более молодом возрасте (31-35 лет) (+2). Вследствие этого средний возраст женщин в бесплодном браке в сельской местности моложе и составляет 30,0±1,0 лет, в городской 33,7±0,7 лет (p<0,01).

Установлены различия условий проживания. Сельские и городские инфертильные женщины проживают в более комфортных условиях по сравнению с фертильными, они чаще имеют площадь проживания 16-22 м² на одного человека. Лучшие условия проживания объясняются отсутствием детей, или меньшим их числом и, вероятно, вследствие этого большей материальной обеспеченностью.

Более высокий риск бесплодия у женщин со средне-специальным образованием в одинаковой степени у городских и сельских женщин – весовой индекс «+1» (соответственно в 1,4 раза и в 1,8 раза), меньший риск в 1,5 раза у городских женщин получивших высшее образование (-1).

У горожанок с социальным статусом – «рабочий» увеличен риск бесплодия в 1,5 раза (+1), при этом они в 4,8 раза чаще контактируют с токсическими веществами (+3). Для сельчанок достоверного влияния на фертильность социального положения не выявлено.

Бесплодные горожанки в 1,4 раза реже состоят в однократных браках (-1) и в 1,7 раза чаще неоднократно вступают в брак (+1), что увеличивает риск вероятного бесплодия в браке.

Нерегулярные менструации у городских женщин повышают вероятность бесплодия в 20,9 раза (+7), у сельских - в 6,2 раза (+4); меноррагия в 7,8 раза (+4) и в 5,1 раза (+4) соответственно. Кроме того, на бесплодие у горожанок оказывает влияние альгоменорея, повышая риск в 1,3 раза (+1).

Отсутствие контрацепции увеличивает риск в городе в 6,3 раза (+4), в селе - в 3,4 раза (+3). Использование ВМС повышает риск бесплодного брака в городе в 3,2 раза (+3), а барьерные методы уменьшают его в 2,6 раза (-2).

Искусственный аборт, как исход последней беременности увеличивает риск инфертильности у горожанок в 1,6 раза (+1), внематочная беременность, повышает риск у сельских женщин - в 5,6 раза (+4), роды живым плодом одинаково снижают риск бесплодия – «-2» (в городе в 2,1 раза, в сельской местности в 2,8 раза).

Абдоминальные операции увеличивают риск развития бесплодия, особенно ургентные по поводу внутрибрюшного кровотечения в селе в большей степени - в 3,3 и 6,2 раза (+3 и +4), в городе в 1,7 и 6,4 раза (+1 и +4), соответственно. Послеоперационные осложнения увеличивают риск в городской местности в 3,8 раза (+3).

Воспалительные заболевания органов малого таза достоверно оказывают влияние на развитие бесплодия только у горожанок - риск в 2,1 раза больше (+2), а инфекции передающиеся половым путем в 2,8 раза чаще встречались у сельчанок (+2). В 1,3 раза уменьшает риск отсутствие ИППП в анамнезе в городе (-1) и в 1,6 раза в сельской местности (-1).

Заболевания щитовидной железы повышают риск бесплодия в городе в 8 раз (+5).

Таким образом, увеличение среднего возраста женщин и мужчин при регистрации брака, большое число разводов приводят к усугублению неблагоприятной для воспроизводства населения Алтайского края ситуации, которая в сельской местности хуже и усугубляется уменьшением частоты заключаемых браков и снижением рождаемости. Уровень бесплодия в Алтайском крае (16,2%) превышает критические цифры, определенные проблемной группой ВОЗ как 15%, в связи с чем, бесплодие может расцениваться как фактор, влияющий на демографические показатели в регионе. Бесплодный брак в сельской местности (19%) встречается чаще, чем в городской (15,3%). Ведущие причины бесплодия у горожанок и сельчанок общие - это эндокринная патология и нарушение проходимости маточных труб, однако их частота в селе выше. У горожанок заболеваемость эндометриозом, врожденные аномалии половых органов, иммунное бесплодие встречаются чаще.

Эпидемиологическое исследование позволило выделить ведущие факторы риска бесплодного брака. Большинство одинаково часто встречающихся в городской и сельской местности повреждающих факторов оказывают значительно большее отрицательное воздействие на горожанок. По всей видимости это можно объяснить урбанизацией и худшей экологической обстановкой в городе и, следовательно, меньшей устойчивостью организма к негативным воздействиям. Однако, несмотря на это в сельской местности бесплодный брак встречается чаще. Это вероятно обусловлено социально-экономическими факторами, такими как отсутствие центрального водоотведения и горячего водоснабжения, что приводит к частому переохлаждению и хронизации воспалительных процессов половых органов, в сочетании с низкой материальной обеспеченностью. Из медико-биологических факторов, оказывающих наибольшее влияние на инфертильность для горожанок можно выделить нарушения менструального цикла, заболевания щитовидной железы и отсутствие контрацепции, для сельчанок – нарушения менструального цикла, абдоминальные операции и инфекции передающиеся половым путем.

Список литературы

1.WHO: Special Programme. Human Reproduction. Fertil. Steril. 1987, №47, P. 964-968.

Гречко О.Ю. - д.м.н., доцент каф.фармакологии ВолгГМУ;
Спасов А.А. - зав.каф.фармакологии ВолгГМУ, профессор,
Академик РАН;
Смирнова Л.А. - д.б.н., зав.лабораторией фармакокинетики;
Штарёва Д.М. - аспирант каф.фармакологии ВолгГМУ;
Ращенко А.И. - аспирант каф.фармакологии ВолгГМУ;
Анисимова В.А. - к.х.н., зав. лабораторией синтеза биологически
активных соединений НИИ ФОХ Южного федерального университета.
E-mail: darya.chikun@mail.ru

ПРОИЗВОДНОЕ БЕНЗИМИДАЗОЛА – АГОНИСТ КАППА-ОПИОИДНЫХ РЕЦЕПТОРОВ

На сегодняшний день в клинической практике для купирования болевых синдромов наиболее часто применяют опиоидные анальгетики [1,4-25]. Однако, μ-агонисты обладают рядом серьезных нежелательных реакций, таких как угнетение дыхательного центра, зависимость и толерантность к анальгетическому эффекту. В связи с этим, большое значение имеет разработка опиоидных анальгетиков, не вызывающих побочные эффекты, характерные для морфиноподобных препаратов. Такими свойствами обладают соединения с каппа-опиоидной агонистической активностью [2,10-15]. Предварительные экспериментальные исследования по направленному поиску веществ с каппа-рецепторным профилем фармакологической активности позволили выявить новое соединение под лабораторным шифром РУ-1205 с выраженным каппа-опиоидным действием [3,8-9].

Материалы и методы. В работе представлены данные по изучению анальгетической активности и механизма действия субстанции соединения РУ-1205 дигидрохлорида 9-(2-морфолиноэтил)-2-(4-фторфенил)имидазо[1,2-α]бензимидазола, синтезированного в НИИ физической и органической химии Южного федерального университета (Пат. РФ № 2 413 512 С1 от 29.07.2009 г.) [4]. Экспериментальные исследования были выполнены с использованием агониста каппа- и парциального агониста мю-опиоидных рецепторов - буторфанола, селективного агониста каппа-опиоидных рецепторов – U-50,488, селективного антагониста каппа-опиоидных рецепторов – норбиналторфимина (norBNI). Изучение обезболивающей активности было выполнено на 85 белых половозрелых неинбредных мышах-самцах массой 20-25 г. Исследование фармакокинетики проводили на 40 белых беспородных крысах-самцах массой 200-220 г. Животных содержали в стандартных условиях вивария при 12-часовом световом режиме со свободным доступом к воде и пище (ГОСТ Р 50258-92).

Для исследования анальгетической активности использовали метод термического раздражения в тесте «Горячая пластина». Изучаемое соединение и препарат сравнения вводили внутрибрюшинно в дозах 1; 0,1 и 0,01 мг/кг. Контрольной группе животных вводили эквивалентный объем растворителя. Через 60 минут животных помещали на разогретую до 55°C медную пластину, окруженную пластиковым цилиндром. Фиксировали латентное время ноцицептивной реакции в виде облизывания задних лап. Критерием анальгетического эффекта считали статистически значимое увеличение латентного периода реакции после введения вещества [5,202]. Для подтверждения каппа – опиоидного механизма действия соединения РУ-1205 проводили тесты с селективным антагонистом опиоидных рецепторов – норбиналторфимином (10 мг/кг). В качестве препарата сравнения использовали селективный агонист каппа-опиоидных рецепторов – U-50,488. Количественное определение изучаемого соединения проводили на высокоэффективном жидкостном хроматографе Shimadzu (Япония) с УФ-детектором при λ=205 нм на аналитической колонке SUPELCOSIL LC-18 (5мкм; 100 мм х 4,6мм) при температуре 50 ^{0}C. Мобильная фаза включала ацетонитрил (США) и буферную систему, состоящую из однозамещенного фосфата калия 50 мМ рН=5,0. в соотношении 1:1 [6,15-17]. При исследовании фармакокинетики введение раствора изучаемого вещества осуществляли однократно в хвостовую вену в дозе 10 мг/кг. Пробы крови отбирали в дискретные интервалы времени: 0,083; 0,167; 0,333; 0,666; 1; 2; 4; 8; 12 ч. На каждый временной интервал использовали по 5 животных. Забор крови осуществляли после декапитации животных. Образцы крови стабилизировали 5% раствором цитрата натрия (Россия), затем центрифугировали при 3000 об/мин в течение 15 мин с целью получения плазмы. Для одновременной преципитации белков и извлечения анализируемого вещества к плазме крови добавляли ацетонитрил в соотношении 1:1. Статистическую обработку данных проводили с использованием критериев Краскела-Уоллиса и Манна-Уитни.

Результаты. Соединение РУ-1205 в дозах 1 мг/кг, 0,1 мг/кг и 0,01 мг/кг статистически значимо повышало пороги болевой чувствительности относительно контрольной группы животных в 2,8; 2,5 и 1,8 раз соответственно. Тогда как бугорфанола тартрат в тех же дозах увеличивал латентный период ноцицептивной реакции в 2; 1,8 и 1,5 раза соответственно. Статистически значимых различий между исследуемым соединением и препаратом сравнения выявлено не было (рис. 1).

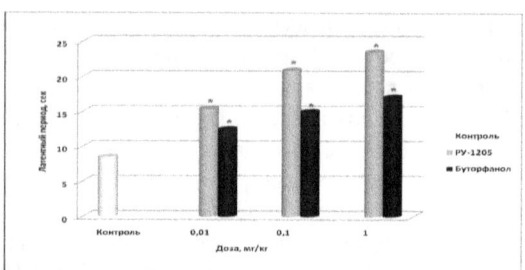

Рис.1. Влияние соединений РУ-1205 и буторфанола на болевой порог в тесте «Горячая пластина». * – статистически значимые отличия по сравнению с контролем (p≤0,05).

Норбиналторфимин при предварительном подкожном введении (10 мг/кг) вызывал статистически значимое уменьшение анальгетической активности у соединения РУ-1205 и U-50,488 в 6,2 и 2,2 раза соответственно (табл. 1).

Таблица 1.

Влияние соединений РУ-1205 и U-50,488 в дозе ЭД$_{80}$ на обезболивающую активность в тесте «Горячая пластина» при внутрибрюшинном введении интактным животным и животным, предварительного получавшим норбиналторфимин.

Группа	Антиноцицептивная активность, %
РУ-1205	93,8%
Норбиналторфимин + РУ-1205	15,2%
U-50,488	85,0%
Норбиналторфимин + U-50,488	39,2%

Усредненная фармакокинетическая кривая была получена при однократном внутривенном введении соединения РУ-1205 (рис. 2). В начальный момент времени наблюдали максимальное значение концентрации, затем происходит резкое снижение ее уровня. Кривая носит моноэкспоненциальный характер.

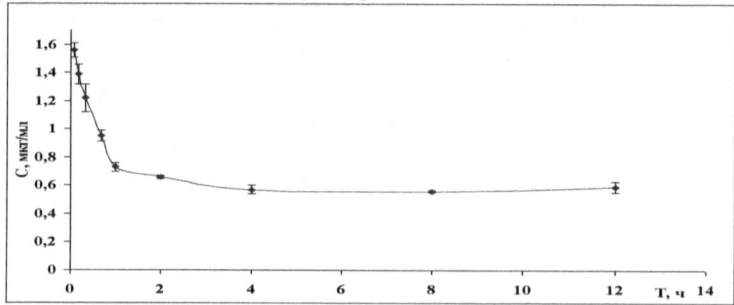

Рис. 2. Зависимость концентрации соединения РУ-1205 от времени в плазме крови крыс при однократном внутривенном введении в дозе 10 мг/кг (n=5; x±SD).

Таблица 2.

Фармакокинетические параметры соединения РУ-1205 в плазме крови крыс после однократного внутривенного введения в дозе 10 мг/кг.

$AUC_{0-\infty}$, мкг*мл/ч ас	Kel, ч-1	T1/2, ч	MRT, ч	Cl, л/ч*кг	Vd, л/кг	Tmax, ч	Cmax, мкг/мл
13,90	0,09	7,01	6,41	0,81	7,86	0,089	1,85

Из приведенных в таблице 2 данных видно, что исследуемое вещество подвергается длительному процессу элиминации, о чем свидетельствует значение периода полувыведения, а также среднее время удерживания (MRT). Кажущийся объем распределения превышает реальный объем организма крыс более чем в 7 раз, что предполагает неравномерное распределение соединения в тканях [7,98].

Выводы.

1. Соединение РУ-1205 оказывает выраженное дозозависимое анальгетическое действие на модели термического раздражения;

2. Подтвержден каппа-опиоидный механизм анальгетической активности исследуемого вещества;

3. Изучаемое производное бензимидазола длительно циркулирует в крови крыс.

Литература

1. Savage SR, Kirsh KL, Passik SD Challenges in using opioids to treat pain with substance use disorders. *Addict Sci Clin Pract.* 2008;4(2):4–25.

2. Vanderah TW. Delta and kappa opioid receptors as suitable drug targets for pain. *Clin J Pain.* 2010;26(10):10–15.

3. Спасов А.А., Гречко О.Ю., Елисеева Н.В. и др. Новый класс агонистов каппа-опиоидных рецепторов. *Эксп. клин. фармакол.* 2010; 73: 8-9.

4. Пат. РФ №2 413 512 С1 от 29.07.2009 г. «Средства, обладающие каппа-опиоидной агонистической активностью». Анисимова В.А. и др. Опубл. 10.03.2011; Бюл. изобретений №7.

5. Воронина Т.А., Гузеватых Л.С. Методические рекомендации по изучению анальгетической активности лекарственных средств. *Руководство по проведению* доклин. исследований лекарственных средств под ред. А.Н. Миронова. 2012; 202.

6. Смирнова Л. А., Ращенко А. И., Рябуха А.Ф. и др. Количественное определение соединения РУ-1205 в биологических пробах. *Волгогр. научно-мед. журнал.* 2012; 2: 15-17.

7. Ращенко А.И., Сучков Е.А. Распределение морфолиноэтилимидазобензимидазола в организме крыс. *Сб. материалов I Всероссийской научно-прак. конференции молодых ученых «Проблемы разработки новых лекарственных средств».* 2013; 98.

Стома И.О.[1], Карпов И.А.[1], Усс А.Л.[2], Миланович Н.Ф.[2], Власенкова С.В.[2]

УО «Белорусский государственный медицинский университет»[1]
УЗ «9-я городская клиническая больница» г. Минска[2]

ЭМПИРИЧЕСКАЯ АНТИБАКТЕРИАЛЬНАЯ ТЕРАПИЯ ИНФЕКЦИОННЫХ ОСЛОЖНЕНИЙ У ПАЦИЕНТОВ ПРИ ТРАНСПЛАНТАЦИИ ГЕМОПОЭТИЧЕСКИХ СТВОЛОВЫХ КЛЕТОК

Трансплантацией гемопоэтических стволовых клеток (ТГСК) называется введение реципиенту взвеси гемопоэтических стволовых клеток (аутологичных или аллогенных) после назначения миело (немиело)-аблативных и иммуноаблативных доз цитостатических препаратов и (или) лучевой терапии. В настоящее время данный метод лечения получил широкое распространение как в мире, так и в Республике Беларусь, и используется для лечения целого ряда гематологических и онкологических заболеваний: острых и хронических лейкозов, миелодиспластического синдрома, лимфомы Ходжкина и неходжкинских лимфом, множественной миеломы, рака молочной железы, апластической анемии и др. По данным мировой научной литературы частота встречаемости инфекционных осложнений при ТГСК в зависимости от периода возникновения, типа трансплантации и ряда других факторов варьируется в пределах от 5 до 50% [1,56].

Фебрильная нейтропения – однократно измеренная оральная температура выше 38,3 °C или температура выше 38,0 °C на протяжении не менее часа у пациента с абсолютным числом нейтрофилов (АЧН) < 500 кл/мкл или у пациента с высокой вероятностью снижения АЧН ниже 500 кл/мкл в течение следующих 48 часов [1,60].

Эмпирическая антибактериальная терапия – назначение антибактериальных препаратов до получения сведений о возбудителе и его чувствительности к данным препаратам. Антибактериальная терапия в данном случае назначается с учётом знания наиболее распространённых возбудителей для конкретного заболевания, их профилей чувствительности к антибактериальным препаратам и тяжести состояния пациента. Выбор правильного подхода к назначению эмпирической антибактериальной терапии по поводу фебрильной нейтропении у онкогематологических пациентов является решающим фактором успеха терапии. В отношении таких пациентов в настоящее время применяют следующие стратегии:

1. «Эскалационная» стратегия антибактериальной терапии подразумевает начало лечения с монотерапии (цефтазидим или пиперациллин-тазобактам). В случае ухудшения состояния пациента или выделения устойчивого возбудителя терапия претерпевает «эскалацию», т. е. замену на антибиотик или комбинацию антибиотиков с более широким спектром, например на карбапенем в сочетании с аминогликозидом.

2. «Деэскалационная» стратегия основана на первоначальном назначении эмпирической терапии с максимально широким спектром антибактериального действия. Примером данной стратегии может служить раннее назначение карбапенемов (имипенема или меропенема) в сочетании с колистином или аминогликозидом с присоединением ванкомицина при необходимости. Режим терапии позже проходит «деэскалацию», т. е. замену на антибиотики более узкого спектра действия после получения результатов микробиологического исследования [2,1830].

Выбор стратегии эмпирической антибактериальной терапии при фебрильной нейтропении у пациентов при трансплантации гемопоэтических стволовых клеток зависит от локальной распространённости различных возбудителей и их профилей устойчивости, что значительно варьирует не только в пределах Европы, но даже в пределах разных стационаров одной страны, от клинических факторов риска конкретного пациента и от риска инфицирования пациента мультирезистентными возбудителями [2,1828]. С учетом вышесказанного актуальным вопросом является локальное изучение спектра и профилей антибиотикорезистентности бактерий, вызывающих инфекционные осложнения у пациентов при ТГСК в Республике Беларусь.

Авторами был проведен ретроспективный анализ медицинской документации пациентов, перенёсших ТГСК в Республиканском центре гематологии и пересадки костного мозга, г. Минск, Республика Беларусь за период 2009-2013 годы. В Республиканском центре гематологии и пересадки костного мозга ежегодно производится более 100 трансплантаций гемопоэтических стволовых клеток, в том числе более 10 аллогенных ТГСК в год.

Общий объём выборки составил 433 пациента; общее число пациентов с зарегистрированной фебрильной нейтропенией – 154. У каждого из пациентов с фебрильной нейтропении перед введением антибактериального препарата производился забор крови в объёме по 10 мл из периферической вены и центрального венозного катетера. Кровь засевалась в питательные среды (флаконы компании Biomerieux для исследования на аэробные бактерии) сразу после взятия у постели больного с соблюдением правил асептики. Флаконы с кровью помещались в гемокультиватор BacT/ALERT инкубировались в течение 7 дней или до получения положительного результата. При положительном результате культура отсевалась на питательные среды для дальнейшего исследования; чувствительность к антибактериальным препаратам определялась с помощью автоматического бактериологического анализатора VITEK 2 компании Biomerieux с подбором соответствующих карт с антибиотиками. Положительные результаты исследования крови на стерильность были отмечены у 31 пациента, таким образом бактериемия как причина лихорадки была подтверждена у 20% пациентов с фебрильной нейтропенией.

Полученные результаты соотносятся с мировыми данными; в среднем при фебрильной нейтропении бактерии из крови выделяются у менее чем 25 % пациентов [3,13]. Возможным объяснением данного феномена является наличие на момент взятия биоматериала у пациента не выявленной грибковой или вирусной инфекции, а также других причин появления эпизода лихорадки. Распределение идентифицированных в исследовании возбудителей представлено в таблице 3.

Таблица 3. Распределение выделенных из крови возбудителей

Выделенный возбудитель	Частота выявления возбудителя
E. coli	10/31 (32%)
Coagulase negative Staphylococci	8/31 (26%)
Ps. Aeruginosa	7/31 (23%)
Streptococcus spp.	4/31 (13%)
Kl. Pneumonia	1/31 (3%)
Enterococcus faecalis	1/31 (3%)

Полученные данные позволяют говорить о превалировании Грам-отрицательных возбудителей (58%) в структуре бактериальных инфекционных осложнений у пациентов при трансплантации гемопоэтических стволовых клеток, из чего следует вывод о необходимости раннего назначения препаратов наиболее активных в отношении Enterobacteriaceae spp., а также такого мультирезистентного патогена, как Ps. aeruginosa, при выборе схемы эмпирической антибактериальной терапии. Раннее назначение схемы с двумя препаратами активными в отношении этих возбудителей является наиболее обоснованным подходом у пациентов из группы высокого риска. Проведенное исследование также показало достаточно высокое распространение коагулазо-негативных стафилококков и Streptococcus spp. в качестве возбудителей инфекций кровотока у пациентов при трансплантации гемопоэтических стволовых клеток (вместе 39%), что объясняется выраженным повреждением слизистых оболочек у данных пациентов при химиотерапии. Однако, несмотря на высокую распространённость Грам-положительных бактерий, смертность среди реципиентов гемопоэтических стволовых клеток по данным мировой литературы при инфекциях, вызванных Грам-положительной флорой остаётся невелика [4,1150]. В исследовании не было зафиксировано ни одного случая инфекции кровотока, вызванной метициллин-резистентным золотистым стафилококком, что говорит о высоком уровне мероприятий по профилактике распространения данного возбудителя в Республиканском центре гематологии и пересадки костного мозга. В связи с описанным уровнем выявляемости Грам-положительных возбудителей у пациентов при трансплантации гемопоэтических стволовых клеток рекомендуется эмпирическое назначение антибактериальных препаратов против Грам-положительных возбудителей только при наличии приведённых выше в тексте критериев.

Дальнейшие исследования в данной области необходимы для повышения качества лечения и диагностики инфекционных осложнений у пациентов при проведении трансплантации гемопоэтических стволовых клеток.

Литература

1. Freifeld, A.G. et al. Clinical Practice Guideline for the Use of Antimicrobial Agents in Neutropenic Patients with Cancer: 2010 Update by the Infectious Diseases Society of America / A.G. Freifeld et al. // Clinical Infectious Diseases. – 2011. – Vol. 52, № 4. – P. E56–e93.
2. Averbuch, D. et al. European guidelines for empirical antibacterial therapy for febrile neutropenic patients in the era of growing resistance: summary of the 2011 4th European Conference on Infections in Leukemia / D. Averbuch et al. // Haematologica. – 2013. – Vol. 98, № 12. – P. 1826–1835.
3. Klastersky, J. Science and pragmatism in the treatment and prevention of neutropenic infection. / J. Klastersky // Journal of Antimicrobial Chemotherapy. – 1998. – Vol. 41, № Suppl 4. – P. 13–24.
4. Tomblyn, M. et al. Guidelines for Preventing Infectious Complications among Hematopoietic Cell Transplantation Recipients: A Global Perspective / M. Tomblyn et al. // Biology of Blood and Marrow Transplantation. – 2009. – Vol. 15, № 10. – P. 1143–1238.

Иванова О.Ю., Газазян М.Г., Пономарева Н.А., Великорецкая О.А.

Газазян Марина Григорьевна - д.м.н., профессор, зав. кафедрой акушерства и гинекологии, Курский государственный медицинский университет Минздрава РФ;

Иванова Оксана Юрьевна - д.м.н., профессор кафедры, Курский государственный медицинский университет Минздрава РФ;

Пономарева Надежда Анатольевна - д.м.н., профессор кафедры, Курский государственный медицинский университет Минздрава РФ;

Великорецкая Ольга Анатольевна – врач акушер-гинеколог Липецкого горроддома

Ivanovao1@mail.ru

ОСОБЕННОСТИ ФУНКЦИОНИРОВАНИЯ ГЕМОДИНАМИЧЕСКОЙ СИСТЕМЫ МАТЬ-ПЛАЦЕНТА-ПЛОД ПРИ ФИЗИОЛОГИЧЕСКОМ И ТЕЧЕНИИ БЕРЕМЕННОСТИ И ПРИ БЕРЕМЕННОСТИ, ОСЛОЖЕННОЙ ПЕРИНАТАЛЬНЫМИ ГИПОКСИЧЕСКИ-ИШЕМИЧЕСКИМИ ПОВРЕЖДЕНИЯМИ

Цель исследования: снижение перинатальной заболеваемости гипоксически-ишемического генеза путем диагностики патогенетически обусловленных нарушений в гемодинамической системе мать-плацента-плод.

Методика: проведено комплексное обследование 898 беременных в динамике беременности (на сроках 3-5, 10-12, 18-20, 28-30, 34-35 и 37-40 недель). После ретроспективной оценки течения беременности, исхода родов, особенностей течения периода ранней неонатальной адаптации, результатов морфологического исследования плацент были выделены две группы. Контрольную группу (КГ) составили 484 пациентки с неосложненным течением беременности и родов, родившие доношенных детей без признаков гипоксической энцефалопатии и других гипоксически-ишемических повреждений (ПГИП) жизненно важных органов. В основную группу (ОГ) вошли 414 беременных и их новорожденные с признаками ПГИП. Тяжесть ПГИП определялась по совокупности данных клинического состояния, данных лабораторного исследования и результатов эхоэнцефалографии.

В динамике беременности осуществлялось общепринятое клинико-лабораторное исследование с применением эхокардиографического исследования центральной материнской гемодинамики (ЦГ) (расчетная формула Teichholz, патент № 2221481 от 20.01.2004 г.), ультразвукового и допплерометрического исследования фетоплацентарного комплекса (аппарат «Aloka-SSD-1700»). Допплерометрическая оценка маточноплацентарно-плодового кровотока (МПП) проводилась путем определения индексов резистентности (ИР) в маточных артериях (МА), в артериях пуповины (АП), в аорте (Ао) и средней мозговой артерии плода (СМА). Взаимосвязь МП и ПП кровотока оценивали с помощью показателя ИР МА/ИР АП (патент на изобретение № 2193864).

Полученные результаты исследования обрабатывались на ЭВМ типа IBM-PC с помощью программы Statistika for Windows 5.11.

Изложение основного материала: средний возраст беременных в основной и контрольной группах был сопоставим (23,2±4,6 года и 24,8±2,3 года соответственно). В ОГ сопутствующие экстрагенитальные заболевания и хронические воспалительные заболевания различной локализации (40,6%)) встречались в 2,4 раза чаще (273 жен. (66%)), чем в контрольной. Отягощенный акушерско-гинекологический анамнез встречался в 1,5 раза чаще в сравнении с КГ.

Среди пациенток ОГ отмечены рецидивирующая угроза прерывания (141 жен., 34,1%), анемия (243 жен., 58,7%), внутриутробное инфицирование (108 жен., 47,1%). Частота преэклампсии средней и тяжелой степени составила 24,6%, плацентарная недостаточность компенсированной и субкомпенсированной стадии встречалась в 63,6% наблюдений, стадии декомпенсации в 36,4%. Оперативное родоразрешение, ведущие показания к которому были со стороны плода, отмечены практически у каждой третьей (153 (37,0%)) пациентки.

Масса тела новорожденных ОГ составляла 2870,2±280,7 г, что было достоверно ниже в сравнении с КГ (3599,6±337,3г). Клинические признаки незрелости выявлены у 69 новорожденных (16,7%), гипотрофия первой степени диагностирована у 33 (8,0%), второй степени – у 117 (28,2%) и третьей степени – у 195 (47,1%) младенцев. Легкая степень повреждения ЦНС выявлена у 24 (5,8%) новорожденных, средняя степень - у 171 (41,3%) и тяжелая - у 219 (52,9%).

Исследование ЦГ показало, что при неосложненной беременности преобладали пациентки с гипер- (31,2%) и эукинетическим (58,3%) типами гемодинамики. В динамике 1 и 2 триместров происходит увеличение показателей объемной работы сердца (УО, МО) с параллельным снижением периферического сосудистого сопротивления. Второй гемодинамический скачок был диагностирован на сроке беременности 15-19 недель, в результате чего МО дополнительно увеличился на 10,1-14,0% при одновременном снижении ОПСС на 9,0-10,2% у беременных с эу - и гиперкинетическим типом ЦГ и на 6,1-8,0% у пациенток с гипокинетическим типом ЦГ (p>0,05)). С 20 до 28-30 неделю изменения параметров ЦГ матери характеризовались быстрым статистически достоверным увеличением объемных показателей работы сердца при одновременном снижении ОПСС на фоне стабильных значениях пульса и артериального давления. Общий прирост УО и МО с начала беременности у пациенток с исходным эу- и гиперкинетическим типами ЦГ составил более 35,0%, а у пациенток с гипокинетическим типом ЦГ – более 25,0%. Период с 30-32 до 35-36 неделю характеризовался стабильными максимально высокими значениями УО, МО и минимальными значениями ОПСС. У беременных с эу- и гиперкинетическим типом МО соответствовал 6,65±1,72л/мин, ОПСС - 931,7±23,2 дин.с.см$^{-5}$. У беременных с исходным гипокинетическим типом МО соответствовал 4,56±1,58 л/мин, ОПСС - 905,1±27,4 дин.с.см$^{-5}$. Характерной особенностью данного периода было то, что он продолжался не менее 5-6 недель, а снижение объемных показателей работы сердца начиналось не ранее 35-36 недели. С 35-36 недели до родов отмечено снижение УО, МО у пациенток с исходным эу- и гиперкинетическим типами ЦГ в среднем на 8,1-12,0% по отношению к его максимальным величинам в 3 триместре, а у пациенток с исходным гипокинетическим типом ЦГ – на 10,1-15,0%. На основании полученных данных разработан способ прогнозирования адекватности адаптационных изменений ЦГ матери (патент на изобретение № 2221481). Адекватными считали такие гестационные изменения параметров ЦГ, при которых у беременных с исходным эу- и гиперкинетическим типами ЦГ процентный прирост МО с начала беременности до периода максимальных гемодинамических нагрузок (30-32 недели) превышал 35,0%, а у беременных с гипокинетическим типом ЦГ – 25,0%.

Динамические изменения маточного кровотока в КГ регистрировались с первых недель беременности и проявлялись увеличением интенсивности кровотока в МА. Первый гемодинамический скачок (10-12 недель) соответствовал завершению 1 волны инвазии трофобласта и характеризовался снижением ИР МА в среднем на 13,2±3,4%. Второй гемодинамический скачок с 15 до 19 недели, соответствовал 2 волне инвазии трофобласта. ИР МА дополнительно снизился на 10,6±2,6%. На сроке беременности с 20 до 28-30 недель темп снижения ИР МА был максимально высоким и составил 9,4±2,5% за 2 недели. В период с 30 до 40 недели отмечено плавное статистически недостоверное снижение ИР МА до 0,44±0,07 отн.ед. В динамике беременности ИР МА снизился на 42,2±0,8% (p<0,05)).

Гемодинамические изменения пуповинного кровотока на протяжении неосложненной беременности проходили неравномерно с двумя периодами быстрого повышения интенсивности пуповинного кровотока. Первое статистически достоверно снижение резистентности АП на 11,1±0,7% отмечено на сроке 15-19 недель. С 20 до 28-30 неделю был диагностирован 2 период быстрого, но статистически недостоверного снижения ИР АП на 6,5-7,0%. В динамике 3 триместра ИР АП снижался медленно без статистически достоверных колебаний. За время беременности ИР АП снизился на 33,3±0,8% (p<0,05).

Показатели плодового кровотока свидетельствовали о постоянном приросте интенсивности гемодинамики плода в течение неосложненной беременности.

Отражением сбалансированности функционирования маточно-плацентарной гемодинамики может являться маточно-пуповинное отношение (ИР МА/ИР АП), которое во второй половине неосложненного течения беременности остается постоянным в пределах 0,7-0,8 отн. ед. (патент на изобретение № 2193864).

При осложненной ПГИП беременности частота выявления исходного гипокинетического типа ЦГ увеличилось в 2 раза (40,3%), а гиперкинетического типа - сократилась в 3 раза (11,7%).

Отличительные особенности гестационной трансформации ЦГ матери при осложненной беременности выявлены с ранних сроков беременности. В первом триместре (8-12 недель) характерным считали отсутствие первого гемодинамического скачка. Увеличение УО и МО проходило плавно и составило у пациенток с исходным эу - и гиперкинетическим типом ЦГ 5,1-8,0%, с гипокинетическим типом-2,0-3,0% (p>0,05). Статистически достоверное повышение УО, МО и снижение ОПСС было отмечено на сроке 17-19 недель. Общий прирост МО к сроку 28-30 недель составил у пациенток с исходным гипокинетическим типом ЦГ менее 25,0%, а с эу- и гиперкинетическим типом - менее 35,0%. Период максимальных гемодинамических нагрузок был на 3-4 недели короче в сравнении с КГ (30-31 – 33-34 неделя). Снижение объемных показателей работы сердца и одновременное увеличение ОПСС продолжалось до конца беременности (с 34-35 до 39-40 недель). Характерной особенностью для данного этапа было чрезмерно выраженное снижение УО, МО и повышение ОПСС в конце беременности.

Нарушения гестационной трансформации ЦГ матери находились в четкой взаимосвязи с патологическими изменениями МПП кровотока. Неадекватно низкий прирост МО ниже 25,0-35,0% на сроке беременности 30-32 недели в 66,0% случаев сочетался с нарушением МПП кровотока различной степени тяжести в конце беременности.

Наиболее значимые патологические изменения маточной гемодинамики прослеживались нами в периоды, совпадающие по времени с периодами инвазии трофобласта. Так, к 10-12 и 18-20 неделе интенсивность увеличения кровотока МА была в 1,5 и 3,6 раза меньше в сравнении с КГ. Слабая выраженность гемодинамических скачков обусловила довольно короткую продолжительность периода максимально высоких гемодинамических показателей (с 18-20 по 28-32 неделю), что было на 4-5 недель короче, чем в КГ, и привело к тому, что общий прирост интенсивности кровотока в магистральных маточных сосудах был в 3,3 раза меньше в сравнении с КГ.

Анализ гемодинамических изменений в ПП комплексе выявил два периода прироста интенсивности пуповинного кровотока на сроках от 16 до 20 недели и от 21 до 28-30 недели, достоверно менее выраженных в сравнении с КГ (p>0,05). В период с 30 по 34-35 неделю была зафиксирована относительная стабильность в показателях пуповинного кровотока (p>0,05). С 34-35 по 38-40 неделю отмечено снижение интенсивности пуповинного кровотока, которое проявлялось достоверным увеличением индексов резистентности АП. Общее повышение интенсивности кровотока в АП в динамике осложненного течения беременности было в 2,3 раза меньше, чем в КГ (p<0,05). Признаки централизации кровообращения плода выявлялись с 34-35 недели беременности.

Исследование гемодинамических взаимосвязей в динамике осложненной беременности показало, что снижение показателей интенсивности МП кровотока более чем на 10% в сравнении с нормативными влечет за собой активизацию компенсаторно-приспособительных возможностей ПП гемодинамики (увеличение интенсивности кровотока в АП на 18,6±2,8%) и способствует поддержанию удовлетворительного состояния гемодинамики плода (28-30 недель). Отношение ИР МА/ИР АП составляет 0,7-0,75 отн. ед. свидетельствует об адаптационной трансформации плацентарно-плодового кровотока в условиях незначительно сниженной плацентарной перфузии.

Снижение интенсивности маточного кровотока на 29-33% приводит к истощению компенсаторно-приспособительных возможностей ПП комплекса и обусловливает снижение интенсивности пуповинного кровотока (с 30-31 по 35-36 неделю), что характеризуется повышением показателя ИР МА/ИР АП до 0,9-1,03 отн. ед..

Дефицит маточного кровотока более 35% (35-36 - 38-40 недель) приводит к выраженной разбалансировке в функционировании МПП гемодинамической системы истощению компенсаторно-приспособительных возможностей ПП кровотока и централизации кровообращения плода. Это подтверждается низкой корреляционной зависимостью между гемодинамическими изменениями в МА и АП, а также высокими цифровыми значениями показателя ИР МА/ИР АП в пределах 1,04-1,09 отн. ед..

Т.о., разработка критериев нарушения функционирования данной системы позволило выделить группу риска развития ПИГП и проводить мероприятия, направленные на снижение частоты данного осложнения. Так в первом триместре в группе высокого риска целесообразно проведение метаболической и гормональной терапии с коррекцией микробиоценоза влагалища.

Во втором триместре – применение средств, способствующих улучшению реологии крови.

В динамике третьего триместра тактика ведения беременности зависит от выраженности нарушений в маточно-плацентарном звене. Так, при отсутствии нарушений гемодинамики фетоплацентарного комплекса (ИР МА/ИР АП – 0,75–0,85 отн. ед.) возможно пролонгирование беременности до доношенного срока и ведение родов через естественные родовые пути на фоне профилактики внутриутробной гипоксии плода. При снижении интенсивности маточного кровотока на 20–34% и компенсаторном увеличении интенсивности пуповинного кровотока на 10–12% от гестационной нормы (ИР МА/ИР АП – 0,9 отн. ед.) пациентки нуждаются в стационарном лечении с проведением контрольного допплерометрического исследования через 2 недели. При снижении интенсивности маточной и пуповинной гемодинамики более чем на 35% от гестационной нормы (ИР МА/ИР АП – 1 отн. ед. и выше) беременные подлежат досрочному родоразрешению путем кесарева сечения.

Использование в практической работе комплексной оценки функционирования ГС МПП на протяжении беременности позволило провести своевременную коррекцию выявленных нарушений и тем самым снизить частоту и тяжесть ГИПП и новорожденного в 2,5 раза.

Список литературы

1. Газазян М.Г., Пономарева Н.А., Иванова О.Ю. Способ ранней диагностики вторичной плацентарной недостаточности // Патент на изобретение № 2193864.

2. Газазян М.Г., Пономарева Н.А., Иванова О.Ю., Гончаревская З.С. Особенности центральной гемодинамики при беременности, осложненной гестозом. Журнал акушерства и женских болезней. – 2008. - том LVII выпуск 3. – С.35-41.

3. Милованов А.П. Патология системы мать–плацента–плод: руководство для врачей. М.: Медицина, 1999. – 448 с.

4. Пономарева Н.А., Газазян М.Г., Иванова О.Ю., Долженкова Н.В. Способ диагностики адекватности адаптационных изменений центральной гемодинамики матери во время беременности // Патент на изобретение № 2221481

5. Стрижаков А.Н., Игнатко И.В. Современные методы оценки состояния матери и плода при беременности высокого риска. Вопросы гинекологии, акушерства и перинатологии. – 2009. – том 8, №2. – С.5-15.

6. Суханова Л.П., Глушенкова В.А., Кузнецова Т.В. Эволюция акушерской патологии в России. Здравоохранение Российской Федерации. – 2010. - №4. – С. 27-32.

Илларионова Е.М., Грибова Н.П.

Илларионова Елена Михайловна – кандидат медицинских наук, ассистент кафедры неврологии, физиотерапии и рефлексотерапии ФПК и ППС ГБОУ ВПО Смоленская государственная медицинская академия Минздрава России. 214019, г. Смоленск, ул. Крупской, 28. тел.: 89036986323, э/п: la_ _lena@mail.ru;

Грибова Наталья Павловна – доктор медицинских наук, профессор, зав. кафедрой неврологии, физиотерапии и рефлексотерапии ФПК и ППС ГБОУ ВПО Смоленская государственная медицинская академия Минздрава России. 214019, г. Смоленск, ул. Крупской, 28. тел.: 84812553974.

СТАБИЛОМЕТРИЧЕСКАЯ ДИАГНОСТИКА ГОЛОВОКРУЖЕНИЙ

Резюме. *Представлены данные о объективной диагностике системного головокружения при центральной и периферической вестибулярной дисфункции. Использовался метод компьютерной стабилометрии с набором тестов, информативных для исследования вестибулярного анализатора – исследование в позе Ромберга с открытыми и закрытыми глазами, тест с поворотами и наклонами головы, тандемный тест. Получены статистически значимые отличия стабилометрических показателей в группах пациентов с центральным и периферическим головокружением. Установлено, что компьютерная стабилометрия – диагностический метод, позволяющий объективно оценить изменение состояния равновесия как у больных с центральным, так и с периферическим вестибулярным головокружением.*

Ключевые слова: системное головокружение, диагностика, компьютерная стабилометрия.

Библиография: 6 источников

В настоящее время значительно возрос интерес к проблеме головокружений. В различных возрастных группах головокружение выявляется более чем у 30% пациентов. Вероятность появления этого симптома увеличивается с возрастом и среди людей старше 80 лет распространенность головокружения превышает 40%. За последние 10 лет число обращений с головокружением резко возросло [1,2].

Под головокружением принято понимать субъективное ощущение удлиненного, нормального или ненормального прямолинейного или кругового движения, которое проецируется во внешнюю среду или локализуется в самом теле или его частях [2,4].

По современным представлениям, головокружение может быть вестибулярным (системным) или несистемным. В свою очередь, вестибулярное головокружение может быть центральным, за счет поражения вестибулярных ядер ствола мозга, вестибулярных путей в головном мозге или поражением мозжечка, или периферическим, связанным с поражением вестибулярного нерва и лабиринта [1,2,4].

Диагностика головокружений является сложной проблемой и опирается на данные субъективных проб, определяемых врачом визуально, что не позволяет выявить начальные проявления изменений и дать им количественную оценку по степени выраженности дисбаланса. Кроме этого, использование вестибулометрических методов, которые сейчас получили широкое распространение, основано на регистрации вызванных вестибулярных реакций, чаще всего ограничено плохой переносимостью больными из-за выраженных сенсорных и вегетативных проявлений.

В настоящее время в комплексном обследовании больных для диагностики вестибулярных расстройств и их объективной оценки наряду с электронистагмографией широкое применение находит компьютерная стабилометрия. Метод позволяет быстро и с высокой точностью оценить спектр постурографических показателей, совокупность которых отражает различные аспекты функционирования системы равновесия [6].

Наибольшее значение для диагностики вестибулярной патологии имеют значения функциональные пробы, которые позволяют в условиях соответствующей провокации обнаружить более отчетливые изменения, чем обычное исследование. Особое значение имеет функция лабиринтного аппарата при движениях головы, поэтому при его патологии исследуется влияние поворота головы на функцию баланса [6].

Цель исследования.

Изучить особенности стабилометрических характеристик пациентов с системным головокружением.

Материалы и методы.

В исследование включено 70 человек, с верифицированным поражением вестибулярного анализатора, а именно с системным головокружением. Обязательными явились общеклинические и дополнительные обследования: компьютерная, магнитно-резонансная томография головного мозга, рентгенография краниовертебральной зоны, стабилометрическое исследование, ультразвуковое исследование интракраниальных и экстракраниальных сосудов, аудиометрия. На основании анамнестических, клинических и дополнительных методов исследования были сформированы две основные группы: 1-я – 35 больных с центральным вестибулярным головокружением, 2-я – 35 больных с периферическим вестибулярным головокружением.

Стабилометрическое исследование выполняли на программно-диагностическом комплексе "МБН – Стабило" производства научно-производственной фирмы "МБН" (Россия), включающем в себя специализированный стабилометр, предназначенный для регистрации проекции центра давления тела пациента на плоскость верхней плиты платформы и его девиации во времени и в системе координат с учётом положения стоп обследуемого относительно абсолютного положения [6].

Особенностью нашего набора тестов явилось использование позы Ромберга, теста с поворотами и наклонами головы, тандемного теста. Исследования проводились в положениях: стоя глаза открыты, стоя глаза закрыты, стоя с поворотами головы налево-направо глаза открыты и глаза закрыты, стоя с наклонами головы глаза открыты и глаза закрыты, стоя в усложненной пробе Ромберга глаза открыты и глаза закрыты. Проводился анализ базовых характеристик движения центра давления тела пациента: абсолютное положение центра давления, площадь статокинезиограммы, скорость отклонения центра давления.Полученные данные сравнивались с аналогичными показателями, которые были получены при обследовании 60 здоровых лиц того же возраста.

Обработку полученных результатов выполняли с использованием статистических программ Statistica 6.0, SPSS 16.0 for Windows. Для проверки соответствия распределения признака нормальному распределению использовался метод Колмогорова – Смирнова. Распределение количественных показателей описывалось при помощи медианы и интерквартильной широты (фактически – значениями 25-го и 75-го процентилей). Вычислялись доверительные интервалы (ДИ) для выявления статистически значимых различий групп, связей признаков. Доверительный коэффициент принимался равным 95 % [3,5].

Результаты.

Нами обследовано 35 больных с центральным вестибулярным головокружением (10 человек с хронической ишемией мозга и перенесенными ишемическими инсультами, 5 – с транзиторными ишемическими атаками в вертебрально-базилярном бассейне, 20 – с вестибулярной мигренью) и 35 больных с периферическим вестибулярным головокружением (20 человек с доброкачественным пароксизмальным позиционным головокружением, 10 человек с вестибулярным нейронитом и 5 – с болезнью Меньера).

Пациенты первой и второй клинических групп были сопоставимы по возрасту. Значение медианы возраста больных первой группы составило 55 лет (интерквартильная широта – от 46 до 64 лет). Значение медианы возраста больных второй группы составило 57 лет (интерквартильная широта – от 43 до 66 лет). Женщин было в три раза больше, чем мужчин, как в первой, так и во второй группах.

Показатели теста Ромберга с открытыми глазами: медиана скорости у больных первой группы составила 11 мм/с (95 % ДИ 10,2 – 12,7), а у больных второй группы 8 мм/с (95 % ДИ 7,8 – 8,6). С закрытыми глазами 19 мм/с (95 % ДИ 18,2 – 23,4) и 13 мм/с (95 % ДИ 12,8 – 13,9) соответственно. Медиана площади статокинезиограммы первой группы с открытыми глазами составила 118 мм² (95 % ДИ 96,1 – 163,1), второй группы – 43 мм² (95 % ДИ 36,5 – 48,8). С закрытыми глазами 163 мм² (95 % ДИ 96,1 – 248,2) и 273 мм² (95 % ДИ 256,2 – 343,6) соответственно. Таким образом, скорость отклонения центра давления оказалась статистически значимо выше у больных первой группы, кроме этого произошло увеличение данного параметра с закрытыми глазами в обеих группах. И если площадь статокинезиограммы у больных первой группы была выше с открытыми глазами, то её показатели в исключении визуального контроля оказались выше у больных второй группы.

Кроме этого выявлены особенности теста с поворотами и наклонами головы. У больных первой группы с открытыми глазами при движении головы в стороны медиана скорости составила 12 мм/с (95 % ДИ 11,1 – 13,6), а при движении вверх-вниз 13 мм/с (95 % ДИ 12,6 – 14,9). А у больных второй группы 13 мм/с (95 % ДИ 11,2 – 15,5) и 14 мм/с (95 % ДИ 12,4 – 16,5). С закрытыми глазами 21 мм/с (95 % ДИ 19,2 – 25,3), 22 мм/с (95 % ДИ 20,6 – 27,7) и у больных второй группы 17 мм/с (95 % ДИ 15,3 – 19,8) и 18 мм/с (95 % ДИ 16,1 – 20,6) соответственно. С открытыми глазами при движении головы в стороны медиана площади составила 118мм² (95 % ДИ 102,2 – 166,4), а при движении вверх-вниз 120мм² (95 % ДИ 106,5 – 174,8). А у больных второй группы 68 мм² (95 % ДИ 52,3 – 83,4) и 71мм² (95 % ДИ 54,3 – 84,4). С закрытыми глазами 168 мм² (95 % ДИ 109,3 – 251,4), 181 мм² (95 % ДИ 112,7 – 273,4) и у больных второй группы 380 мм² (95 % ДИ 361,2 – 406,4) и 383 мм² (95 % ДИ 367,3 – 407,8) соответственно.

Нами выявлены особенности при проведении тандемного теста. С открытыми глазами медиана скорости у больных первой группы составила 37 мм/с (95 % ДИ 33,7 – 44,5), а у больных второй группы 25 мм/с (95 % ДИ 23,5 – 28,6). С закрытыми глазами 66 мм/с (95 % ДИ 63,8 – 82,2) и 48 мм/с (95 % ДИ 41,7 – 60,2) соответственно. Медиана площади статокинезиограммы первой группы с открытыми глазами составила 193 мм² (95 % ДИ 175,8 – 234,7), второй группы – 103 мм² (95 % ДИ 81,2 – 134,1). С закрытыми глазами 501 мм² (95 % ДИ 426,2 – 611,2) и 837 мм² (95 % ДИ 626,4 – 981,5) соответственно. Таким образом, в усложненной пробе Ромберга произошло статистически значимое увеличение показателей в двух группах, причем в исключении визуального контроля площадь статокинезиограммы оказалась выше у больных второй группы.

Обсуждение. У пациентов с центральным вестибулярным головокружением увеличены основные стабилометрические показатели: скорость отклонения центра давления, площадь статокинезиограммы. У больных с периферическим вестибулярным головокружением выявлено статистически значимое увеличение площади статокинезиограммы в условиях исключения визуального контроля. Это свидетельствует о том, что контроль равновесия у этой категории больных производится в значительной степени благодаря зрительному анализатору.

Тест с поворотами и наклонами головы показал статистически значимые отличия показателей скорости отклонения центра давления и площади статокинезиограммы у пациентов с периферической вестибулярной дисфункцией. При этом показатели данного теста у пациентов с центральной вестибулярной дисфункцией не показали статистически значимых различий.

Тандемный тест показал трехкратное увеличение скорости отклонения центра давления и двукратное увеличение площади статокинезиограммы у больных обеих групп, причем с закрытыми глазами у пациентов с периферической вестибулярной дисфункцией площадь увеличилась более чем в четыре раза.

Заключение. Результаты показали, что использование специализированных стабилометрических тестов позволяет объективно и быстро получить количественную оценку выраженности вестибулярных расстройств. Она может быть использована для выявления различий среди пациентов с центральным и периферическим вестибулярным головокружением. Выявленные особенности могут помочь в поисках адекватной медицинской помощи больным с головокружением и их необходимо учитывать при работе с данным контингентом больных.

Литература

1. Брандт Т., Дитерих М., Штрупп М. Головокружение. Пер. с англ. М.: «Практика», 2009. – 200 с.

2. Бронштейн А., Лемперт Т. Головокружение. Пер. с англ. М.: ГЭОТАР-Медиа, 2010. – 216 с.

3. Ланг Т.А., Сесик М. Как описывать статистику в медицине. Аннотированное руководство для авторов, редакторов и рецензентов. Пер. с англ. под ред. В.П. Леонова. М.: Практическая медицина, 2011. – 480 с.

4. Парфенов В. А., Замерград М.В., Мельников О.А. Головокружение. М.: ООО «Медицинское информационное агентство», 2009. – 152 с.

5. Реброва О.Ю. Статистический анализ медицинских данных. Применение пакета прикладных программ STATISTICA. М.: Медиа Сфера, 2003. – 312 с.

6. Скворцов Д.В. Диагностика двигательной патологии инструментальными методами: анализ походки, стабилометрия. М.: Т.М. Андреева, 2007. – 640 с.

Бойко А.В.,
к.мед.н., доцент, Буковинский государственный медицинский университет
Совинская В.Ю., Попова И.С., Халупяк М.А.
студенты лечебного факультета БГМУ

ДИСТАНЦИОННАЯ ФОРМА ОБУЧЕНИЯ НА КАФЕДРЕ ФТИЗИАТРИИ И ПУЛЬМОНОЛОГИИ БУКОВИНСКОГО ГОСУДАРСТВЕННОГО МЕДИЦИНСКОГО УНИВЕРСИТЕТА

За последние годы развитие информационных технологий сделало актуальной проблему модернизации системы образования. Суть такой модернизации наиболее отразилась в концепции дистанционного образования, которая, благодаря такому глобальному явлению как Интернет, охватывает широкую массу общества и становится важнейшим фактором его развития. На сегодняшний день Буковинский государственный медицинский университет (БГМУ) осуществляет модернизацию современного высшего образования путем расширения использования новейших образовательных и педагогических технологий в рамках Болонского процесса. Подготовка выпускников, которые способны свободно ориентироваться в современном информационном пространстве для достижения успеха в будущей профессиональной деятельности - это приоритетная задача ВУЗов [1, 3].

Пытаясь создать условия, побуждающие к динамическому творческому процессу, познанию нового путем внедрения учебных видеоматериалов для дистанционной формы обучения, повысить внимание, вызвать эмоциональные переживания и активизировать познавательную деятельность, сотрудники кафедры фтизиатрии и пульмонологии подготовили информацию для учебно - методического обеспечения занятий на додипломном и последипломном этапах образования, которая полностью представлена и постоянно обновляется на WEB - странице Интернет - сайта БГМУ (www.bsmu.edu.ua). Разработаны компьютерные тестовые задания по дисциплине «Фтизиатрия и пульмонология» для проверки знаний студентов, врачей - интернов и врачей - слушателей, которые систематически совершенствуются, логически связаны и соответствуют современным требованиям Минздрава Украины. Современная медицинская информация подается преподавателями в мультимедийных лекциях, видеофильмах, виртуальных клинических, клинико- анатомических конференциях с участием студентов и преподавателей. Таким образом, дистанционный курс позволяет студенту подготовиться к каждому практическому занятию, оптимизирует процесс самостоятельной, индивидуальной подготовки, а решение тестов и задач для самоконтроля помогает студенту определить уровень овладения теоретическим материалом и подготовиться к тематическому модулю.

Сотрудники кафедры принимают активное участие в он-лайн конференциях, обеспечение которых проводится специалистами сектора мониторинга качества образования БГМУ. Основными техническими, методическими преимуществами и некоторыми недостатками в проведении вебинаров являются: отсутствие необходимости в установке программного обеспечения на стороне пользователя, понятный интерфейс, для работы с системой не требуется наличие специалистов, двусторонняя видеосвязь и аудиосвязь, демонстрация презентаций, опрос, чат, раздача файлов, передача документов и т.п. По методикам вебинаров также возможно проведение интерактивных семинаров и лекций в смешанном и дистанционном обучении, семинаров при повышении квалификации преподавателей, выступления на конференциях, круглых столах в режиме он-лайн, информационно - ознакомительных бесед, интервью для абитуриентов и др.

Дистанционная форма обучения абитуриентов является уникальной среди медицинских вузов, пользуется популярностью и дает положительный результат при подготовке к внешнему независимому оцениванию и дальнейшего поступления в наш университет. Активное использование технологии вебинаров на этапе последипломной подготовки практических врачей, а именно во время циклов тематического усовершенствования, расширяет возможность доступа к качественному последипломному образованию.

Несмотря на то, что достижения современных информационных технологий движутся в направлении того, что человек станет учиться больше и быстрее, личностное общение с преподавателем делает акцент на качестве образовательных услуг:

- минимизируются потери информации для использования электронных средств передачи,

- происходит обучение курсанта умению извлекать структурированные знания и трансформировать их для последующего практического использования.

Литература

1. Convention on the recognition of qualification concerning higher education in the European Region/ The European Treaty Series, N 165, Counsil of Europe – UNESCO joint contention, 1997.

2. Ehlers U., Goertz L., Hildebrandt B., Pawlowski J. Quality in e-learning. Use and dissemination of quality approaches in European e-learning. A study by the European Quality Observatory, 2005.

3. Modern Education technologies, 2013, from www.bsmu.edu.ua/en/education/892-modern-education-technologies

Kharchenko T.A, Ph. D. Maxim G Valitov.
V.I.Il`ichev Pacific Oceanological Institute, Vladivostok,
harchenko_an@mail.ru

THE PHYSICAL PROPERTIES OF THE GAMOV AND GVOZDEV IGNEOUS ROCK COMPLEXES (SOUTHWEST PRIMORYE)

It is now established that the coastal zone of Primorye, at a distance of 30 to 100 km, the continental shelf and continental slope area are deep structural and substances transformation of the continental crust in the oceanic crust [1,17], which is found in deep-water Central basin of the Japan Sea. In this case it is unclear whether the take place substances changes in the upper layers of the earth crust, particularly in coastal geological complexes. In this paper, the research of structural-substance changes at the junction of the geological structures of the southern Sikhote-Alin and Central Basin's Japan Sea, studied the petrophysical properties of rocks framing the Gulf of Peter the Great.

Beginning in 2011, on the Peninsula of Gamow (Fig. 1) (Primorsky Krai, Khasan district) to determine the physical properties (density, magnetic susceptibility, remanent magnetization) were collected oriented samples of igneous rocks from the coastal outcrops of Gamow granite-tonalite ($\gamma\delta_1P_2g$) and Gvozdev granite-leucogranite (γ_1J_1g) complexes, for later comparison with the similar physical properties of bottom rocks Japan Sea basin and the withdrawal of the existence or absence of structural and substances relationship. At this point, the authors tested the coastal outcrops at cape Schultz and Galechnay, Telyakovsky and Astafijeva bays.

To measure the physical properties of the sample were selected 232: Gamow granodiorite complex (189 pcs.) and Gvozdev granites complex (43 pcs.).

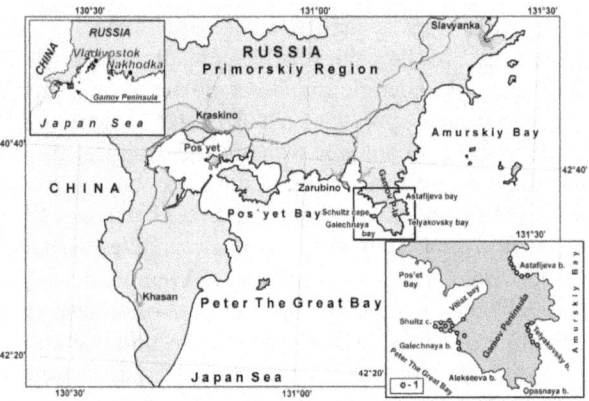

Fig. 1.Survey map of the area with a dedicated section of the work.
1 – sampling points

Density (σ) determined by methodhydrostatic weighing air-dry non-waxing rock samples.

Magnetic susceptibility (χ) was measured by the induction method, by the standardized procedure.

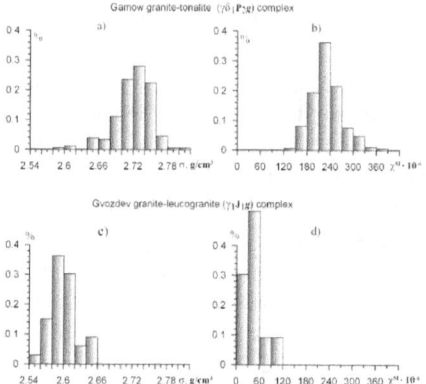

Fig. 2. Density distribution diagrams (a, b) and magnetic susceptibility (b, d) igneous complexes Peninsula Gamow.

The statistical distribution of the density of the Permian magmatic rocks Gamow tonalite-granite complex allocated to Peninsula Gamow almost everywhere, is mono-modal nature of the mode in the range of 2,72-2,74 g/cm^3 (Fig. 2-a). Magnetic susceptibility values vary from 80 to 400•10^{-6}SI, with mode 230•10^{-6}SI (Fig. 2-b). It was found that the density of granodiorite within the study area have higher values, which may be due to the conditions of formation of these rocks (the presence of the immediate vicinity of the Japan Sea, which was accompanied by a process of discovering the active destruction of the continent and the introduction of mafic mass in a zone of weakness).

In the north-eastern part of the peninsula Gamow allocated Early Jurassic intrusive formations Gvozdev leucocratic granite complex. Should immediately be noted that of this complex granites spatially and structurally closely associated with granitoids Gamow complex. Mineral and chemical composition, geochemical and metallogenic features dyke and veined bodies of Gvozdev granite the same type of the second phase Gamow granites complex [2,14].

However, the physical properties of the Jurassic granites selected in the Telyakovsky bay differ from Permian granitoids. Average density (σ) of Jurassic Gvozdev granites complex is 2,59 g/cm^3 (Fig. 2-c) corresponds to the normal density by Dortman [3,48]. The magnetic susceptibility values have extremely low middle range of parameter is 68•10^{-6} SI (Fig. 2 g), we can assume that these rocks are not magnetic.

In the diagram-ratio of density to magnetic susceptibility (Fig. 3) the Jurassic granites form the area to the far left, differing by lower values, both density and magnetic susceptibility. We assume this is due to the fact that these granites contain acidic, poor calcium plagioclase, and less mafic minerals (biotite and hornblende) than in the Permian Gamow granites complex.

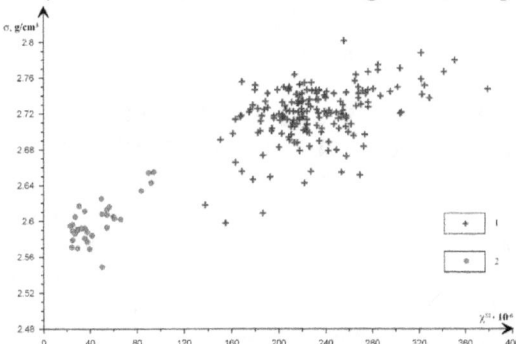

Fig. 3. The diagram-ratio of density to magnetic susceptibility of igneous rocks Gamow Peninsula: 1 - Gamow granodiorite complex, 2 - Gvozdev granite complex

Studies of petrophysical properties (density and magnetic susceptibility) showed that the allocated igneous complexes Peninsula Gamow, despite the similarity of geological characteristics, contrasting sharply in their physical properties, and each has quite specific physical parameters. The reason for this discrepancy is not clear and requires further study.

The results of the research can be used in structural-density modeling, which allows to solve the problem of substance-structural transformation of the Earth's crust at the joint of its diverse types, as well as the interpretation of magnetic and gravitational fields, both the Gamow Peninsula and adjacent aquatory.

Literature

1. Valitov M.G. The structurally-density transformation of the Earth's crust at the joint zone of the Central Basin Sea of Japan with the continent: dissertation for the degree of candidate of geological-mineralogical sciences - Vladivostok, 2009. 24 p.

2. Nazarenko L.F, BazhanovV.A. Geology of Primorye Krai: in 3 parts. Preprint / Dalnevost.geol.in-t. Vladivostok: FEB USSR Academy of Sciences, 1989. p. II: Intrusive education. 28 p.

3. Physical properties of rocks and minerals (petrophysics). Directory geophysics / Ed. N.B.Dortman– 2nd ed., Rev. and add. - Moscow: Nedra, 1984, 455 p.

Мартюшев Д.А.
аспирант кафедры нефтегазовые технологии,
Пермский национальный исследовательский политехнический
университет
e-mail: martyushevd@inbox.ru

ОЦЕНКА РАЗМЕРОВ ЗОН ДРЕНИРОВАНИЯ СКВАЖИН ПО ДАННЫМ ГИДРОДИНАМИЧЕСКИХ ИССЛЕДОВАНИЙ

При выполнении различных гидродинамических расчетов зачастую необходимым является знание размеров зоны дренирования пласта скважиной. Чаще всего зоны дренирования схематизируют в виде концентричной скважине окружности с радиусом, принимаемым равным половине сетке скважины. Данный подход не всегда является достоверным, поскольку не учитывает различие линий тока, границы пласта, его неоднородность и другие факторы. Особые затруднения с выбором радиуса дренирования встречаются при исследованиях разведочных скважин.

Существуют различные методы определения размеров зоны дренирования пласта скважиной по данным исследований скважин при неустановившихся режимах, основанные на решениях для неограниченных пластов. В работах Миллера, Дейеса, Хетчинсона [1,104] и Чарного [2,25] предложен метод определения параметров пласта по кривым восстановления давления, основанный на решении М. Маскета для ограниченного пласта [3,92].

Основное расчетное уравнение метода имеет вид:

$$Ln\frac{d\Delta P}{dt} = Ln\frac{Q_0 \cdot \mu \cdot \beta}{1,56 \cdot \pi \cdot k \cdot h} - \beta \cdot t \qquad (1)$$

где P_c - забойное давление в момент времени t после остановки скважины, P_{co} - начально забойное давление перед прекращением отбора, Q_{co} - стационарный дебит в пластовых условиях перед прекращением отбора; h – толщина пласта, k – его проницаемость; µ – вязкость нефти.

$$\beta = 5,78 \cdot \frac{\alpha}{R_k^2} \qquad (2)$$

где α – пьезопроводность пласта, м^2/сек;

Данный подход к оценке размеров зон дренирования рассмотрен на примере скв.13 Маговского месторождения (пласт Т-Фм). В таблице № 1 представлены исходные характеристики пласта.

Таблица № 1

Q_0, м^3/сут	μ, мПа*с	k, мкм^2	h, м	m, д.ед.	$\beta_{\text{п}}$, 10^{-4}*(1/МПа)	$\beta_{\text{н}}$, 10^{-4}*(1/МПа)
4	0,98	0,9*10^{-3}	27,3	0,104	1,71	22,52

Первоначально кривая восстановления давления строится в координатах $Ln\dfrac{d\Delta P}{dt} = f(t)$ (рис. 1).

Согласно формуле (1), после достаточного истечения времени на графике должен выделяться выраженный прямолинейный участок с угловым коэффициентом γ и отрезком А, отсекаемым на оси ординат.

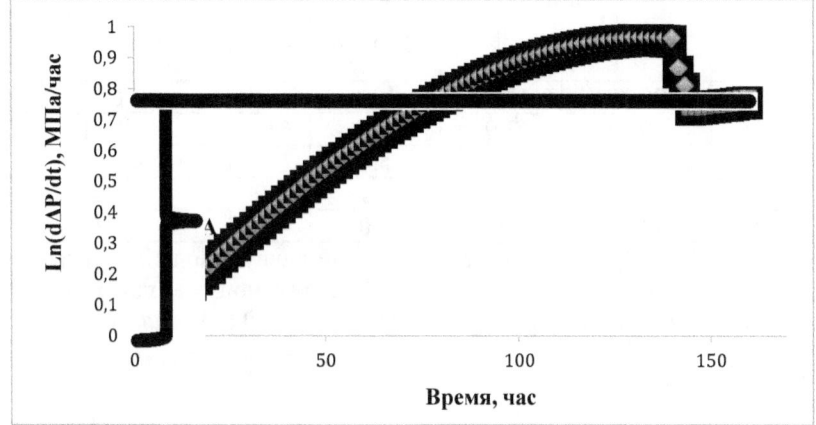

Рис. 1. Кривая восстановления давления в координатах $Ln\dfrac{d\Delta P}{dt} = f(t)$

Для рассматриваемой КВД отрезок А = 0,78 МПа/час;
уклон равен 1,27*10^{-5} 1/час;

В то же время отрезок А оценивается по формуле:

$$A = Ln\frac{Q_0 \cdot \mu \cdot \beta}{1,56 \cdot \pi \cdot k \cdot h}$$

(3)

С учетом уравнения (3), формула для определения радиуса контура питания, полученная из (2), принимает вид:

$$R_k = \sqrt{\frac{3,7 \cdot Q_0 \cdot \mu \cdot \alpha}{\pi \cdot k \cdot h \cdot e^A}}$$

(4)

$$\alpha = \frac{k}{\mu \cdot (m \cdot \beta_p + \beta_{\text{н}})} = \frac{0,9 \cdot 10^{-15}}{0,98 \cdot 10^{-3} \cdot (0,104 \cdot 1,71 \cdot 10^{-4} \cdot \dfrac{1}{10^6} + 22,52 \cdot 10^{-4} \cdot \dfrac{1}{10^6})}) = 0,0022$$

Для условий рассматриваемой кривой восстановления давления:

$$R_k = \sqrt{\frac{3,7 \cdot Q_0 \cdot \mu \cdot \alpha}{\pi \cdot k \cdot h \cdot e^A}} = \sqrt{\frac{3,7 \cdot \dfrac{4}{86400} \cdot 0,98 \cdot 10^{-3} \cdot 0,0022}{3,14 \cdot 0,9 \cdot 10^{-15} \cdot 27,3 \cdot 2,7^{0,78}}} = 47,7$$

Данный подход позволяет довольно оперативно оценивать радиус зоны дренирования пласта скважиной, который, как известно, может значительно изменяться в процессе эксплуатации скважины [4,98; 5,12].

Для рассматриваемой скважины определены значения радиуса контура питания для различных периодов ее эксплуатации. Результаты представлены в табл.2. Также в таблице приведены другие показатели эксплуатации данной скважины.

Таблица 2

Год	$P_{пл}$, МПа	$P_{заб}$, МПа	Q_0, м^3/сут	$R_к$, м	Текущая раскрытость трещин, мкм
1987	20,17	14,64	10,1	205,9	24,5
2007	19,29	13,94	5,6	65,1	13,4
2009	17,15	11,73	5,8	56,1	10,3
2011	16,42	10,89	5,2	54,8	8,2
2012	14,65	9,90	5,0	47,7	7,6

В табл.3 выполнено сравнение значений радиуса зоны дренирования пласта скв.15, рассчитанный по выше изложенной методике и часто применяемой на практике формуле, предложенной Э.Б. Чекалюком [6,202].

$$R_{k2} = \sqrt{\pi \cdot \alpha \cdot t}$$

(5)

Таблица 3

Год	$R_к$, м (рассматриваемая методика)	$R_{к2}$, м (Э.Б. Чекалюк)
1987	205,9	198,5
2007	65,1	121,6
2009	56,1	65,6
2011	54,8	63,7
2012	47,7	61,3

Из табл.3 следует, что неучет ограниченности пласта может привести к значительной неточности определения размеров зоны его дренирования скважиной.

По данным табл.2 построены графики зависимости радиуса зоны дренирования скв.13 от величины забойного давления, которое за последние 35 лет снизилось почти в 1,5 раза [7, 29; 8,30].

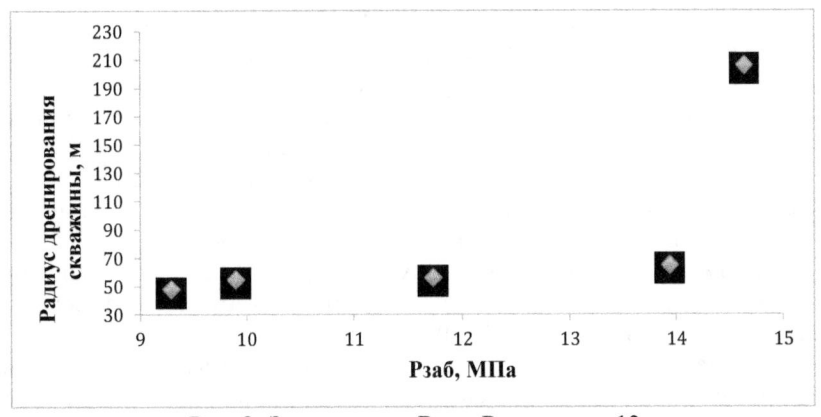

Рис. 2. Зависимость $R_к$ от $P_{заб}$ для скв.13

Характер представленной зависимости позволяет сделать вывод о значительном влиянии забойного давления на радиус зоны дренирования пласта скважиной: снижение забойного давления приводит к его уменьшению.

Отмеченная тенденция сохраняется и для других скважин месторождения.

Характер представленных зависимостей позволяет сделать вывод о значительном влиянии забойного и пластового давлений на радиус зоны дренирования пласта скважиной: снижение забойного и пластового давлений приводит к его уменьшению. Из табл.2 видно, что со снижением пластового давления уменьшается раскрытость трещин, этот факт подтверждается в работе [9,62]. Из этого следует, что не только выработка запасов влияет на радиус дренирования скважины, а так же условия эксплуатации скважины, а именно пластовое и забойное давления.

Список литературы

1. Miller C.C., Dyes A.B., Hutchinson C.A. «The Estimation of Permeability and Reservoir Pressure from Bottom Hole Pressure build-up characteristics», Journal of Petroleum Technology, vol. 2, №4, Aprel 1950.

2. Чарный И.А. «Определение некоторых параметров при помощи кривых восстановления забойного давления» // «Нефтяное хозяйство», №3, 1955, с. 25-33.

3. Комарницкий Н.В. «К методике определения фильтрационных параметров трещиновато-пористых коллекторов в Белоруссии». Тр. Укргипрониинефть, 1974, вып. 14,15, с.92-96.

4. Ерофеев А.А., Пономарева И.Н., Мордвинов В.А. «К определению пластового давления при гидродинамических исследованиях скважин в карбонатных коллекторах» // Нефтяное хозяйство. - 2011. - №4. – с. 98-100.

5. Ерофеев А.А., Пономарева И.Н., Турбаков М.С. «Оценка условий применения методов обработки кривых восстановления давления скважин в карбонатных коллекторах» // Нефтяное хозяйство. -2011. -№3. –с.12-15.

6. Бузинов С.Н., Умрихин И.Д. «Гидродинамические методы исследования скважин и пластов». М., изд-во «Недра», 1973, 248 с.

7. Лекомцев А.В., Мордвинов В.А. К оценке забойных давлений при эксплуатации скважин электроцентробежными насосами // Научные исследования и инновации. – 2011. – Т. 5. – № 4. – с. 29-32.

8. Лекомцев А.В., Мордвинов В.А., Турбаков М.С. Оценка забойных давлений в добывающих скважинах Шершневского месторождения // Нефтяное хозяйство. – 2011. – № 10. – с. 30-31.

9. Черепанов С.С., Мартюшев Д.А., Пономарева И.Н. «Оценка фильтрационно-емкостных свойств трещиноватых карбонатных коллекторов месторождений Предуральского краевого прогиба» // Нефтяное хозяйство. – 2013. - №3. – с. 62-65.

Полковникова И.Ю.
магистрант очной формы первого года обучения направления
«Психолого-педагогическое образование» программы «Педагогическая
психология» Института педагогики и психологии образования ГБОУ ВПО
МГПУ
Поставнёв В.М.
доцент, канд. психол. Наук

СТАНОВЛЕНИЕ ЦЕННОСТНЫХ ОРИЕНТАЦИЙ ЛИЧНОСТИ

В глобальном мире, в котором мы живём, в существующих условиях жизни ценности, в основе которых лежит человеческое благо, зачастую трактуются с противоположных позиций. Поэтому актуальной проблемой видится поиск объединяющего начала, дающего основание для понимания и принятия другого, совместного сосуществования разных людей, успешной интеграции молодых поколений в социум, невзирая на культурные, расовые, конфессиональные и другие внешние и внутренние особенности. Человеческая цивилизация прошла путь от формирования универсальных ценностей в эпоху классической науки к современной постмодернистской идее множественности систем ценностей. В связи с этим определяется новое видение межличностного взаимодействия, где суверенная личность самостоятельно определяет персональные приоритеты и моральные принципы, выбирает, что для неё ценно, а что не несёт в себе личностного смысла. Подвергается изменениям структура и содержание социальных ценностей, составляющих основу отношений между людьми.

Общественный прогресс привёл человечество к гуманистической парадигме существования, основанной на синтезе личностных и общечеловеческих ценностей. Модернизация, являясь нынче основным условием развития государственных и социальных отношений предполагает развитие ценностного потенциала личности посредством образования. Ведущие позиции занимает образ человека, обладающего собственной индивидуальностью, высокой коммуникативной способностью, умением гибко подходить к включению в разнообразные виды деятельности, быстро ориентироваться в меняющихся условиях, нестандартно и творчески мыслить, а также стремящегося к личностному росту и многостороннему развитию. Но образовательная сфера часто запаздывает за запросами общества и государства. Образование сегодня нуждается в модернизации соответственно вызовам действительности.

Сущность личности определяется его ценностными ориентирами, устойчивыми значимостями, смыслами, которые складываются и изменяются в течение человеческой жизни. Ценности проявляются вовне в чувствах и мыслях, в словах и поступках, переживаются, понимаются людьми, служат эталоном при измерении качеств, лежат в основе личностных целеполагания и деятельности. Каждый человек ставит перед собой вопросы: в чём ценность, смысл моей жизни; каковы наилучшие, максимальные цели, которые я могу реализовать? Наличие системы ценностей помогает людям ответить на эти вопросы, делает жизнь осознанной, задает жизненные ориентиры. Таким образом, человеческое существование можно рассматривать как производство и селекцию ценностей, созидание идеалов. Л.Н. Толстой говорил о том, что, совершенствуясь, человек растит идеал, отдаляя его.

В соответствии с концепцией культурно-исторического развития Л.С. Выготского [6] становление ценностных основ личности можно трактовать как овладение соответствующим опытом предшествующих поколений путём присвоения одних ценностей и неприятия иных. Следовательно, особую остроту приобретает вопрос о ценностях взрослых, включённых в образовательную практику. Психологи и педагоги, профессионально нацеленные на воспитание, обучение и развитие подрастающих поколений, должны иметь особый склад, специфическую структуру жизненных ценностей. Структура ценностных ориентаций личности таких специалистов обусловлена пониманием значимости содержания труда, собственных профессиональных целей и функций деятельности, соотнесения их с личностными ценностями и смыслами. Таким образом, вопрос определения ценностных приоритетов личности сегодня видится значимым в контексте стабилизации межчеловеческих отношений, при построении социальных взаимосвязей, в выработке новых подходов к проблемам современного образования и требует совместного внимания ученых: философов, педагогов, психологов (Б.Т. Лихачёв [13], Н.Д. Никандров [16], В.А. Сластёнин [19]).

Труды отечественных учёных посвящены поиску подходов к определению понятий «ценность», «ценностная ориентация», выявлению их природы и специфики, поиску ценностного содержания духовных и материальных объектов и явлений. Ценности понимаются как личностные либо социальные значимости, смыслы, идеалы, определяющие нормы человеческого существования. Ценностные ориентации рассматриваются в качестве присвоенных личностью ценностей, ориентаций на них человека в чувствах, отношениях, мыслях и поступках. Отечественная научная мысль представлена работами В.В. Водзинской [6], Г.П. Выжлецова [8], А.Г. Здравомыслова [11] и других.

Значительный вклад в разработку вопросов выявления психологических механизмов зарождения и генезиса иерархии ценностных ориентаций личности на разных этапах жизни внесли классики отечественной психологии Б.Г. Ананьев [1], Л.И. Божович [5], Л.С.

Выготский [7], Е.И. Головаха [9], А.Н. Леонтьев [12], В.Н. Мясищев [15], С.Л Рубинштейн [17] и другие.

Вокруг ценностной проблематики концентрируется внимание учёных, исследующих образовательную сферу. Включение вопроса о ценностях и ценностных ориентациях в педагогическое знание позволяет объяснить закономерности формирования человеческой личности, обозначить реально достижимое и, вместе с тем, актуальное содержание образования, выстроить современные эффективные технологии и методики его реализации в образовательной практике (Б.М. Бим-Бад [2], Б.Т. Лихачёв [13], Н.Д. Никандров [16], В.А. Сластёнин [19] и другие).

Научный интерес исследователей последних лет составляют вопросы определения актуальных социокультурных ценностей и условий их становления у детей, юношей и молодёжи в современном обществе (А.В. Богданов [3], Е.В. Горбунова [10], М.К. Магомедова [14], Г.А. Сейедтахер [18], А.В. Хухорева [20], А.А. Черкасова [21]).

Необходимость выявления тенденций и перспектив развития и формирования структуры ценностных ориентаций личности в современных динамично меняющихся социальных условиях и важность решения поднятых вопросов обуславливает исследовательский интерес к изучению системы ценностных ориентаций личности подрастающих поколений.

Литература:

1.   Ананьев Б.Г. Человек как предмет познания. – Л.: ЛГУ, 1968. – 338 с.

2.   Бим-Бад Б.М. Педагогическая антропология. – М.: УРАО, 1998. – 576 с.

3.   Богданов А.В. Вилков А.А. Традиционализм и модернизм в политической культуре студенческой молодежи в современной России. – Саратов: Изд. Саратовского университета – Том 11. – Вып. 4.- 2011. – 75 с.

4.   Божович Л.И. Проблемы формирования личности. – М.-Воронеж, 1995. – 349 с.

5.   Водзинская В.В. Понятие установки, отношений и ценностной ориентации в социологических исследованиях. – М.: Философские науки, 1968, № 2.

6.   Выготский Л.С. Психология. – М.: Эксмо-Пресс, 2000. – 1008 с.

7.   Выжлецов Г.П. Ценности российской духовности: кризис и возрождение. – Спб.: СПбГУ, 1996. – 33 с.

8.   Головаха Е.И. Жизненная перспектива и ценностные ориентации личности // Психология личности в трудах отечественных психологов / Сост. И общая редакция Л.В. Куликова. – СПб.: Питер, 2001. – 174 с. – С. 256 – 269.

9. Горбунова Е.В. Формирование ценности семьи у студенческой молодёжи Дисс. канд. пед. Наук. М., 2011.

10. Здравомыслов А.Г. Потребности. Интересы. Ценности. – М.: Политиздат, 1986. – 222 с.

11. Леонтьев А.Н. Деятельность и личность. Вопросы философии, № 4. – 1974.

12. Лихачев Б.Т. Введение в теорию и историю воспитательных ценностей. – Самара: издательство СИУ. – 1997. – 85 с.

13. Магомедова М.К. Принятие ненасилия как общечеловеческой ценности студентами педагогического вуза. Автореф. дисс… канд. пед наук. Махачкала, 2011.

14. Мясищев В.Н. Структура личности и отношение человека к действительности. – М.: МГУ, 1982. – 38 с.

15. Никандров Н.Д. Воспитание ценностей: Российский вариант. – М.: Магистр, 1996. – 99 с.

16. Рубинштейн С.Л. Основы общей психологии. – Спб.: Питер, 1989. – 328 с.

17. Сейедтахер Г.А. Влияние Интернета на морально-духовные и социальные ценности студенческой молодёжи. Автореф. дисс… канд. психологических наук, Душанбе, 2013.

18. Сластенин В.А. Гуманистическая парадигма педагогического образования // Магистр. – 1994. - № 6. – С. 3 – 8.

19. Хухорева А.В. Индивидуальные ценности в структуре сознания. Автореф. дисс… канд. психологических наук, М., 2011.

20. Черкасова А.А. Жизненные ценности студенческой молодёжи в России и США. Автореф. дисс… канд. социологических наук, Екатеринбург, 2012.

Пилипец И.В., Чиганова С.Д. - к.юр.н.
Сибирский федеральный университет
КОМПЕТЕНТНОСТНЫЙ ПОДХОД В ВЫСШЕМ ПРОФЕССИОНАЛЬНОМ ОБРАЗОВАНИИ

Современный мир быстро изменяется и развивается и, в связи с этим, предъявляет новые требования к человеку – быть самостоятельным, способным творчески подходить к решению любой проблемы, способным сравнивать, анализировать, исследовать, уметь находить выход из нетипичных ситуаций и так далее [2].

От качества выпускаемых специалистов зависят темп и эффективность многих преобразований, происходящих в настоящее время в России. На современном этапе развития общества, в условиях конкуренции на рынке труда, появляется необходимость в специалистах, которые будут способны работать в режиме инноваций, уметь осуществлять поиск и переработку информации и применять на практике, уметь делать осознанный, этически выверенный выбор в проблемных ситуациях профессиональной деятельности, быть готовыми к постоянному самосовершенствованию, самообразованию.

Человек, поступивший в высшее учебное заведение, уже имеет представление об определенных культурных нормах общества, относящихся к сфере его будущей профессиональной деятельности; осознает себя как личность со своими интересами, предпочтениями, ценностями; «открыт» для сбалансированной интеграции в систему общественных отношений; имеет определённый уровень знаний и социальной компетентностей и так далее.

Все эти и многие другие качества и свойства являются *основой* для того, чтобы образовательные организации высшего профессионального образования выпустили специалиста, отвечающим требованиям общества. Однако изначальный уровень сформированности этих качеств у абитуриентов различен. Поэтому у ВУЗа возникает необходимость так организовать обучение и воспитание студентов, чтобы в течение четырех лет, отведенных на реализацию образовательной программы бакалавриата, сформировать компетенции, предусмотренные в ФГОС ВПО.

Обращаясь к проблеме компетентности, будем употреблять термины «компетенция» и «компетентность» как неразрывно связанные друг с другом понятия. Причем компетентность – это интегративное, синергетическое качество, имеющее более широкое содержание и выступающее как результат сформированных конкретных знаний, умений и навыков, то есть тем, чем выпускник должен владеть по окончании вуза. Компетенции, в свою очередь, будем рассматривать как составляющие компетентности, формирующие в процессе получения высшего образования определенный круг знаний, умений, навыков, которыми следует владеть. Компетенции описываются с помощью стандартов и критериев выполнения заданий или поведенческих эталонов, характеризуя деятельные возможности личности в социальном контексте деятельности [1].

Одна из актуальных проблем современного высшего профессионального образования заключается в том, что традиционная форма обучения не ориентирована на формирование компетенций, необходимых для будущей профессиональной деятельности, так как включает в себя больше когнитивный, нежели деятельностный и мотивационный компоненты. Традиционные, лекционно-семинарские занятия, ограниченные рамками аудитории и не слишком интенсивными коммуникациями, дают в принципе достаточную теоретическую базу, но недостаточность практики и опыта проживания ситуаций профессионального самоопределения обуславливают неуверенность в себе. Содержание образования не дает студенту уверенности в том, что он обладает необходимыми способностями (даже если они в действительности у него есть) для решения той или иной профессиональной проблемы.

Другими словами, в процессе обучения в вузе студент включен в учебную деятельность, формирующую многие компоненты структуры компетенции. Но, так как форма учебной деятельности – это в основном лекции и семинары, то сведения о будущей профессиональной деятельности, о качествах человека, необходимых для ее эффективной реализации, о механизмах функционирования профессиональной сферы, об особенностях отношений в профессиональном сообществе, преподносятся только в информативной форме. Недостаточен именно опыт *проживания* с последующей рефлексией тех ситуаций, в которых студент мог бы реально оценить себя – что он умеет, может, какими личностными ресурсами располагает.

В связи с этим возникает необходимость поиска дополнительных возможностей для развертывания разнообразных видов деятельностей, позволяющих обеспечить каждому студенту условия для освоения компетенций, предусмотренных ФГОС ВПО.

Список литературы:

1. Симаева Н.П., Профессиональные компетенции студентов экономических и юридических специальностей: общее и особенное в содержании и условиях формирования // Вестник ВолГУ., серия 6., Вып. 12., 2010 г.

2. Шипиллова Т.Н., Формирование исследовательских умений и навыков будущих учителей технологии / Т.Н. Шипилова // автореф. диссертации … к.п.н, 13.00.08. // Липецк, 2001 г. – 24 с.

3. ФГОС ВПО [Электронный ресурс] режим доступа: http://www.edu.ru/db-mon/mo/Data/d_10/prm200-1.pdf

Дмитриева Н.К.
канд. пед. наук, старший преподаватель кафедры
иностранных языков естественно-технических
направлений и специальностей
Петрозаводского государственного университета
nataliadmitrie@yandex.ru

СУЩНОСТЬ АКАДЕМИЧЕСКОЙ МОБИЛЬНОСТИ КАК КАЧЕСТВА ЛИЧНОСТИ

Аннотация: В статье рассматривается категория академической мобильности студентов как интегративного личностного качества. На основе анализа выделяемых видов мобильностей, автором выявлены: основные характеристики социальной, профессиональной, педагогической, социопрофессиональной и академической мобильности как процесса и как качества личности; внешние и внутренние условия их становления; основные характеристики академически мобильной личности. Одним из важнейших требований к академически мобильным студентам и выпускникам вузов выступает владение иностранным языком на уровне, позволяющем осуществлять эффективное социальное и профессиональное взаимодействие. В связи с тем, что все качества личности развиваются в процессе целенаправленной, активной и сознательной деятельности процесс обучения иностранному языку, понимаемый как взаимодействие субъектов образования, может и должен содействовать становлению исследуемого качества.

Ключевые слова: академическая мобильность, владение иностранным языком, личностное качество

Annotation: Academic mobility of university students is understood as a personal integral quality developed in the process of foreign language acquisition. Based on the analysis of distinguished by Russian researchers types of mobility, inclusive of social, professional, socio-professional and academic one, characteristic features of the targeted phenomenon are revealed. External and internal factors facilitative in the development of academic mobility are determined.

Key words: academic mobility, foreign language mastery, personal quality

Современное постиндустриальное общество XXI века остро нуждается в инициативных, конкурентоспособных, творчески мыслящих и мобильных специалистах, владеющих одним или несколькими иностранными языками, умеющих оперативно принимать самостоятельные и ответственные решения, гибко реагировать на многообразие изменений, адаптироваться к динамичным условиям жизни, преобразовывать окружающую среду и изменяться в соответствии с требованиями предъявляемыми обществом и производством.

Способность адаптироваться и готовность к постоянным изменениям, обусловленные качественным приращением личностных новообразований, (новые образы, понятия, представления, идеи; новые способы в стратегии действий, в различных видах деятельности при решении проблем; новые потребности, цели, критерии оценки; новые средства выполнения речевой и других видов деятельности [3,44] развиваются в процессе активной, целенаправленной образовательной деятельности и содействуют становлению интегративных личностных качеств. Одним из таких качеств, востребованным современным обществом, является академическая мобильность, становление которой обусловлено внедрением международного измерения и результаты образовательной деятельности высших учебных заведений и потребностью самой развивающей личности.

Под академической мобильностью понимается целостное качество личности, формируемое в образовательном пространстве и представляющее динамичное состояние составляющих его компонентов, характеризующих ее способность и готовность адаптироваться, изменяться и преобразовывать себя и окружающую среду. Целостность академической мобильности представлена комплексом взаимодополняемых и взаимозависимых компонентов: мотивационно-ценностный, когнитивно-коммуникативный, операционно-деятельностный, рефлексивно-оценочный. [7,47] Становление академической мобильности рассматривается как целенаправленный, систематический и управляемый процесс, поэтапного и комплексного развития компонентов академической мобильности.

Личность и деятельность взаимосвязаны, так как становление личности и ее качеств происходит в результате деятельности индивида. Согласно теории деятельности А.Н. Леонтьева, человек вступает в историю лишь как индивид, наделенный определенными природными свойствами и способностями, а личностью он становится лишь в качестве субъекта общественных взаимоотношений, в которые индивид вступает в своей деятельности. Таким образом, можно утверждать, что становление академической мобильности как качества личности осуществляется в социокультурной среде в процессе целенаправленной совместной (в том числе образовательной) деятельности и общения.

Функциональное значение мобильности личности состоит в том, что она является составляющей мобильности системы образования, мобильности общества и, соответственно, различных видов мобильности отдельной личности. На основании чего можно утверждать, что развитие общества и самой личности, внедрение и использование новых информационных технологий, движение вперед и профессиональный рост специалистов невозможны без мобильной деятельности самой личности.[11, 27]

Одним их обязательных требований, предъявляемых будущему выпускнику и специалисту является владение иностранным языком на уровне позволяющем вступать в эффективное взаимодействие в условиях социокультурного и профессионального контекстов. Овладение иностранным языком осуществляется в процессе обучения иностранному языку, направленного на становление иноязычной коммуникативной компетенции. Процесс обучения, в свою очередь, представляет собой целенаправленное взаимодействие субъектов данного процесса, ориентированное на решение целого кластера образовательных задач, включающих в себя как приобретение знаний, умений и навыков, формирование общекультурных и профессиональных компетенций так и развитие личностных качеств, необходимых для успешной адаптации к динамичным условиям современного мира.

На основании выше изложенного можно сделать вывод о том, что становление академической мобильности как личностного качества необходимо рассматривать как одну из целей иноязычного образования в частности и высшего профессионального образования в целом.

Для успешного решения задачи становления академической мобильности как личностного качества в процессе обучения иностранному языку в вузе необходимо детально рассмотреть сущность данного явления.

Понятие академической мобильности как интегративного качества личности является относительно новым и его проникновение в современный категориальный аппарат обусловлено интеграцией Российской системы высшего образование в единое общеевропейское образовательное пространство. Последовавшая за этим реформа всей системы Российского образования привела к обновлению целей и содержания высшего профессионального образования, внедрению новых методов и технологий обучения, к изменению подходов к оценке результатов образовательной деятельности. Одной из обновленных целей современного высшего профессионального образования является становление академической мобильности субъектов образовательного процесса.

Необходимо отметить, что в международных документах, включая положения Болонского процесса, академическая мобильность понимается как социальное явление, содействующее укреплению связей между университетами, развитию сотрудничества в академической среде, обмену интеллектуальным капиталом, созданию новых исследовательских центров, учебных программ и образовательных технологий. Согласно мнению ряда исследователей (В.И. Байденко, В.Б.

Касевич, О.В. Сагинова, Е.В. Шевченко, Я.М. Ерусалимский, и др) академическая мобильность выражается в свободном передвижении студентов и исследователей через границы национальных государств с целью получения новых знаний и повышения профессиональной компетентности.

Однако для свободного передвижения в рамках единого образовательного пространства необходимо наличие определенных личностных качеств, позволяющих эффективно осуществлять академическую мобильность на всех ее уровнях. В связи с этим ряд отечественных исследователей (И.Н. Айнутдинова, Н.К. Дмитриева, Л.В. Зновенко,А.Н. Шеремет, и др.) рассматривают данную категорию как интегративное качество личности, формируемое в образовательном пространстве с целью эффективной интеграции в новое академическое сообщество и адаптации к динамичному многообразию окружающей среды.

Следует отметить, что проблема мобильности рассматривалась многими отечественными и зарубежными учеными. (Ю.В. Арутюнян, Л.В. Горюнова, О.А. Глакая, С.Н. Новикова, П.А. Сорокин, Р.Г. Тернер и др.) Понимание мобильности как свойства личности нашло свое отражение в педагогических исследованиях целого ряда отечественных исследователей (Л.В. Горюнова, О.А. Гладкая, Б.М. Игошев, Ю.И. Калиновский, П.А. Сорокин, Н.Н. Суртаева, А.И. Субетто и др.)

Термин «мобильность» (от латинского mobilis - подвижный) означает подвижность, способность к быстрому передвижению и способность быстро действовать и принимать решения. Дуальное понимание категории «мобильность» отражено в Большом энциклопедическом словаре, социологическом и энциклопедическом словаре, в современном словаре иностранных слов, в толковом словаре английского языка, где под мобильностью понимается подвижность, способность к быстрому изменению состояний, к выполнению действий, способность к гибкому мышлению. Такое определение соотносится с характеристикой состояния сугубо личностного свойства. Согласно утверждениям отечественного психолога А. В. Брушлинского (способность к принятию решений в сжатые сроки) и подвижность в поведении (способность к внутренним изменениям в условиях адаптации) есть скоростные факторы возникновения и торможения нервных процессов человеческого головного мозга. Таким образом, в психологии мобильность понимается как способность и готовность индивида к внешним и внутренним преобразованиям, обусловленным многообразием и динамичностью изменяющихся условий.

Феномен мобильности является предметом изучения различных наук, таких как психология, социология, педагогика и др. В связи с широким употреблением данного термина он часто сопровождается уточняющим словом, разъясняющим к какой области исследования относится данный феномен. Например, «социальная мобильность», «социально-профессиональная мобильность», «профессиональная мобильность», «педагогическая мобильность», «академическая мобильность».

Рассмотрение понимания выделяемых видов мобильности различными исследователями, анализ предлагаемых трактовок поможет выявить общие черты характерные всем видам мобильности, характеристики, отличающие их друг от друга.

Впервые термин мобильность появился в социологии в связи с потребностью анализа процессов, связанных с подвижностью и изменчивостью как самого человека, так и общества в целом. Проникновение термина «мобильность» в область социологических исследований так же связано с осознанием индивидом порядка в котором он живет и с открытостью общества, с появлением возможности изменить свой статус, в частности, посредством образования. Совокупность социальных перемещений людей в обществе (вертикальная и горизонтальная мобильность), т.е. изменение своего статуса, называется социальной мобильностью. Один из родоначальников теории социальной стратификации П.А. Сорокин и исследователь социальной мобильности Ю.В. Арутюнян трактуют социальную мобильность как переход индивида или группы лиц из одного социального страта в другой, обусловленный как изменениями в условиях внешней среды так и внутренней потребностью личности к повышению социального статуса. [2; 14]

По мнению С.Н. Новикова социальная мобильность это феномен, характеризующий подвижность мотивационного поля личности, обусловленный такими факторами как уровень образования, специальность, квалификация.[12]

В социальной педагогике мобильность рассматривается как важнейший эффект социализации человека, как постоянная потребность в новой информации, как реакция на разнообразие стимулов, готовность к изменению места работы или проживания, характера досуга, принадлежности к социальной группе [14,77]

Исследователи социальной мобильности Л.А. Амирова и З.А. Багишев, рассматривая ее суть и структуру, охарактеризовали социальную мобильность как экзистенциональную ориентацию личности, представленную в ее структуре в виде ценностно-смыслового конструкта, продуцирующего в определенные моменты жизни виды, типы и уровни мобилизации адекватные требованиям среды. Представление о мобильности как ценностно-смысловом конструкте позволяет рассматривать ее как способ освоения физического, социального, культурного и образовательного пространств. [1, 55] Ю.И.

Калиновский в своих исследования так же указывает на интегративный характер социальной мобильности [9].

Таким образом, социальная мобильность понимается исследователями не только как процесс перемещения, но и как личностное качество, выраженное в потребности к саморазвитию и стремлении к самосовершенствованию. Именно благодаря этим качествам личность совершает как горизонтальные, так и вертикальные передвижение в социуме. Необходимой предпосылкой становления социальной мобильности выступают образование и ценностно-смысловая система личности.

Социально-профессиональная мобильность человека рассматривается как феномен его собственной уникальности, вызванный к жизни постоянно изменяющимися условиями социальной и профессиональной среды, внедрением информационных и коммуникационных технологий. Социально-профессиональная мобильность «отражает способ жизнесуществования человека, его самоосуществления и творческого проявления себя в деятельности» [4,28].

По мнению Л.Н. Лесохиной данный вид мобильности необходимо рассматривать с двух точек зрения. С одной стороны, это смена позиций, обусловленная внешними обстоятельствами (такими как отсутствие рабочих мест, низкая заработная плата, бытовая неустроенность), с другой стороны, это внутренняя потребность личности в самосовершенствовании, основанная на стабильных ценностях В основе социальной мобильности лежат такие понятия как грамотность, образованность и профессиональная компетентность. Как результат – внутренняя свобода и раскрепощенность личности, способной быстро реагировать на изменения, происходящие в социуме [10].

Профессиональная мобильность так же понимается исследователями как дуальная категория. В исследованиях ученых она определяется как способность и готовность быстро и успешно овладевать новой техникой и технологиями, приобретать недостающие профессиональные знания и умения, обеспечивающие эффективность новой профессиональной деятельности, так и изменение группой лиц или индивидов позиции или места, занимаемых в профессиональной структуре.

Российские исследователи профессиональной мобильности (Л.В. Горюнова, Б. М. Игошев, В Коган, Л.Н. Лесохина, Н. Чебышев, и др.) рассматривая данный феномен и принимая во внимание его дуальность, считают необходим включить в определение данной категории не только способность к изменению своей профессии, места и рода деятельности, но способность принимать ответственные решения и способность быстро осваивать новую образовательную и профессиональную, социальную и национальную среду [6, 9].

Б.М. Игошев рассматривает профессиональную мобильность как личностное качество конкурентоспособного специалиста, которое целенаправленно формируется в процессе образования. Исследователь поддерживает точку зрения о том, что профессиональная мобильность личности относится к числу тех метакачеств, наличие которых в структуре личности предполагает профессиональная компетентность, т.е. профессиональная мобильность включается в профессиональную компетентность как одна из ее составляющих. [8]

Все исследователи указывают на то, что условия становления профессиональной мобильности имеют как внешний, так и внутренний характер.

Педагогическая мобильность так же рассматривается учеными с двух позиций. Так например, О.А. Гладкая в своем исследовании конкретизировала профессиональную мобильность педагога через «умение и способность легко и быстро ориентироваться в своей профессии, корректировать и изменять свою деятельность согласно определенной ситуации, гибко адаптироваться в экстренных ситуациях, быть готовым к постоянным изменениям и новшествам в системе современного образования, находить принципиально новые (либо более рациональные) способы решения педагогических проблем, выбирать оптимальные режимы вырабатывать новые алгоритмы своей деятельности [5, 52]

Многие исследователи (Ю.И. Калиновский, О.А. Гладкая и др.) при определении категории педагогической мобильности указывают на способность личности (педагога, андрагога, воспитателя) организовать совместную деятельность с другими субъектами образовательного процесса в соответствии с целями и задачами современной концепции образования, ценностями мировой, отечественной, региональной и национальной культуры, реализуя при этом свою социокультурную и социально-профессиональную компетентность.

Проанализировав исследования ученых, следует отметить, что мобильность рассматривается ими как целостное интегративное качество личности и как процесс перемещения. Дуальность понимания такой категории как мобильность объясняется тем, что человек может стать мобильным, если он обладает определенными личностными и профессиональными качествами, которые в значительной степени формируются в процессе образования. Сравнительно-сопоставительный анализ характеристик выделяемых видов мобильности и условий их становления позволил выделить основные черты присущие рассмотренным видам мобильности (как процессу и качества личности) и сделать необходимые выводы о сущности личностного качества академической мобильности. Результаты сравнительного анализа представлены в Таблице № 1.

Таблица №1.

Выделяемые виды мобильностей и их основные характеристики

Виды мобильностей	Характеристики процесса	Характеристики свойства личности	Внешние условия становления	Внутренние условия становления
Мобильность (Словарные источники: С.И. Ожегов, Н.Ю. Шведова, С.А. Кравченко, И.В. Нечаева, А.С. Хорнби и др.)	Передвижение с одного места на другое; подвижность, пластичность поведения; метафизическое движение через социальные, профессиональные, интеллектуальные сферы.	Способность к быстрому принятию решений, самостоятельному мышлению, к внутренним изменениям. Готовность к активным действиям, внутренним изменениям,	Новые условия, изменение требований среды	Потребность личности в самореализации адаптации, во внутреннем росте
Социальная мобильность (П.А. Сорокин, Ю.В. Арутюнян С.Н. Новиков, С.А. Кравченко, Л.А. Амирова, З.А. Багишев и др.)	Передвижение из одного социального страта в другой, изменение места в социальной группе; смена социального статуса.	Способность и готовность к передвижению в социальных слоях; способность к адаптации в новых условиях,	Демократизация общества; изменения требований среды (общества, семьи)	Подвижность мотивацион-ного поля; потребность в самореализа-ции и самосовершен-ствовании; уровень образованности квалификации; сформированный ценностно-смысловой конструкт освоения действитель-ности
Профессиональ-ная мобильность	Смена места в профессиональной структуре;	Способность и готовность овладевать	Изменение требований, вызванных	Потребность в профессио

(В.П. Зинченко, Л.В. Горюнова, О.А. Гладкая, Б.М. Игошев, В. Коган, Н.В. Чебышев, Э.Ф. Зеер, И.А. Степанова и др.)	профессиональ ный рост.	новой техникой, технологиями, новыми знаниями; способность и готовность принимать профессиональн о ответственные решения; готовность к изменению места работы	технологиза цией производств а, модернизаци ей экономики, рыночным спросом.	наль-ном росте; высокий уровень профессио наль-ной компетентн ос-ти.
Социально-профессионал ьная мобильность (И.В. Василенко Л.Н. Лесохина, И.Н. Суртаева, Э.А. Морылева, и др)	Изменение статуса или положения в социальной, культурной и профессиональ ной среде	Способность к быстрой профессиональн ой и личностной переориентации,	Изменения социальной и профессиона льной среды; внедрение информацио нных и коммуникат ивных технологий, демократиза -ция и открытость общества.	Потребност ь в самосовер шенствован ии, стабильная система ценностей, грамотност ь, образован-ность, социально-профессио нальная компетентн ость
Педагогическа я мобильность (О.А. Гладкая, Ю. И. Калиновский, Л.Н. Лесохина и др.)	Процесс профессиональ но-личностного совершенствов ания	Способность организовать совместную деятельность с субъектами образовательног о процесса в соответствии с целями образования; способность прогнозировать и анализировать результаты образовательно й деятельности; готовность к сотрудничеству.	Цели и задачи современной концепции образования; требования к уровню подготовки и квалификаци и педагога	Сформиров ан-ная социокульт ур-ная и профессио наль-ная компетентн ость; потребност ь в самосовер шенствован ии, профессио наль-ном росте, осмыслени и и прогнозиро

				ва-нии и анализе результато в образовате льной деятельнос ти
Академическа я мобильность (В.И. Байденко, В.Б. Касевич, А. Барблан, Я.М. Ерусалимский , А.Н. Шеремет, Л.В. Зновенко. С.Н. Рягин, И.Н Айнутдинова, Е.В. Шевченко, М.А. Ставрук и др.),	Перемещение в различные вузы (внутри страны и за ее пределами) с целью получения новых знаний, умений и навыков, освоения новых способов деятельности; обмен образовательн ыми технологиями и продуктами интеллектуаль ного труда ученым сообществом; организация и осуществление совместных учебных и исследователь- ских программ и проектов.	Способность проектировать индивидуальны й образовательны й маршрут и будущую профессиональн ую деятельность; способность и готовность преодолевать языковые барьеры	Формирова- ние зоны единого европейског о образователь -ного пространств а; обновление требований к уровню подготовки выпускников , выраженных в общекультур -ных и профессио- нальных компетенция х; потребность общества в мобильной, конкуренто- способной интеллектуа льной элите; развитие информацио нных и коммуникат ивных технологий.	Потребност ь в самореализ ации получении знаний, недоступн ых в «домашних » вузах; потребност ь в установлен ии языковых контактах и приобретен иинновых знаний.

Несмотря на то, что «процесс» как последовательная смена состояний, подразумевает движение, как в сторону совершенствования, так и в направлении регрессии, «мобильность» – процесс, направленный на достижения и изменения, характеризуемые положительными новообразованиями, необходимыми для удовлетворения личных потребностей и требований окружающей среды.

Как свойство личности все виды мобильности представлены через индивидуально-психологические особенности личности (способности) и ее активно-действенное состояние (готовность). В зависимости от сферы интересов исследователей выделяются различные виды способностей и готовности, при этом, необходимо отметить, что предпосылкой для развития способностей являются образование, сформированные социальные и профессиональные компетентности, интериоризированные культурные ценности. Условием для развития способностей является активная, самостоятельная деятельность субъектов мобильности.

Становление перечисленных видов мобильности обусловлено как внешними, так и внутренними условиями. К внешним условиям, содействующим формированию различных видов мобильности, прежде всего, относится изменение окружающей среды и ее требований к индивиду, к внутренним – присущие всем видам мобильности, потребность в самореализации, самосовершенствовании и саморазвитии.

Характерными особенностями профессиональной мобильности является способность овладевать новыми профессиональными знаниями, новыми технологиями и готовность к изменению места работы и взаимодействию в профессиональной команде. Социальной мобильности присущи способность и готовность к передвижению в социальных слоях с проявлением высокой степени адаптивности. В педагогической мобильности, в качестве приоритетных, выделяется готовность к сотрудничеству, которая основана на способности организовать взаимодействие субъектов образовательной деятельности в соответствии с целями образования. Существенным, на наш взгляд, является выделение в педагогической мобильности способности и готовности планировать и прогнозировать результаты совместной образовательной деятельности, их дальнейшая оценка и анализ. На основании чего, можно сделать вывод о том, что педагогическая мобильности имеет выраженный общественный характер, так как нацелена на развитие таких качеств как уважение к чужому мнению, толерантность и создание атмосферы содружества и взаимодействия. Профессиональная и социальная мобильность носят более персонализированный характер, так как они направлены на изменение в сторону повышения собственного статуса, положения для удовлетворения индивидуальных потребностей в соответствии с требованиями профессиональной среды и общества. Социально-профессиональная мобильность выполняет «смыслообразующую функцию разных мобильностей» (Э.А. Морылева) в их взаимосвязи и генерирует различные виды мобильности, в зависимости от изменения внешних и внутренних факторов. Академическая мобильность лежит в основе становления всех перечисленных видов мобильности, так как она подразумевает способность к самообразованию основанном на рефлексии, планированию и прогнозированию результатов собственной деятельности и формируется в активной субъект-субъектной образовательной деятельности. Образование выступает в качестве ведущего фактора в становлении и развитии академической мобильности. В процессе обучения в высших учебных заведениях происходит целенаправленное становление ключевых и профессиональных компетенций (как целей высшего профессионального образования), академическая мобильность, в свою очередь, выступает в качестве предпосылки формирования заявленных компетенций. Сформированность ключевых и профессиональных компетенций, является необходимым условием для проявления и развития всех видов мобильности, включая академическую. На основании чего можно утверждать, что развитие академической мобильности и становление ключевых и профессиональных компетенций взаимосвязаны. Чем выше уровень сформированных компетенций, тем выше уровень академической мобильности. Согласно мнению С.Н. Рягина «академическую мобильность можно выразить через особые результаты образования – профильные компетентности» [13,47] . Таким образом, можно утверждать, что рассмотрение академической мобильности как одной из целей высшего профессионального образования не противоречит основным задачам образования и будет содействовать в ее достижении.

Анализ исследовательской литературы позволяет сделать вывод о том, что отличительной характеристикой академической мобильности является обязательная готовность к языковому взаимодействию, что в свою очередь влечет за собой обновленные требования к языковой подготовке выпускников.

Таким образом, основными характеристиками академически мобильной личности как субъекта образовательного процесса является подвижность мотивации и гибкость целей; способность к самообразованию и потребность в самосовершенствовании; готовность к изменениям, общению и сотрудничеству; владение иностранным языком на уровне позволяющем осуществлять эффективное иноязычное взаимодействие в условиях социокультурного и профессионального контекстов; готовность к овладению новыми знаниями и технологиями; гибкость мышления и способность к рефлексивной оценке результатов собственной деятельности.

Список литературы:

1. Амирова Л. А. Профессионально-педагогическая мобильность учителя как целевая установка высшего педагогического образования / Л. А. Амирова, З. А. Багишев // Alma mater. – 2004. – № 1. – С. 55–60.
2. Арутюнян Ю. В. Этносоциология / Ю. В. Арутюнян, Л. М. Дробижева, А. А. Сусокулов. – М. : Аспект-Пресс, 1999. – 271 с.
3. Борзова Е. В. Иноязычное личностно-ориентированное образование в старших классах средней школы: монография / Е. В. Борзова ; Федеральное агентство по образованию, ГОУВПО «КГПУ». – Петрозаводск : Изд-во КГПУ, 2009. – 172 с.
4. Василенко И. В. Человек в социуме: мотивация и мобильность : монография / И. В. Василенко. – Волгоград, 1998. – 172
5. Гладкая О. А. Профессиональная мобильность как ведущая характеристика современного учителя / О. А. Гладкая // Вопросы педагогического образования : межвуз. сб. ст. – Иркутск : ИПКРО, 2002. – Вып. № 13. – С. 45–55.
6. Горюнова Л. В. Составляющие профессиональной мобильности современного специалиста / Л. В. Горюнова // Естествознание и гуманизм : сб. науч. тр. Т. 2 / под ред. проф., д. б. н. Ильинских Н. Н. – Ростов : РГПУ. – 2009. – № 5. С. 8–11.
7. Дмитриева Н.К. Academic mobility development in the process of professionally oriented foreign language teaching/Н.К. Дмитриева//Ученые записки Петрозаводского государственного университета. – Петрозаводск. – Т.2. ноябрь, 2012. – С.46-48.
8. Игошев Б. М. Профессиональная мобильность учителя: организационно педагогический аспект / Б. М. Игошев // Известия Уральского государственного университета. – 2008. – № 56. – С. 34–40.
9. Калиновский Ю. И. Развитие социально-профессиональной мобильности андрогога в контексте социокультурной образовательной политики региона : дис. ... д-ра пед. наук / Ю. И. Калиновский. – СПб., 2001. – 470 с.
10. Лесохина Л. Н. К обществу образованных людей. Теория и практика образованных взрослых / Л. Н. Лесохина. – СПб. : ИОВ РАО «Тускарора», 1998. – 270 с.
11. Морылева Э. А. Функциональное значение социально профессиональной мобильности в подготовке педагога в вузе / Э. А Морылева // Три века сибирской школы : материалы Всероссийской науч.-практ. конф. – Тобольск: ТГПИ, 2001. – С. 27–28.

12. Новиков С. Н. Социальная мобильность выпускников вузов в условиях модернизации российского общества : дис. ... канд. социол. наук / С. Н. Новиков. – Ставрополь, 2005. – 157 с.

13. Рягин С.Н. К проблеме оценивания сформированности академической мобильности у старшеклассников и студентов в условиях становления поливариативного образовательного пространства// С. Н. Рягин. Сибирский педагогический журнал (г. Новосибирск). 2010. - № 2. - С. 41-49.

14. Сорокин П. А. Социальная и культурная динамика : (главы из книги) Библиография трудов Сорокина П. А. / П. А. Сорокин ; науч. ред. д. э. н. проф., академик РАЭН Ю. В. Яковец ; междунар. фонд Н. Д. Кондратьева. – М. : МФК, 1999. – 77 с.

Глухова О.Ю.

к.п.н., доцент, Кемеровский государственный университет

СОСТОЯНИЕ ПОДГОТОВКИ ПЕДАГОГИЧЕСКИХ КАДРОВ ПО МАТЕМАТИКЕ

Во Всемирной декларации о высшем образовании для XX1 века отмечается, что высшее образование должно вносить более активный вклад в развитие всей системы образования, в частности, путем учебных программ и исследований в этой области. Переход на подготовку бакалавров математиков привели к тому, что мы перестали заниматься подготовкой преподавателя математики как представителя массовой профессии.

Выпускник университета, обладая фундаментальными научными знаниями в области математики и получая широкую гуманитарную подготовку, с успехом может осуществлять профессиональную деятельность в области образования. При этом обнаруживается определенное противоречие: с одной стороны, к выпускнику предъявляются высокие требования как к специалисту математику, имеющему глубокие теоретические знания по предмету, а с другой стороны – в учебных планах ощущается дефицит учебного времени, отведенного для практического освоения педагогической профессией.

Произошедшие за последние годы существенные изменения в нормативно – правовом статусе дополнительных профессиональных образовательных программ, позволили вести профессиональную переподготовку специалистов и бакалавров, предусматривающую. получение дополнительной квалификации «Преподаватель» параллельно с освоением основных образовательных программ.

Кемеровский государственный университет является в области центром образования и научно – исследовательской деятельности, представляя собой наиболее подходящее образовательное учреждение для подготовки педагогических кадров. Университетская образовательная программа гармонично сочетает в себе фундаментальность и универсальность, непрерывность и научно – исследовательскую направленность, особенно для специальности 010101.65 «Математика», что отвечает современным запросам в области профессионально – педагогической работы.

Осуществляемая университетом педагогическая подготовка выпускников обеспечивает подготовку кадров для самой системы высшего профессионального образования. Ошибочным является мнение, что любой толковый выпускник, каждый кандидат наук, если захочет, за 3 – 4 года преподавательской деятельности самостоятельно всему научится «методом проб и ошибок» и станет отличным педагогом.

Для полноценной педагогической подготовки студентов и аспирантов в Кемеровском государственном университете на математическом факультете обучающимся по специальности 010101.65 «Математика» предоставляется возможность за время освоения основной образовательной программы освоить дополнительную образовательную программу, ведущую к получению дополнительной квалификации «Преподаватель». Аспиранты КемГУ имеют возможность получать диплом о присвоении дополнительной квалификации «Преподаватель высшей школы». Для подготовки педагогических кадров у бакалавров необходимо разработать специальную программу.

Главной целью дальнейшего развития Кемеровского госуниверситета является интеграция системы довузовского, вузовского и послевузовского образования, превращения КемГУ в центр подготовки научных и педагогических кадров в области, что требует продолжить разработку профессиональных образовательных программ. На современном этапе реформы образования идея профессионально-педагогической направленности учебного процесса приобретает статус одного из ведущих методических принципов в обучении студентов математиков в университете.

Поступая в высшую школу, вчерашний школьник продолжает осуществлять привычную для него учебную деятельность при совершенно иной целевой направленности усвоения знаний, Все виды вузовского обучения, по своей сути, не могут быть чисто учебными, а непременно являются учебно - практическими или учебно - производственными. Их задача обеспечить успешный переход к профессиональному труду, сформировать профессиональную пригодность выпускников высшей школы. В процессе подготовки учителя математики нерешенными остаются многие проблемы, одна из них: проблема реализации знаний, полученных при изучении дисциплин специализации и общенаучных в школьном преподавании предмета математики. Опыт показывает, что формирование познавательных интересов, значимых для будущей профессионально-педагогической деятельности, происходит только при целенаправленном руководстве со стороны преподавателя.

Использование в учебном процессе методов активного обучения дает возможность ставить студентов в условия, заставляющие активизировать знания для решения конкретных задач, значимых для будущей профессиональной деятельности. Если же этого не делать, то полученные знания останутся «мертвым багажом». Все методы активного обучения можно разбить на: неимитационные; имитационные неигровые; имитационные игровые. Исходя из такой классификации методов активного обучения, в работе со студентами младших курсов, при изучении основных предметов, чаще используются неимитационные методы, а на средних и выпускных курсах, особенно по специальности, целесообразно применять имитационные методы (как неигровые, так и игровые).

Комплексное использование различных методов обучения позволяет наилучшим образом использовать их сильные стороны и по возможности исключить недостатки каждого метода. Комплекс используемых методов активного обучения в преподавании курса Методики преподавания математики, Научных основ школьного курса математики и спецкурсов широк и включает: поисковые беседы (метод развивающейся кооперации); активные консультации; мозговой штурм; деловые, методические и организационно - деятельностные игры; практические занятия с использованием обучающих программ и блок-схем; педагогические практики.

Большие возможности, в плане профессиональной подготовки учителя математики, представляет организация и проведение в процессе обучения конкретных деловых, методических и организационно – деятельностных игр. Пакет игровых занятий включает следующие игры различных видов: «Лабиринт», «Выбор лидера», «Интеграл педагогического опыта», «Конфликтная ситуация», «Обмен опытом по типам уроков», «Формы внеклассной работы по предмету», «Зачетная система на уроке геометрии», «Экзамен, как форма контроля». В ходе проведения занятий по «Методике преподавания математики наиболее часто используется такая форма активных методов как деловая игра. Суть данного метода заключается в разыгрывании, ее участниками заданной проблемной ситуации, соответствующей определенному моменту реальной педагогической деятельности: участники исполняют различные роли (учитель, методист, ученик), поэтому часто в литературе деловая игра такого типа называется также ситуативно - ролевой. Данный пакет игровых занятий пополняется студентами в ходе педагогических практик в школах, колледжах, вузах города Кемерово и Кемеровской области.

Педагогическая практика занимает центральное место в системе подготовки учителя, и нередко влияет на отношение студентов к предстоящей профессиональной деятельности - приводит в ряде случаев к разочарованию в избранной профессии. Отрицательный результат – это тоже результат, лучше на этапе обучения понять, что следует подумать о месте работы и попробовать перепрофилироваться. По учебному плану студенты проходят педагогическую практику на 4 и 5 курсе. По итогам педагогической практики проводится организационно – деятельностная игра «Итоговая конференция по педагогической практике».

Организация обучения студентов по дисциплинам педагогики, методики преподавания математики с использованием методов активного обучения позволяет дать: хорошую подготовку студентов по предмету; методическую и психолого-педагогическую грамотность; владение различными формами активизации учебной деятельности школьников и студентов колледжей и вузов; умение применять активные методы во внеклассной работе.

Корбукова Н.А., Подкопаева Е.Г.

Корбукова Н.А. доцент кафедры «Физическая культура и спорт», кандидат педагогических наук, федеральное государственное бюджетное образовательное учреждение высшего профессионального образования «Московский государственный университет пищевых производств» Подкопаева Е.Г. старший преподаватель кафедры «Физическая культура и спорт» федеральное государственное бюджетное образовательное учреждение высшего профессионального образования «Московский государственный университет пищевых производств»

КОМПЬЮТЕРНЫЕ ТЕХНОЛОГИИ В УЧЕБНОМ ПРОЦЕССЕ ВЫСШЕЙ ШКОЛЫ

В настоящее время компьютеризация системы образования становится одним из важных самостоятельных направлений в области психолого-педагогических разработок. В этих условиях проектирование соответствующих компьютерных систем и методов их использования, в том числе их использования для аттестации знаний и подготовки будущих специалистов, уже не может осуществляться стихийно. Нужны общие ориентиры для поиска эффективных вариантов применения компьютеров в совершенствовании учебно-воспитательного процесса в вузах.

Сегодня первостепенной педагогической задачей должно стать формирование у обучающихся гибкой системы обобщенных понятий, разработка способов развития мотивации к учению, формированию умений исследовать, экспериментировать, задаваться вопросами, проводить критический анализ.

Известны два подхода к вузовскому обучению студентов. «Информационный», согласно которому главное - передать студенту сведения, предусмотренные учебной программой. Второй подход - «развивающий», суть которого состоит в том, чтобы поставить учащегося в условия, вызывающие внутреннюю потребность в получении определённых знаний, в живом стремлении добыть их всеми доступными средствами. Во втором подходе задача педагога состоит в целеустремлённом управлении самостоятельно развивающейся познавательной деятельностью.

Положительные следствия использования в учебном процессе применения компьютерной аттестации и обработки данных в практически полученных данных, весьма существенны. Это повышение мотивационной насыщенности учебного процесса, стимуляция выработки исследовательских и конструкторских навыков, навыков совместной деятельности, уменьшение формального усвоения знаний, и как следствие всего предыдущего, развитие мышления обучаемых.

При указанной организации учебного процесса компьютерные модели могут и должны быть использованы и в дисциплине Физическая культура как средство диагностического контроля за ходом развития студентов. Специально подобранные системы «компьютерных» контрольных заданий, аналогично учебным, позволяет оперативно получать данные о результатах учебного процесса и физического состояния студента. Одновременно такая диагностика могла бы стать средством объективной оценки развивающей эффективности различных учебных программ, качества работы преподавателя.

Опыт технизации процесса обучения, накопленный у нас в стране и за рубежом, а также основные положения отечественной педагогической психологии позволяют выделить в качестве наиболее перспективного направления разработку методов использования компьютеров как средство моделирования природных и искусственных объектов и ситуаций, что позволяет использовать новые технологии обучения для целей подготовки кадров. Широкие возможности электронно-вычислительных устройств как инструмента моделирования и анализа позволяют поставить вопрос о полноценной реализации в учебной практике принципов и методов развивающего обучения, внедрение которых до сих пор сдерживалось в значительной мере из-за ориентации на традиционное техническое обеспечение. Использование компьютерных технологий открывает новые перспективы в организации учебной деятельности по типу исследовательской и исследовательско-конструкторской деятельности студентов.

Путь введения системы операций есть смысл назвать конструированием. Суть этого пути заключается в предоставлении учащемуся полной системы элементарных операций вместе со средствами конструирования из них действий, которые являются значимыми для анализа и моделирования содержания данной предметной области. Задача учащегося в обучающей системе подобного рода заключается в том, чтобы для каждого нового задания создать необходимые действия из элементарных операций и решить на их основе очередную задачу.

Достоинства этого пути очевидны, ибо он представляет собой развёрнутое моделирование самого подхода к сложным явлениям, что способствует развитию типов научного мышления. Такой путь обеспечивает творческую свободу действий учащемуся.

Использование компьютерных технологий (метод конструирования) в дисциплине Физическая культура играет важнейшую роль в обучении, прогнозировании спортивного результата и творческом развитии студентов. Метод конструирования рекомендуется применять в обработке, анализе и моделировании данных самоконтроля, антропометрии и др. методико-практических учебных занятий за исследовательский период времени у студентов. Это позволяет обучающемуся самостоятельно дать оценку динамики своему здоровью и соответственно смоделировать нагрузки и занятия физическими упражнениями.

«Самоконтроль - самостоятельные регулярные наблюдения занимающегося с помощью простых доступных приёмов за состоянием своего здоровья, физическим развитием, влиянием на организм занятий физическими упражнениями».

Наблюдения динамики данных самоконтроля студент фиксирует, в так называемом «дневнике самоконтроля» (табл.1). После каждого обследования, в том числе и выполнения сердечно - сосудистой пробы (20 приседаний за 30 сек.),

студент считает по формуле $\dfrac{P2 - P1}{P1} \times 100\%$, где P1- пульс в покое; P2- пульс после нагрузки;

и делает вывод об адекватности или неадекватности реакции организма на нагрузку. Реакция организма на нагрузку характеризуется следующими данными: до 25%- отличная реакция; до 50%- хорошая реакция; до 70%- удовлетворительная реакция и выше 70%- неудовлетворительная (неадекватная) реакция. После чего все объективные показатели и расчёты заносятся в компьютер, и решается основная задача исследования - анализ показателей самоконтроля методом конструирования (графики). На основе построенных графиков делается логико-психологический анализ этого содержания и строится компьютерная модель планируемого функционального состояния организма. Этот анализ проводится на всем протяжении обучения в вузе, где строятся графики динамики развития физического состояния студента.

Итак, для оценки эффективности физической подготовленности студентов целесообразно использовать систему задач и методов, которые отражают содержание деятельности и логику построения задаваемой нормы. Такого типа системы могут быть реализованы с помощью современной компьютерной техники.

Разработка и внедрение программ обучения в вузах с использованием систем компьютерного обучения, включая и оперативный анализ состояния студента, потребует скоординированной выработки оптимального, эффективного, отвечающего современным требованиям учебно-воспитательного процесса, который будет способствовать подготовке специалистов творчески-преобразующего типа личности.

Литература

1. Корбукова Н.А., Куртев А.Н. Повышение роли физической культуры и спорта в качестве высшего профессионального образования и развитии личности студента// Научно-практический журнал «Глобальный научный потенциал», ВАК №3(24) 2013 материалы международной

научно-практической конференции, г. Санкт Петербург, изд. дом «ТМБпринт»,2013.-С.23-27

2. Корбукова Н.А., Подкопаева Е.Г. Технологии и продукты здорового питания в формировании культуры студента// Научно-практический журнал «Перспективы науки», ВАК № 3 (42) 2013, материалы V международной научно-практической конференции «Наука на рубеже тысячелетия», г. Санкт Петербург, изд. дом «ТМБпринт»,2013.-С.19-23

3. Корбукова Н.А. Интерактивные технологии и всероссийский физкультурно-спортивный комплекс в высшей школе // Научно-практический журнал «Глобальный научный потенциал», ВАК № 9 (30) 2013, материалы международной научно-практической конференции, г. Санкт Петербург, изд. дом «ТМБпринт», 2013.-С.171-172

4. Подкопаева Е.Г., Сердюков А.А., Владимиров О.В. Проблема организации самостоятельных занятий физической культурой во вне учебное время// 4-я Международная дистанционная научная конференция «Современная наука: актуальные проблемы и пути их решения» г. Липецк, 3-4 октября 2013 г.- С.113-118

5. Подкопаева Е.Г., Корбукова Н.А., Владимиров О.В., Сердюков А.А. Методы исследования антропометрического самоконтроля студентов бакалавров всех специальностей// Сборник научных статей Фундаментальные и прикладные исследования, разработка и применение высоких технологий в экономике, управлении проектами, педагогике, праве, культурологии, языкознании, природопользовании, биологии, зоологии, химии, политологии, психологии, медицине, филологии, философии, социологии, математике, технике, физике, информатике, г. СПб.: Изд-во «КультИнформПресс», 2014., С.112-115.

6. Подкопаева Е.Г., Корбукова Н.А., Владимиров О.В., Сердюков А.А. Морфологические особенности строения студента являются важной составляющей жизнедеятельности и работоспособности бакалавра // Сборник научных статей Фундаментальные и прикладные исследования, разработка и применение высоких технологий в экономике, управлении проектами, педагогике, праве, культурологии, языкознании, природопользовании, биологии, зоологии, химии, политологии, психологии, медицине, филологии, философии, социологии, математике, технике, физике, информатике, г. СПб.: Изд-во «КультИнформПресс», 2014., С.115-118.

Korbukova N. A. Podkopayeva E. G.

Korbukova N. A. associate professor "Physical culture and sport", candidate of pedagogical sciences, federal public budgetary educational institution of higher education "Moscow State University of food productions"

Podkopayeva E.G. senior teacher of "Physical culture and sport" chair federal public budgetary educational institution of higher education "Moscow State University of food productions"

Computer technologies in educational process of the higher school

Now the computerization of an education system becomes one of the important independent directions in the field of psychology and pedagogical development. In these conditions design of the relevant computer systems and methods of their use, including their use for certification of knowledge and training of future experts, can't spontaneously be carried out any more. The general reference points for search of effective options of use of computers in improvement of teaching and educational process in higher education institutions are necessary.

Today formation at the generalized concepts which were trained of flexible system, development of ways of development of motivation to the doctrine, formation of abilities to investigate, experiment, ask questions, to carry out the critical analysis has to become a paramount pedagogical task.

Two approaches to high school training of students are known. "Information" according to which main thing - to transfer to the student the data provided by the training program. The second approach - "developing" which essence consists in putting the pupil in the conditions causing internal requirement for receiving a certain knowledge, in live aspiration to get them by all available means. In the second approach the task of the teacher consists in purposeful management of independently developing cognitive activity.

Positive consequences of use in educational process of application of computer certification and data processing in almost obtained data, are very essential. This increase of a motivational saturation of educational process, stimulation of development of research and design skills, skills of joint activity, reduction of formal assimilation of knowledge, and as a result of all previous, development of thinking of trainees.

At the specified organization of educational process computer models can and have to be used and in discipline Physical culture as means of diagnostic check behind process of students. Specially picked up systems of "computer" control tasks, similarly educational, allows to obtain quickly data on results of educational process and a physical condition of the student. At the same time such diagnostics could become means of an objective assessment of developing efficiency of various training programs, qualities of work of the teacher.

Experience of technicalization of process of the training, saved up at us in the country and abroad, and also basic provisions of domestic pedagogical psychology allow to allocate as the most perspective direction development of methods of use of computers as a simular of natural and artificial objects and situations that allows to use new technologies of training for training. Ample opportunities of electronic computers as instrument of modeling and analysis allow to raise a question of full realization in educational practice of the principles and methods of the developing training which introduction still restrained considerably because of orientation to traditional technical providing. Use of computer technologies opens new prospects in the organization of educational activity for type of research and research and design activity of students.

The way of introduction of system of operations is sense to call designing. The essence of this way consists in granting to the pupil of full system of elementary operations together with means of designing from them of actions which are significant for the analysis and modeling of the maintenance of this subject domain. The task of the pupil in training system of this sort consists in, that for each new task to create necessary actions from elementary operations and to solve an immediate problem on their basis.

Advantages of this way are obvious because it represents the developed modeling of the approach to the difficult phenomena that promotes development of types of scientific thinking. Such way provides a creative freedom of action to the pupil.

Use of computer technologies (designing method) in discipline the Physical culture plays an important role in training, forecasting of sports result and creative development of students. The method of designing is recommended to be applied in processing, the analysis and modeling of data of self-checking, anthopometry, etc. metodiko-practical studies for the research period of time at students. It allows being trained to give independently dynamics assessment to the health and respectively to simulate loadings and occupations by physical exercises.

"Self-checking - independent regular supervision engaged by means of simple available receptions behind a condition of the health, physical development, influence on an organism of occupations by physical exercises".

The student fixes supervision of dynamics of data of self-checking, in so-called "the self-checking diary" (tab. 1). After each inspection, including performance it is warm - vascular test (20 knee-bends for 30 sec.), the student considers on a formula $\underline{P2 - P1 \times 100\%,}$ where R1-pulse in rest;

$$P1 \qquad R2\text{-pulse after loading;}$$

also draws a conclusion about adequacy or inadequacy of reaction of an organism on loading. Reaction of an organism to loading is characterized by the following data: to 25%-excellent reaction; to 50%-good reaction; to 70%-satisfactory reaction and higher than 70%-unsatisfactory (inadequate) reaction. Then all objective indicators and calculations are brought in the computer, and the main problem of research - the analysis of indicators of self-checking is solved by a method of designing (graphics). On the basis of the constructed schedules the logiko-psychological analysis of this contents becomes and the computer model of a planned functional condition of an organism is under construction. This analysis is carried out throughout training in higher education institution where schedules of dynamics of development of a physical condition of the student are under construction.

So, for an assessment of efficiency of physical readiness of students it is expedient to use system of tasks and methods which reflect the content of activity and logic of creation of set norm. Systems of this kind can be realized by means of the modern computer equipment.

Development and deployment of programs of training in higher education institutions with use of systems of computer training, including and the operational analysis of a condition of the student, will demand the coordinated development optimum, effective, meeting the modern requirements uchebno - educational process which will promote training of specialists of creative and reformative type of the personality.

Literature

1 . Korbukova N. A. Kurtev A.N. Increase of a role of physical culture and sport as higher education and development of the identity of the student//the Scientific and practical magazine "Global Scientific Potential", No. 3(24) 2013 VAK materials of the international scientific and practical conference, Sankt Petersburg, prod. house "ТМБпринт", 2013. - Page 23-27

2 . Korbukova N. A. Podkopayeva E.G. Technologies and products of healthy food in formation of culture of the student//the Scientific and practical magazine "Science Prospects", No. 3 (42) 2013 VAK, materials V of the international scientific and practical conference "Science at a Turn of the Millennium", Sankt Petersburg, prod. house "ТМБпринт", 2013. - Page 19-23

3 . Korbukova N. A. Interactive technologies and the All-Russian sports and sports complex at the higher school//the Scientific and practical magazine "Global Scientific Potential", No. 9 (30) 2013 VAK, materials of the international scientific and practical conference, Sankt Petersburg, prod. house "ТМБпринт", 2013. - Page 171-172

4 . Podkopayeva E.G. Serdyukov A.A. Vladimirov O. V. Problema of the organization of independent occupations by physical culture in out of school hours//the 4th International remote scientific conference "Modern science: actual problems and ways of their decision" Lipetsk, on October 3-4, 2013 – With 113-118

5 . Podkopayeva E.G. Korbukova N. A. Vladimirov O. V., Serdyukov A.A. Methods of research of anthopometrical self-checking of students of bachelors of all specialties//the Collection of scientific articles Basic and applied researches, development and application of high technologies in economy, management of projects, pedagogics, the right, cultural science, linguistics, environmental management, biology, zoology, chemistry, political science, psychology, medicine, philology, philosophy, sociology, mathematics,

equipment, physics, informatics, SPb. : Publishing house of "Kultinformpress", 2014. Page 112-115.

6 . Podkopayeva E.G. Korbukova N. A. Vladimirov O. V., Serdyukov A.A. Morphological features of a structure of the student are an important component of activity and efficiency of the bachelor//the Collection of scientific articles Basic and applied researches, development and application of high technologies in economy, management of projects, pedagogics, the right, cultural science, linguistics, environmental management, biology, zoology, chemistry, political science, psychology, medicine, philology, philosophy, sociology, mathematics, equipment, physics, informatics, SPb. : Publishing house of "Kultinformpress", 2014. Page 115-118.

Минина А.В.
аспирант,
кафедра дошкольной педагогики,
Московский педагогический государственный университет,
г. Москва, Россия,
miniann19@rambler.ru

МОДЕЛЬ ФОРМИРОВАНИЯ ПЕДАГОГИЧЕСКОЙ КОМПЕТЕНТНОСТИ РОДИТЕЛЕЙ В ВОСПИТАНИИ САМОСТОЯТЕЛЬНОСТИ ДЕТЕЙ ДОШКОЛЬНОГО ВОЗРАСТА

Федеральный государственный образовательный Стандарт дошкольного образования, являющийся сегодня ориентиром не только для педагогов, но и для родителей детей дошкольного возраста, ставит задачу развития у дошкольников самостоятельности, инициативности и ответственности [1].

Теоретический анализ научных исследований (Е.П. Арнаутова, Т.В. Бахуташвили, Е.В. Бондаревская, Ю.А. Гладкова, И.В.Гребенников, Т.Н. Данилова, Б.С. Гершунский, Т.А. Куликова, Т.В. Лодкина, А.К. Маркова, А.А. Майер, Л.В. Пироженко, С.С. Пиюкова, Е.В. Рылеева, В.В. Селина, В.А. Сластенин, Г.С. Сухобельская, А.В.Хуторской) позволил нам заключить, что залогом развития социально-значимых качеств личности ребенка выступает *педагогическая компетентность родителей.*

Анализ теоретического материала даёт нам основание предложить авторское определение **педагогической компетентности родителей в воспитании самостоятельности детей,** которое мы рассматриваем как интегративное личностное образование, выражающееся в ценностно-гуманном отношении к ребенку, представленное совокупностью взаимосвязанных компонентов (мотивационно-личностный, гностический, коммуникативно-деятельностный, компетентностный опыт), включающих систему знаний, педагогических умений, психологических позиций, личностных качеств и опыта, необходимых для эффективного воспитания самостоятельности детей в семье [2,95].

Исследование, проведенное нами в 2011-2012 учебном году, в котором приняли участие 400 родителей детей дошкольного возраста, позволило изучить актуальное состояние педагогической компетентности родителей в воспитании самостоятельности у детей дошкольного возраста и выявить её недостаточный уровень.

Анализ результатов эксперимента, который осуществлялся на базе детских садов, дошкольных отделений школ, средних общеобразовательных учреждений и методического центра Южного округа г. Москвы позволил составить обобщенный портрет родителя, который, не смотря на высокую заинтересованность в успешном результате воспитания самостоятельности у ребенка, не обладает знаниями теоретических основ воспитания самостоятельности ребенка, не владеет методами воспитания его самостоятельности, не уделяет внимание созданию благоприятной среды для проявлений детской самостоятельности, не умеет строить взаимоотношения с ребенком на принципах гуманистической педагогики (часто оценивает деятельность ребенка не адекватно, не поддерживает его самооценку, часто выбирает неадекватные способы общения и имеет проблемы в установлении партнерских взаимоотношений с ребенком) [3,140].

Выявленное *противоречие* между возрастающими потребностями государства и общества в компетентном родителе, способном успешно воспитывать самостоятельность у ребенка, и недостаточной сформированностью педагогической компетентности у современных родителей, обусловило актуальность разработки *концептуальной модели по формированию компетентности родителей в воспитании самостоятельности детей дошкольного возраста.*

Под концептуальной моделью формирования педагогической компетентности родителей в воспитании самостоятельности детей мы понимаем целостный процесс взаимодействия педагогов и родителей, в котором совокупность подходов направлена на повышение заинтересованности родителя в успешном результате воспитания самостоятельности у ребенка, улучшении его личностных качеств, повышение уровня психолого-педагогических знаний, овладение технологией воспитания самостоятельности ребенка дошкольного возраста в семье (приобретение компетентностного опыта).

Основанием разработки данной модели послужили научные исследования, посвященные проблеме формирования компетентности (Т.Н. Данилова, Б.С. Гершунский, Ю.Н. Кулюткин, Н.Н. Лобанова, А.К. Маркова, А.А. Майер, Л.Н. Митина, В.А. Сластенин, Г.С. Сухобельская, А.В. Хуторской и др.)

Несмотря на значительное число исследований по данной проблеме, в научных трудах не уделяется достаточного внимания теоретическим и практическим аспектам формирования педагогической компетентности родителей в воспитании самостоятельности детей.

Анализ литературы позволил нам выявить сущность педагогической компетентности родителей, разработать структуру и научно обосновать содержание компонентов, определить наиболее эффективные методы и условия формирования педагогической компетентности родителей в воспитании самостоятельности детей.

Полученная информация использовалась нами при проектировании модели формирования педагогической компетентности родителей в воспитании самостоятельности детей.

В структуру модели мы включили 3 блока: целевой, организационно-содержательный и оценочно-результативный.

Целевой блок предполагает постановку цели - формирование педагогической компетентности родителей в воспитании самостоятельности детей дошкольного возраста. Разработка на основе теоретического анализа критериев и показателей уровней сформированности всех компонентов компетентности родителя в воспитании самостоятельности детей дошкольного возраста позволили представить в целевом блоке основные задачи, сформулированные следующим образом: повышение заинтересованности родителя в успешном результате воспитания самостоятельности у ребенка; улучшение значимых личностных качеств, повышение уровня знаний теоретических основ воспитания самостоятельности ребенка в семье, овладение средствами, методами и приемами воспитания самостоятельности ребенка; совершенствование навыков межличностной коммуникации.

Организационно-содержательный блок включает работу по выявлению начального уровня сформированности компонентов педагогической компетентности родителей, разработку программы, методических и практических материалов для работы по формированию педагогической компетентности родителей в воспитании самостоятельности детей дошкольного возраста с учетом выявленных результатов. Учитывая результаты констатирующего эксперимента, обнаружившего недостаточный уровень работы педагогов по повышению компетентности родителей в воспитании самостоятельности детей дошкольного возраста, в организационно-содержательный блок включено направление по подготовке педагогов к взаимодействию с родителями.

На наш взгляд, наличие методической поддержки педагогов и грамотная организация взаимодействия педагогов с родителями является необходимым условием формирования педагогической компетентности родителей.

Глубокое изучение теории и педагогической практики позволило нам структурировать формы и методы взаимодействия с родителями, способствующие более эффективному формированию каждого из компонентов компетентности родителя в воспитании самостоятельности ребенка. Мы выявили, что формирование разных компонентов осуществляется наиболее эффективно соответствующими формами и методами. Так, например, для формирования *гностического компонента* предлагается использование дискуссионных вопросов, апелляции к авторитетному мнению, анализ психолого-педагогической литературы, наглядной информации, самообразование. *Коммуникативно-деятельностный* компонент рекомендуется формировать с помощью тренингов, упражнений, метода «обмен детьми», моделирования эффективных способов общения с ребенком, ролевого проигрывания проблемных педагогических ситуаций, проектного метода и др.

Грамотное сочетание современных форм работы с семьей и использование методов активизации родительского опыта будет способствовать повышению уровня каждого из компонентов и общего уровеня компетентности родителей в воспитании самостоятельности детей дошкольного возраста.

Определение задач, форм и методов формирования каждого из компонентов компетентности позволит педагогам эффективно спланировать работу по повышению родительской компетентности в воспитании самостоятельности у детей дошкольного возраста, и реализовать в данном процессе комплексный, интегративный и дифференцированный подход – одно из непременных условий формирования компетентности родителей в воспитании самостоятельности у детей дошкольного возраста.

Оценочно-результативный блок нашей модели состоит из оценки результативности процесса формирования компетентности родителей, мониторинга динамики педагогической компетентности родителя, результата и необходимой коррекции.

Результатом является достижение высокого или достаточного уровня педагогической компетентности родителя, позволяющего эффективно воспитывать самостоятельность у детей.

Таким образом, представленная модель через структуру и содержание обусловливает снятие противоречия между актуальностью, объективной необходимостью формирования компетентности родителей в воспитании самостоятельности детей и недостаточной разработанностью теоретического, научно-методического и практического аспекта данной проблемы.

Список литературы

1. Приказ Министерства образования и науки Российской Федерации (Минобрнауки России) от 17 октября 2013 г. N 1155 г. Москва "Об утверждении федерального государственного образовательного стандарта дошкольного образования" [Электронный ресурс] URL: http://www.rg.ru/2013/11/25/doshk-standart-dok.html (дата обращения: 25.12.2013).

2. Минина А.В. Структура и содержание педагогической компетентности родителей в воспитании самостоятельности у детей дошкольного возраста// Образование. Наука. Инновации: Южное измерение. - Ростов-на-Дону: ИПО ЮФУ. - № 2 (28). 2013. - С. 93-98.

3. Минина А.В. Компетентность современных родителей в воспитании самостоятельности у дошкольников//Дискуссия. – Екатеринбург. - №1 (42). 2014. – С.131-143.

Бакушев В.В.
д.пол.н., профессор, Директор Центра парламентаризма РАНХиГС,
действительный член РАЕН
г. Москва
Гарибян К.В.
соискатель Южный филиал РАНХиГС г. Ростов-на-Дону

КЛАСТЕРНАЯ ПОЛИТИКА: ТРЕБУЕТСЯ ДВИЖЕНИЕ К ПРАКТИКЕ

Кластерная политика в России находится *на начальном пути* перехода от «управления затратами» к «управлению результатами»[1]. При выработке и реализации «кластерной политики» важно следовать принципам, где одним из ведущих является *человеческий фактор.* Необходимо не только учитывать его наличие «как такового», а, скорее, способность к его эффективному развитию, т.е. заинтересованно квалифицировать потенциал территории (*субъекта РФ, межмуниципальной, муниципальной территории*). К сожалению, сегодня не всегда его можно быстро и точно оценить, т.к. результат демографической политики пока продолжает представляться в основном как «арифметический прирост». А нужны новые методики (*причем для всех уровней власти и управления*), чтобы все характеристики человеческого капитала не только были, но и учитывались в числе первого критерия при создании *модели управления регионом,* проработке создания *инновационных территорий кластеров*[2].

Согласно результатов проведенного в начале 2014 г. с участием авторов исследования в формате *on-line опроса* по теме «*Ожидания и возможности муниципальных перемен в России*», одним из пунктов являлось определение отношения респондентов к пониманию нынешней роли и возможной *опоре* в достижении «социально-экономического роста определенной территории» на формирование межмуниципальных кластеров[3]. Разные группы респондентов солидарно выступают за переход

---

[1] В 1970-1980 гг. выраженно применялись методики «управления по целям» (*целевым интегральным показателям*).

[2] См. Постановление Правительства РФ «Об утверждении Правил распределения и представления субсидий из федерального бюджета бюджетам субъектам Российской Федерации на реализацию пилотных инновационных территориальных кластеров» от 6 марта 2013 г., № 188.; Постановление Правительства РФ «О внесении изменений в Правила распределения и представления субсидий из федерального бюджета бюджетам субъектов Российской Федерации на реализацию мероприятий, предусмотренных программами развития пилотных инновационных территориальных кластеров» от 15 июля 2013 г., № 596.

[3] В опросе участвовали 512 респондентов, находящихся в экономически активном возрасте, имеющих в большинстве высшее образование и профессионально занятые в структурах или аппаратах управления (*учреждения муниципального и регионального уровня, инфраструктурные компании, включая малый бизнес; часть выпускников магистерских программ по юридическим и экономическим специальностям*).

к новому этапу эволюционирования муниципальной деятельности – это «кастерное развитие» территорий на основе создания (*при региональной и целевой федеральной поддержке*) проектов, если не сразу «технопарков», то тематических «кластеров развития». При чем в опоре на их межмуниципальное назначение. На территории субъектов РФ такие кластеры могли бы объединяться в «Схему инновационных объектов» развития. Респондентами поддержано, как в целом направление «создания новой инфраструктуры», так и введение очень востребованных механизмов поддержки.

Большинство опрошенных определенно подчеркивают, что при создании как межмуниципальных технопарков, так и тематических кластеров, нужны новые «сити – менеджеры». Поэтому важно планировать и вести целевую подготовку профессионалов. Такой подход находит поддержку в ответах респондентов, а один из двух-трех опрошенных уточняет необходимость «введения нового института - «Сити – менеджеров», необходимого для кластерных проектов под гарантии государства. Соответственно и осуществление их подготовки должно быть под «госзаказ» и, главное, в специализированных управленческих вузах, при целевом финансировании.

Ожидаемый сценарий формирования кластеров должен, на наш взгляд, основываться, прежде всего, на *интеллектуальной индустриализации*. Здесь, на наш взгляд, возможны следующие направления эволюции:

- *специализированные кластеры* как повышающие конкурентоспособности и эффективности экономики на межмуниципальной территории, а, с тем, и региона в целом,

- *создание* современной *инфраструктуры* как триединая система основных элементов: *транспортная, коммуникационная, бизнес - финансовая,*

- формирование *эффективной системы подготовки квалифицированных кадров*, обязательная *переподготовка* специалистов и руководителей (*особенно «ответственных» из аппаратов публичной власти и управления, менеджеров-исполнителей*)[1].

Эффективный портфель ресурсов для развития кластеров составляют, прежде всего, высококвалифицированный человеческий капитал, конкурентная продукция, динамичные (*с инфраструктурой*) новые рынки, набор инноваций (*возможна покупка части патентов*), наличие основных фондов и точное понимание - как будут объединяться и реализоваться финансовые ресурсы.

Исследование проведено в январе-феврале 2014 г., ответы респондентов получены из 29 регионов, кроме субъектов РФ ДвФО.

[1] Похвально, что решением российского правительства о распределении субсидий на пилотные инновационные территориальные кластеры (№ 188, 2013 г.) также финансирование предусматриваются, но это федерального уровня кластеры.

На начальном этапе в России важно и другое – *концентрация политической воли* для создания соответствующей мотивации исполнителей на потенциальных «полюсах роста». Без административного ресурса власти здесь не обойтись. Агломерационное развитие территории кластера должна быть *новой точкой роста, новой парадигмой* сбалансированного территориального развития (*это, во-первых*).

Во-вторых, оправдано понимать традиции, которые изначально имели разные сущности своего оформления как «инновационного пути» (*о чем, говорилось в начале статьи*). В Европе (*странах ЕС*) формат стимулирования инноваций эволюционно двигался от инициативы крупного европейского бизнеса в разных отраслевых объединениях промышленных производителей (*в состав «стейкохолдеров» входили представители науки, промышленности, органов госуправления, финансовых структур и венчурных фондов, приглашались представители институтов гражданского общества*). Была также *свобода выбора* организационной формы функционирования основной платформы формируемого кластера. Предполагалась *ротация* в составе членов формируемого консультационного объединения и управляющей компании. Такая «дорожная карта» уже продолжительно поддерживается Европейской комиссией ЕС.

В *отечественной практике*, не смотря, на то, что бралась за основу европейская практика, именно государством создается платформа задумываемого кластера. Прежде, также, было характерным недофинансирование, несистемные гарантии (*новый закон о государственно-частном партнерстве еще не принят, тогда как имеющийся не создает нужных стимулов и активности бизнеса, других институтов*).

Уточним, что темпы роста мировой экономики до 2017 г. могут составить около 4 процентов, а у России предполагается рост ВВП 3-3,3% с планируемой инфляцией до 5%. Поэтому на региональном уровне важно делать нечто большее, чем только обеспечить некоторое ускорение развития. Следует стремительнее воспринимать влияние тенденций в мире - уже более половины экономик охвачены «кластеризацией». Они разного вида, однако, все дают возможность выделить, осознать и распределить приоритеты. Таким образом, *кластер* – это, «инструмент», а потом уже и «возможность». *Модель эффективного кластера* – это, прежде всего, достаточное количество высококвалифицированных специалистов (!), а, уже с тем, - необходимое количество предприятий, фирм, компаний, способных создать качественные товары и/или сервисы. Плюс, к этому, должны быть внешние покупатели, размещающие заказы. Характерно, что специализация кластера выбирается, чтобы в общем стремлении развития можно было бы соединить локальные механизмы. Отрадно, что такой подход уже отчасти реализуется по первому, утвержденному

Правительством РФ перечню региональных кластеров, поддерживаемых федеральным уровнем[1]. Согласно анализу в первый перечень Правительства РФ включены регионы со сложившейся научно-исследовательскими центрами (*с наибольшим потенциалом*). Перечень сформирован на основе конкурса. Всего заявок поступило 94, а в филиале рассматривались 25 проектов, а Правительством РФ утверждены 14 кластеров, имевших шансы на успех. По характеру это кластеры государственного значения, а более востребованы межмуниципальные.

В этой связи, важна, на наш взгляд, консультативно-методическая помощь федерального центра не только включенным кластерам в правительственное решение регионам, но и другим (*где не могут пока подготовить квалифицированную заявку*), или другим причинам, но требуется инновационный прорыв, важно повысить занятость (*в России по итогам 2013 г. она составляла 5.5% экономически активного населения*). Было бы оправданным, чтобы каждый субъект имел и отвечал за развитие инновационной «точки роста». То есть хотя бы один кластер для подъема межмуниципальной интеграции с участием государства.

Целевое разрешение современного развития муниципальных территорий может помочь создать новый отечественный опыт в рассматриваемом направлении, который будет способствовать укреплению делового авторитета России при совершенствовании важного политического акта скорого начала функционирования регионального интеграционного объединения (*Союза*) ЕвраЗЭС.

---

[1]Перечень первых пилотных региональных кластеров определен в рамках Постановлений Правительства РФ № 188 от 6 марта 2013 г. и от 15 июля 2013 № 596.

Чурилова Е.Е.
к.психол.н., старший преподаватель кафедры психологии развития
Федерального Государственного Бюджетного Образовательного
Учреждения Высшего Профессионального Образования «Московского
Педагогического Государственного Университета»

ПРОБЛЕМА РЕПРЕЗЕНТАЦИИ САМОСОЗНАНИЯ ЛИЧНОСТИ В ПСИХОЛОГИИ И СМЕЖНЫХ НАУКАХ

В настоящее время психология личности активно привлекает для исследования развития субъективного мира человека в онтогенезе материалы личных (интимных) дневников. Особо интересной представляется проблема репрезентации субъективно значимых возрастных проблем личностного развития в дневниковых текстах подростков и юношества, поскольку дневники – одна из форм бытования автобиографических текстов, широко распространенных именно на данных возрастных этапах.

В отрочестве и юности происходит активное становление внутренней позиции личности, рефлексивного самосознания и самоопределения жизненного пути. «Самость» человека обретает статус внутренней опоры мировоззрения, развиваются рефлексивные способности. В процессе развития от подросткового к юношескому возрасту происходят существенные изменения социальной ситуации, влияющей на развивающуюся личность, а также глубинные преобразования ее внутреннего мира, становление внутренней позиции. Изменяются ключевые личностные проблемы, которые требуют от развивающегося человека осознания и выработки собственного отношения, обретения психологических средств саморегуляции, произвольности социального поведения и т.д. Дневник может выступать эффективным средством разрешения этих сложных проблем личностного развития.

Личный (интимный) дневник спонтанного ведения может выступать для подростков и юношества в различных значениях: как средство организации рефлексии; опосредовать процесс эмоциональной саморегуляции; служить для фиксации значимых жизненных событий, для отображения и регуляции социальной позиции личности автора; выступать способом проработки значимых проблем возраста и др. Посредством ведения интимного дневника автор репрезентирует в знаковой форме свой внутренний мир.

Личность представляет собой феномен становящейся, постоянно развивающейся персоны, в первую очередь, подразумевающий самосознание. Исследование личности правомерно осуществлять посредством изучения особенностей самосознания, которое репрезентируется через культурно заданные формы (в том числе личный (интимный) дневник). Изучение репрезентации самосознания в дневниках спонтанного ведения позволяет проследить живой процесс становления и формирования внутреннего плана развития личности, ценностных ориентаций и интенциональных норм.

Сейчас большое распространение получают другие современные формы репрезентации (точнее – презентации) самосознания, которые ориентированы скорее на публичность, на социальность (социальные сети, блоги и др.). При этом такая форма культурного бытования нарративного текста как личный дневник продолжает свое бытование. Она менее доступна для исследования в силу своей «закрытости» и непубличности. При этом интимный дневник выражено несет в себе развивающий потенциал для личности, способствуя самопознанию, переживанию собственной уникальности, структурированию своего «Я». Изучение репрезентации самосознания, отображенного в текстах интимных дневников, предоставляет возможность исследовать глубинные процессы становления внутреннего плана развития личности; позволяет выявить средства становления рефлексивности самосознания.

Тексты личных дневников, становящиеся доступными исследователям, обычно имеют мужское авторство, а также чаще принадлежат перу известных людей, а их изучение возможно зачастую уже после их публикации. При этом, по различным данным, среди представителей современного отрочества и юношества дневники чаще ведут девушки. В исследованиях, опирающихся на материалы закрытого, непубличного типа, для исследования, зачастую, более доступны тексты представителей своего пола. В связи с этим в нашей работе изучаются личные дневники именно девушек с регулярными записями на протяжении всего времени ведения с подросткового по юношеский возраст [1].

В качестве проблемного для нашего исследования выступает вопрос о том, каким образом посредством репрезентации самосознания в интимных дневниках современных девушек отображается становление внутреннего плана развития личности, выраженного через развитие форм, средств и содержания структурных звеньев самосознания, а также становление рефлексивности с подросткового по юношеский возраст?

Методологической основой нашего исследования, посвященного изучению особенностей репрезентации самосознания в личных дневниках современных девушек, стали утвердившиеся в отечественной психологии: идея о понимании развития внутренней позиции личности во взаимосвязи с социокультурными условиями, опосредуемыми знаковой функцией сознания, раскрытая в культурно-исторической теории Л.С. Выготского [2]; идея диалогичности сознания и самосознания человека, раскрытая в работах М.М. Бахтина [3].

В качестве фундаментальной теоретической опоры выступила концепция В.С. Мухиной [4] об универсальной структуре самосознания личности состоящей из пяти звеньев, содержательное наполнение которых определяется реалиями развития и бытия личности и специфично на каждом этапе онтогенеза.

В своей работе мы также опираемся на субъектно-деятельностный подход С.Л. Рубинштейна, который позволяет рассматривать ведение дневника как особый вид психической деятельности, а сам текст личного дневника – как один из инструментов становления субъектности и внутренней позиции личности [5].

Рефлексивность в нашей работе рассматривается, вслед за В.И. Слободчиковым, как центральный феномен человеческой субъективности, без которой личность не может развиваться. При этом рефлексивность в личном дневнике понимается как средство конструирования целостной идентичности – личностной (рефлексия на себя) и социальной (рефлексия на других) (Л.Б. Шнейдер).

Целью исследования было определено выявление динамики содержания и средств репрезентации самосознания личности в интимных дневниках современных девушек с отрочества до юности.

В ходе работы были выявлены психологические особенности репрезентации самосознания личности на этапах отрочества и юношества, которая становится все более личностно-рефлексивной к юности; была определена специфика организации рефлексивного самосознания и содержательного наполнения структурных звеньев самосознания в процессе ведения личного дневника (с подросткового по юношеский возраст), репрезентированность в дневниках которого становится менее социально ориентированной; были определены особенности репрезентации форм внутреннего диалога при переходе от отрочества к юности, что выражается в смене диалогичности на монологичность; были выделены особенности возрастных проблем развития личности от отрочества к юности посредством ведения личного (интимного) дневника у современных девушек, изучена динамика изменения возрастных проблем развития личности с отрочества до юности, репрезентируемых в текстах личных (интимных) дневников, в том числе – в аспекте развития психологических средств личностной саморегуляции личностного развития авторов дневников. Выработан инструментарий для проведения семантико-психологического анализа текстов личных дневников. Данная работа дополняет научные данные в области психологии личности на этапах развития с отрочества до юности посредством изучения репрезентации самосознания, отображающегося в дневниковых текстах девушек, репрезентирующие глубинные процессы становления внутреннего плана развития личности.

Одно из центральных понятий нашего исследования – *репрезентация*. Рассмотрим данное понятие и историю его становления;

основные подходы к изучению репрезентации в психологии и смежных науках; основные направления психологии, обсуждающие данное понятие.

Само понятие «репрезентация» – междисциплинарное и используется в разнообразных областях научного знания, в том числе таких как: социология [6], филология [7], психолингвистика [8], психосемантика [9], в каждой их которых ему дается свое определение и предлагаются соответствующие методы, позволяющие изучить феномен репрезентации.

В ряде филологических и психолингвистических исследований на материалах английского языка изучается репрезентация эмоций в личном письме, эссе, мемуарах, детской литературе, психологическом детективе, в фольклоре и в сказках [10]. Активно изучается эмотивность в поэзии, в политическом тексте, в анекдотическом жанре. Изучение репрезентации эмоций в текстах осуществляется посредством выявления особых эмотивных фрагментов текста. Исследование репрезентации эмоций в тексте способствует расширению существующих взглядов об эмоциональной картине мира, выражении и описании эмоций, эмотивном смысловом пространстве языковой личности, о специфике описания и выражения настоящих и прошлых эмоциональных переживаний и др.

Ряд исследований посвящен изучению репрезентации детства в автобиографической литературе [11]. Так, М.В. Ромашова [12] изучает типы и способы репрезентации советского послевоенного городского детства в воспоминаниях, опубликованных в последние пятнадцать лет. При этом под репрезентацией понимается отображение истории «типичного» детства изучаемой эпохи. Ей выделяются различные модели репрезентации детства, а также выявляется преобладание той или иной модели в определенную историческую эпоху. Она показывает обусловленность репрезентации в мемуарных текстах послевоенного времени такими основными факторами: гендерные особенности, профессиональная деятельность респондента, его социальный статус. Посредством репрезентации автобиографические воспоминания отражают уникальный индивидуальный опыт, многообразие персональной памяти и «наличие совершенно явных групповых паттернов и опыта, памяти и репрезентации» [13, 532].

«Репрезентация» – понятие, наиболее широко употребляемое в философии. Общее философское представление о данном понятии может быть зафиксировано как *представление одного посредством другого*. Репрезентация является конструктивной функцией знака (она создает знак и сама предстает как знаковый феномен). Понятия «знак» и «репрезентация» раскрываются через связь с презентацией «как присутствием или наличием, что демонстрирует исторически-традиционный подход к их определению. Связь выражается в том, что феномен репрезентации изначально задается как «запаздывающий» или вторичный относительно присутствия – презентации. Репрезентация возникает в силу отсутствия (в момент репрезентирования) объекта, который она репрезентирует» [14, 535 – 537]. Также данное понятие соотносится со значением «отображения» или образного представления.

Понятие репрезентации (от франц. representation – «представление», «изображение») – в психологии активно стало употребляться со времен А. Шопенгауэра и В.Вундта как вспомогательное понятие, служащее для выяснения сути представления [14, 585]. «Ре-презентация» (или «реактуализация» – от нем. «репродукция присутствия», т.е. презентации – полагающего переживания, восприятия) – «воспоминание в мысленно широком смысле» [15]. В переводе с латинского термин «репрезентация» (лат., repraesentatio – представлять) обозначает представленность, отображение одного в другом, одного посредством другого, изображение; при этом речь идет о внутренних структурах, которые формируются в процессе жизни каждого человека и в которых отображается, представлена его сложившаяся картина мира, социума и самого себя.

В психологии же термин «репрезентация» наиболее активно бытует в такой отрасли научного знания как когнитивная психология; хотя данное понятие встречается также, например, в гендерной психологии [16] (и обозначает символическое отражение – то есть всю атрибутику гендерного поведения, то, как личность «само-чувствует» и презентирует себя с точки зрения собственного гендера) [17], в психодиагностике существует понятие, пришедшее туда из когнитивного направления психологии, – «репрезентативная система», (при помощи которой человек получает информацию из окружающего мира, ориентируется в нем, отображая свое отношение ко всему происходящему в мыслях, чувствах, поступках) [18]. В разделе психологии, посвященном физическому и когнитивному развитию в раннем детстве, говорится, что основным отличительным признаком двухлетних детей (в отличие от младенцев) в том, что касается познания, является символическая репрезентация – использование действий, образов или слов для представления собственных переживаний или событий. Выделяется несколько аспектов символической репрезентации: способность использовать числа для представления количества объектов в упорядоченном ряду; приобретение навыков изобразительной деятельности. Появляясь примерно в два года, репрезентация развивается дальше (ребенок в четыре года лучше пользуется символами) [19]. Это способствует постепенному формированию социоцентрического мышления, которое необходимо ребенку, чтобы совершить переход от эгоцентрического к пониманию чувств и мыслей других людей.

Большое распространение получили исследования репрезентации в когнитивной психологии. Исходным этапом образования репрезентации является перцептивная информация. Такие психические явления, к примеру, как ощущения, мысли, чувства, переживания, мысленные образы не могут наблюдаться другими людьми непосредственно. Поэтому, можно говорить о том, что репрезентации имеют личностный характер (персонифицированный). Со времен Л. Витгенштейна [20] изучение психических явлений построено на том, что о внутреннем состоянии другого человека узнают, наблюдая за его действиями и слушая его речь. С середины 1920-х гг. исследование мысленных образов получило новый импульс в связи со становлением когнитивной психологии. При этом многие исследователи считали, что в процесс познания включены и образные репрезентации, так и те репрезентации, которые не имеют образного эквивалента. Поэтому стало интересным и важным выявить условия, при которых используются различные репрезентации и как они связаны между собой. Но в нескольких проведенных исследованиях репрезентации мысленных образов рассматривались интроспективно, как феномены, методологически основываясь на взглядах Э. Гуссерля [15]. В англоязычных источниках, посвященных понятию «психологической репрезентации», речь идет о репрезентации некоторого объекта на уровне образов памяти или воображения. Поэтому в русскоязычной литературе на данную тематику репрезентация упоминается как некие «внутренние образы» предметов, явлений, ситуаций, которые переживаются и осмысливаются в отсутствие их праобраза [21]. Такой класс явлений Б.Г. Ананьев [22] и Б.Ф. Ломов [23], которые занимались разработкой проблематики, связанной с психологической репрезентацией, называли «вторичными образами». В настоящее время различают то, что принимается зрительным аппаратом человека и то, что воспринимается или репрезентируется его ментальными структурами. Мысленный образ трактуется как значимая часть внутренней репрезентации, которая отображает и способствует видоизменению информации об объектах, явлениях, событиях.

В современной науке существует более широкий взгляд на проблему репрезентации мысленных образов. К числу авторов, которые говорят о репрезентации как об особой форме обобщения при представлении реальности, относится М.Б. Ямпольский [24] – автор работ, посвященных истории репрезентации. При этом репрезентация наделяется чертами философской, культурологической и исторической категории. М. Б. Ямпольский говорит о том, что возможности научного применения данного понятия связаны, в первую очередь, с ее междисциплинарным характером. Такое понимание репрезентации способствует использованию в ее рамках широкого содержания, которое включает в себя предметы ряда научных дисциплин. При этом репрезентация как мысленный образ выступает в качестве теоретического конструкта, который позволяет моделировать процесс отражения доминирующих в общественном сознании идей о результатах человеческой деятельности [24]. М.Б.

Ямпольский доказывает, что в таких продуктах человеческого творчества, как архитектура, живопись, литература, воплощаются определенные социальные представления, которые отображают мироощущение определенной исторической эпохи.

З. Фрейд говорил о том, что репрезентация первоначально является кинестетической, относящейся к эмоционально-чувственной сфере, но при этом она обязательно должна «взаимодействовать», пересекаться со зрительной, а потом – и с вербальной репрезентативными системами (чтобы «описать это событие», «выразить аффект словами» [25, 147 – 149]). При этом пережитое событие становилось «вынесенным на свет» [25, 149] и обозначалось словесно, получало вербальное выражение.

Сторонники современной когнитивной психологии определяют репрезентацию как «конструкцию, зависящую от обстоятельств» [26, 5]. Репрезентации уникальны и построены в индивидуальном контексте. Когнитивные психологи под репрезентацией понимают некоторую теоретическую систему, которая создается для понимания, анализа, объяснения и прогнозирования поведения личности (т.е. это – все мысли, переживания и поступки личности, помогающие ей накапливать опыт и развиваться).

В своей работе мы исследуем особенности репрезентации самосознания, самости, «Я» личности, базируясь на позициях нарративного подхода, который в последнее время стал активно применяться в научных психологических исследованиях (чаще – зарубежных [27]). При этом жизненный путь каждой личности воспринимается как осмысленное целое, существующее для других в форме завершённой (или рассказанной как завершённой) истории, текста/рассказа/легенды о себе. Дневник – это разновидность существования нарративного текста, отражающего автобиографические события автора дневника и рефлексии на себя и на других. Все события, выделяемые автором как личностно значимые, переживаемые как оказывающие влияние на жизнь автора, важные в своих последствиях, вызывающие яркие переживания, эмоции и чувства нарратор отображает в своих дневниковых записях посредством текстовых репрезентаций. Психические репрезентации «Я» обязательно связаны с репрезентациями людей, персонажей, лиц, с которыми человек (автор нарратива – нарратор) встречается в повседневной жизни. Репрезентации «Я с другими» играют важную роль в обеспечении внутриличностной согласованности и вариабельности личностного функционирования [28, 105]. В связи с этим Дж. Капрарад [29] говорит о важности идеографических репрезентаций, основанных на самоотчетах, для выявления паттернов взаимосвязей в системе представлений индивида. Это позволяет получить информацию об особенностях когнитивных процессов личности.

В своей работе репрезентацию самосознания личности мы будем понимать как отображение внутреннего мира личности через знаковую систему, которое, с одной стороны, является преломлением внешних событий (через систему личностных смыслов), а, с другой, организует рефлексивный план личности, систему чувств, идей, переживаний.

В своем исследовании мы разводим данное понятие с термином «презентация», обозначающим, в свою очередь, «опубликование» себя, представление кому-нибудь. Термин «презентация» в контексте нашего исследования несет в первую очередь публичный характер (представление другому, другим), а термин «репрезентация» – субъективную нагрузку (представленность внутреннего плана личности во внешних формах).

Литература

1. *Чурилова Е.Е.* Особенности репрезентации самосознания в личных дневниках современных девушек: дисс. канд. психол. наук. – М.: МГПУ; МПГУ, 2012. – 214 с.
2. *Выготский Л.С.* Психология. – М.: Эксмо-Пресс , 2002. – С. 851 – 876.
3. *Бахтин М.М.* Эстетика словесного творчества. – М.: Искусство, 1979. – С. 7 – 162.
4. *Мухина В.С.* Личность: Мифы и Реальность (Альтернативный взгляд. Системный подход. Инновационные аспекты): 2-е изд., испр. и доп. – М.: Прометей, 2010. – С. 493 – 958.
5. *Рубинштейн С.Л.* Бытие и сознание. Человек и мир. – СПб.: Питер, 2003. – С. 3 – 317.
6. *Ярмиев М.З.* Репрезентация бедности как социальной проблемы в российских СМИ // Социологические исследования. – 2008. – № 4. – С. 67 – 72.
7. *Филимонова О. Е.* Эмоциология текста. Анализ репрезентации эмоций в английском тексте: учеб. пособие. – СПб.: Книжный Дом, 2007. – 448 с.
8. *Рогозина И.В.* Функции и структура медиа-картины мира // Методология современной психолингвистики: Сборник статей. – Барнаул: Изд-во Алт. ун-та., 2003. – С. 24 – 32.
9. *Бюлер К.* Теория языка. Репрезентативная функция языка: Пер. с нем. / Общ. ред. и коммент. Т.В. Булыгиной, вступ. ст. Т.В. Булыгиной и А.А. Леонтьева. – М.: Издательская группа «Прогресс», 2000. – 528 с.
10. *Скорик Н.В.* Языковая репрезентация эмоциональной парадигмы: на материале фразеологии английского языка: дисс. канд. филол. наук. – М.: МПГУ, 2009. – 175 с.

11. *Безрогов В.Г.* Историческое осмысление персонального опыта в автобиографии //Формы исторического сознания от поздней Античности до эпохи Возрождения (Исследования и тексты) //Сб. научн. тр. памяти К.Д.Авдеевой / Отв. ред. И.В. Кривушин. Иваново: Ивановский государственный университет, 2000. С. 130—174.; *Кошелева О.Е.* «Свое детство» в Древней Руси и в России эпохи Просвещения (XVI – XVIII вв.): Учебное пособие по педагогической антропологии и истории детства. – М.: Изд-во УРАО, 2000. – С. 17; *Безрогов В.Г., Кошелева О.Е.* Автобиографический нарратив и его роль в разработке гуманистического подхода к истории образования // Гуманистическая парадигма образования и воспитания: теоретические основы и исторический опыт реализации (конец XIX— 90-е гг. XX вв.). – М.: УРАО, 1998. – С. 141—143; *Безрогов В.Г., Кошелева О.Е.* Детство в зеркале автобиографии // Вестник Университета РАО. – 2001. – №1. – С. 105–124; *Безрогов В.Г., Кошелева О.Е., Мещеркина Е.Ю., Нуркова В.В.* Педагогическая антропология: феномен детства в воспоминания. – М.: Изд-во УРАО, 2001. — 192 с.; *Безрогов В.Г., Кошелева О.Е., Мещеркина Е.Ю.* Ребенок и его мир в зеркале воспоминаний: Методическое пособие по практике. – М.: УРАО, 1998. – 192 с.; *Бельчиков Н.* Мемуарная литература // Литературная энциклопедия. – М.: Советская энциклопедия, 1934. – Т.7. – С. 132.

12. *Ромашова М.В.* Репрезентация советского детства в мемуарной литературе рубежа XX и XXI вв. // Вестник Пермского университета. – 2005. – Вып. 5. История. – С. 56 – 65.

13. *Безрогов В.Г.* Автобиографии и социальный опыт // Социальная история: ежегодник. – 2001/2002. – СПб: Алетейя, 2002. – С. 532.

14. *Кохановский В.П.* История философии. – 7-е изд. – Ростов-н-Д.: Феникс, 2011. – С. 535 – 537.

15. *Гуссерль Э.* Идея феноменологии. – М.: Гуманитарная академия, 2008. – 224 с.

16. *Куприянова И.С.* Графические репрезентации гендерных отношений: опыт применения модификации методики «Рисунок человека» для диагностики характеристик гендерной идентичности // Московский психологический журнал. – 2004. – №2. – С. 53 – 62.

17. *Клецина И.С.* Психология гендерных отношений: Теория и практика. – М.: Алетейя, 2004. – 408 с.

18. *Столяренко Л.Д.* Психология делового общения и управления. — Ростов-н-Д.: Феникс, 2005. — 416 с.

19. *Крайг Г., Бокум Д.* Психология развития. – СПб.: Питер, 2010. – 944 с.

20. *Витгенштейн Л.* Избранные работы / Пер. с англ. и нем. В. Руднева. – М.: Территория будущего, 2005. – 440 с.

21. *While H.* The Content of the Form: Narrative Discourse and Historical Representation. – Baltimore; L., 1987; Knowing and Telling History: The Anglo-Saxon Debate / Ed. F. Ankersmit. History and Theory. 1986. B. 25; The Representation of Historical Events // History and Theory. 1987. B. 26; The Representation of Historical Events / History and Theory. 1987. B. 26.

22. *Ананьев Б.Г.* Человек как предмет познания. – СПб.: Питер, 2010. – 288 с.

23. *Ломов Б.Ф.* Методологические и теоретические проблемы психологии. – М.: Директмедиа Паблишинг, 2008. – 1174 с.

24. *Ямпольский М.Б.* Ткач и визионер. Очерки истории репрезентации, или о материальном и идеальном в культуре. – М.: Новое литературное обозрение, 2007. – 616 с.

25. *Дилтс Р.* Стратегии гениев. – М: Независимая фирма «Класс», 2011. – С. 147 – 149.

26. *Ришар Ж.Ф.* Ментальная активность. Понимание, рассуждение, нахождение решений. – М.: Институт психологии РАН, 1998. – С.5.

27. *Брунер Дж.* Жизнь как нарратив // Постнеклассическая психология. Социальный конструкционизм и нарративный подход. – 2005. – № 1 (2). – С. 9 – 30.; *Греймас А.Ж.* Структурная семантика. Поиск метода. — М.: Академический проект, 2004. — 368 с.; *Женетт Ж.* Повествовательный дискурс // Женетт Ж. Фигуры. В 2-х томах. Т. 2. — М.: Изд-во им. Сабашниковых, 1998. — 944 с.; *Ингарден Р.* Очерки по философии литературы / Пер. с польск. А. Ермилова, Б. Федорова; Под ред. А. Якушевича. — Благовещенск: БГК им. И. А. Бодуэна Де Куртенэ, 1999. – 184 с.; *Макадамс Д.П.* Психология жизненных историй // Методология и история психологии. – 2008. – Т. 3. – Вып. 3. – С. 135 – 161.; *Пропп В.Я.* Морфология сказки. — Л.: Academia, 1928. – 149 с.; *Рикер П.* Время и рассказ. – Т. 1. – Интрига и исторический рассказ. — М.: Университетская книга, 2000. – 187 с.; *Сарбин Т.Р.* Нарратив как базовая метафора для психологии // Постнеклассическая психология. –2004. – № 1. – С. 6 – 28.

28. *Флеминг Я.* Голдфингер: романы / пер. с англ. – М.: Центрполиграф, 1992. – С. 105.

29. *Капрарад Дж., Сервон Д.* Психология личности. – СПб.: Питер, 2003. – 640 с.

Магомедова М.Г.

к.п.н. заведующая кафедрой психологии ФГБОУ ВПО ДГТУ

ПРОФЕССИОНАЛЬНЫЕ ДЕФОРМАЦИИ ЛИЧНОСТИ

Известно, что труд положительно влияет на психику человека. С другой стороны, исследователи отмечают также, что многолетнее выполнение одной и той же профессиональной деятельности приводит к появлению профессиональной усталости, возникновению психологических барьеров, обеднению репертуара способов выполнения деятельности, утрате профессиональных умений и навыков, снижению работоспособности. Можно констатировать, что на стадии профессионализации по многим видам профессий происходит развитие профессиональных деформаций.

Профессиональная деформация личности — изменение качеств личности (стереотипов восприятия, ценностных ориентаций, характера, способов общения и поведения), которые наступают под влиянием длительного выполнения профессиональной деятельности. Вследствие неразрывного единства сознания и специфической деятельности формируется профессиональный тип личности. Самое большое влияние профессиональная деформация оказывает на личностные особенности представителей тех профессий, работа которых связана с людьми (чиновники, руководители, работники по кадрам, педагоги, психологи). Крайняя форма профессиональной деформации личности у них выражается в формальном, сугубо функциональном отношении к людям.

Это неосознанная привычка человека измерять явления окружающего мира в соответствии с профессиональными стандартами. Определенная зацикленность на том или ином аспекте профессиональной деятельности. Профессиональная деформация считается одним из отрицательных качеств профессионала.

Например, профессиональная деформация учителя заключается в том, что на уроке он в определенный момент начинает искусственно, даже с некоей параноидальной манией выискивать ошибки в работах учеников. Дома «деформированный» педагог начинает оценивать действия родственников, порой чересчур строго (мысленно измеряя все по 5-балльной шкале), анализирует приемлемость или неприемлемость действий незнакомых людей на улице, возмущается отсутствием культуры и т.п.

Профессиональная деформация менеджера по продажам туристических путевок заключается в том, что услышав рассказ знакомого о поездке в Нью-Йорк, он вместо вопросов о впечатлениях начинает задавать профессиональные вопросы типа «летели через Франкфурт или

Париж», «Американ Эрлайнз или Бритиш», «как с выдачей багажа в аэропорту Нью-Йорка» и т.п.

Профессиональная деформация личности может носить эпизодический или устойчивый, поверхностный или глобальный, положительный или отрицательный характер. Она проявляется в профессиональном жаргоне, в манерах поведения, даже в физическом облике. Частными случаями профессиональной деформации являются Административный восторг, Управленческая эрозия и Синдром эмоционального сгорания.

Профессиональные деформации нарушают целостность личности, снижают ее адаптивность, устойчивость, отрицательно сказываются на продуктивности деятельности.

Анализируя причины, препятствующие профессиональному развитию человека, А.К. Маркова указывает на возрастные изменения, профессиональные деформации, профессиональную усталость, монотонию (психическое состояние, возникающее в условиях однообразной работы; проявляется в скуке, ослаблении интереса к труду), длительную психическую напряженность, обусловленную сложными условиями труда, а также кризисы профессионального развития.

Можно констатировать: многолетнее выполнение одной и той же деятельности устоявшимися способами ведет к развитию профессионально нежелательных качеств и профессиональной дезадаптации специалистов.

Рассмотрим психологические детерминанты деформаций личности.

Предпосылки развития профессиональных деформаций коренятся уже в мотивах выбора профессии. Это как осознаваемые мотивы: социальная значимость, имидж, творческий характер, материальные блага,— так и неосознаваемые: стремление к власти, доминированию, самоутверждению.

Пусковым механизмом деформации становятся ожидания на стадии вхождения в самостоятельную профессиональную жизнь. Профессиональная реальность сильно отличается от представления, сформировавшегося у выпускника профессионального учебного заведения. Первые же трудности побуждают начинающего специалиста к поиску «кардинальных» методов работы. Неудачи, отрицательные эмоции, разочарования инициируют развитие профессиональной дезадаптации личности.

В процессе выполнения профессиональной деятельности специалист повторяет одни и те же действия и операции. В типичных условиях труда становится неизбежным образование стереотипов осуществления профессиональных функций, действий, операций.Они упрощают выполнение профессиональной деятельности, повышают ее определенность, облегчают взаимоотношения с коллегами. Стереотипы придают профессиональной жизни стабильность, способствуют формированию опыта и индивидуального стиля деятельности. Можно констатировать, что профессиональные стереотипы обладают несомненными достоинствами для человека и являются основой образования многих профессиональных деформаций личности.

Список литературы

1. Михеев В.И. Социально-психологические аспекты управления. Стиль и методы работы руководителя. – М.: Экономика, 1975. – 215с.
2. Менеджмент. Учебник / под ред. д.э.н. проф. В.В. Томилова М.: Юрайт, 2003. – 591 с.
3. Мескон М.Х., Альберт М., Хедоури Ф. Основы менеджмента. – М.: Экономика, 1992. – 658 с.
4. Общий и специальный менеджмент. Учебник / под ред. д.э.н. проф. Галоненко А.А. – М.: РАГС, 2002. – 568 с.
5. Сухов А.Н., Бодалев А.А., Казанцева В.Н. и др. Социальная психология. – М.: Академия, 2001. – 600 с.
6. Таранов П.С. Приемы влияния на людей. – М.: ФАИР-ПРЕСС, 2002. – 278 с.
7. Типы руководителей – стили управления. – Новосибирск, Академия, 1992. – 168 с.
8. Уткин Э.А. Курс менеджмента. – М.: Зерцало, 2001. - 448 с.
9. Устюжанин А.П., Утюмов Ю.А. Социально-психологические аспекты управления коллективом. – М.: Академия, 1993. – 356 с.

Зиновьева С.А., Козлов С.А., Маркин С.С.

Зиновьева Светлана Александровна, доцент, канд. биол. наук, доцент кафедры скотоводства и коневодства ФГБОУ ВПО «Московская государственная академия ветеринарной медицины и биотехнологии имени К.И. Скрябина.

Козлов Сергей Анатольевич, проф., докт. биол. наук, заведующий кафедрой скотоводства и коневодства ФГБОУ ВПО «Московская государственная академия ветеринарной медицины и биотехнологии имени К.И. Скрябина». E-mail: ksa64@mail.ru

Маркин Сергей Сергеевич, доцент, канд. с.-х. наук, доцент кафедры скотоводства и коневодства ФГБОУ ВПО «Московская государственная академия ветеринарной медицины и биотехнологии имени К.И. Скрябина».

ДИНАМИКА УРОВНЯ СТЕРОИДНЫХ ГОРМОНОВ В КРОВИ РЫСИСТЫХ ЛОШАДЕЙ НА РАЗНЫХ ЭТАПАХ ИППОДРОМНОГО ТРЕНИНГА

Важную роль в обеспечении спортивной работоспособности играет гипофизарно-надпочечниковая система, поэтому ее функциональная устойчивость является одним из важных факторов, определяющих спортивные достижения. Адаптация к физическим нагрузкам – это, прежде всего, адаптация к стрессу. Наиболее ярко адаптивная роль эндокринной системы проявляется именно при стресс-реакциях. Необходимость в гормональных адаптационных механизмах, как для управления специфическими гомеостатическими реакциями, так и для развертывания механизма общей адаптации, обусловливает значительные изменения в секреторной активности многих эндокринных желез [1, 66; 2, 17]. В связи с этим, цель нашего исследования состояла в изучении динамики стероидных гормонов в крови рысистых лошадей на разных этапах ипподромного тренинга. Объектом исследования являлись лошади русской рысистой породы трехлетнего возраста обоего пола, проходящие ипподромный тренинг, содержащиеся в одном тренировочном отделении Центрального Московского ипподрома. В их крови радиоиммунометодом определяли содержание кортизола, эстрогена и тестостерона в начале (ноябрь) и в конце (апрель) начального периода ипподромного тренинга в состоянии относительного покоя и тотчас после выполнения стандартной нагрузки. При анализе содержания гормонов в крови трехлетних лошадей на разных этапах тренировочного цикла обращает на себя внимание их разнонаправленные изменения (таблица 1). В состоянии относительного покоя у жеребцов наблюдается понижение содержания тестостерона и достоверное повышение эстрадиола (разность концентраций достигает 10-ти кратного размера в пользу эстрадиола). При этом уровень основного гормона адаптации - кортизола минимален и соответствует концентрации в крови нетренированных лошадей. Следует отметить, что возраст физиологической зрелости, который, как известно, наступает в 36 месяцев, характеризуется поддержанием относительно невысокого уровня тестостерона, во время отсутствия чрезмерных физических и половых нагрузок, то есть в период отдыха. При этом кора надпочечников синтезирует субстрат, необходимый для производства стероидных гормонов в достаточном количестве. В случае экономного расходования стероидов в отсутствии активного потребления их мышцами, анаболизм превалирует над катаболизмом, поддерживая достаточно высокий уровень последнего звена цепочки синтеза стероидных гормонов – эстрадиола. Что же касается кобыл, то уровень этого полового гормона в их крови в период относительного покоя на начальном этапе ипподромного тренинга ниже, чем у жеребцов, отмечаемый на фоне более чем 2-х кратного превышения уровня кортизола. В связи с этим, можно предположить, что кобылы, имея более лабильную и чувствительную психику, активнее реагируют на факторы внешней среды, поддерживая в крови высокий уровень адаптивного гормона. В ответ на мышечную нагрузку организм лошадей, независимо от пола, демонстрирует повышение уровня стероидных гормонов, прежде всего, тестостерона и кортизола. На фоне довольно низкого уровня стероидных гормонов в крови в состоянии относительного покоя в начальный период ипподромного тренинга мышечная работа вызывает довольно значительные изменения: у жеребцов уровень тестостерона повышается более, чем в 3,6 раза, кортизола в 3,2 раза; у кобыл концентрация тестостерона увеличивается в 4,7 раз, а кортизола - в 1,5 раза. То есть, проявляются некоторые отличия в реакции организма лошадей разного пола в ответ на физические нагрузки. Содержание женского полового гормона эстрадиола повышается в ответ на физические нагрузки на 23% у жеребцов и уменьшается на 45% у кобыл. Учитывая более экономичный выброс гормонов в кровь при мышечной работе у кобыл, следует отметить, что в силу своей тревожности их организм поддерживает более высокий уровень готовности к стрессовым нагрузкам. Определенный интерес вызывает исследование изменений концентрации стероидных гормонов в ответ на регулярные нагрузки в различные периоды годового цикла ипподромного тренинга. Для этого нами было проанализировано состояние гормональной системы у лошадей трехлетнего возраста в конце подготовительного периода ипподромного тренинга. Анализ результатов, полученных после окончания начального этапа ипподромного тренинга, указывает на значительное изменение концентрации изучаемых нами гормонов в крови рысистых лошадей в сравнении с началом подготовительного периода ипподромного тренинга. Прежде всего, в состоянии относительного покоя у лошадей обоего пола наблюдается увеличение концентрации тестостерона на фоне уменьшения содержания женского полового гормона – эстрадиола. Так, у жеребцов концентрация эстрадиола снижается в 25 раз, а у кобыл в 28 раз. Уровень кортизола, напротив – возрастает, хотя и менее значительно, особенно, у кобыл, всего лишь на 5%. Следовательно, повышенные требования интенсивного тренинга, предъявляемые к организму рысистых лошадей обоего пола, характерные для заключительного этапа подготовительного периода ипподромного тренинга, требуют поддержания достаточно высокого уровня гормонов, «задействованных» в этом сложном физиологическом процессе, прежде всего тестостерона, и, в меньшей степени, кортизола.

Таблица 1 - Концентрация стероидных гормонов в крови трехлетних лошадей в различные периоды ипподромного тренинга (пг/мл)

Вид нагрузки	Показатели	Период ипподромного тренинга					
		Начало			Окончание		
		Гормоны					
		тестостерон	эстрадиол	кортизол	тестостерон	эстрадиол	кортизол
Жеребцы							
В состоянии покоя	X	3,612	35,400	59,590	12,490	1,405	107,500
	m	0,515	0,312	0,142	0,134	0,366	0,164
После работы махом	X	13,225	43,550	190,600	16,470	1,785	355,950
	m	0,172	0,249	0,106	0,081	0,304	0,030
Кобылы							
В состоянии покоя	X	1,042	29,500	155,480	3,380	1,030	162,700
	m	1,990	0,016	1,619	0,295	0,090	0,210
После работы махом	X	4,757	20,167	227,480	1,030	21,00	204,600
	m	1,619	0,327	0,495	0,005	0,090	0,090

Реакция организма лошади на выполнение маховой нагрузки в конце подготовительного периода ипподромного тренинга, при которой резвость составляет до 75% от рекордной или потенциально возможной, в отличие от его начала, характеризуется менее значительными колебаниями уровня анализируемых гормонов. Уровень тестостерона, возросший в начале подготовительного тренинга в 6,3 раза, в конце этого тренировочного периода поднялся у жеребцов только в 1,3 раза, тогда как у кобыл - в 4,6 раза. В конце начального периода ипподромного тренинга содержание тестостерона в крови кобыл снизилось, в отличие от жеребцов, в 6,3 раза, это было отмечено на фоне резкого повышения уровня эстрадиола. Большая степень увеличения концентрации кортизола у жеребцов и кобыл наблюдается в ответ на нагрузку субмаксимальной интенсивности в конце подготовительного периода ипподромного тренинга. Концентрация кортизола в крови жеребцов повышается в 3,3 раза, в крови кобыл – в 1,3 раза. У кобыл потребность организма в женском половом гормоне достаточно высока и определяется регулярными половыми циклами. Уровень эстрадиола в период окончания подготовительного периода ипподромного тренинга значительно падает - почти в 30 раз, но маховая работа вызывает значительное, высоко достоверное его увеличение. Возможно, данное повышение связано не только с выполнением мышечной работы, но и с весенней активацией половой функции у кобыл, совпадающей с последним этапом подготовительного этапа ипподромного тренинга.

Можно предположить, что лошади, прошедшие годовой цикл ипподромной тренировки, более адаптированы к регулярному тренингу и напряженным испытаниям. При этом организм жеребцов более подготовлен к значительным нагрузкам. Кобылы, как более лабильные и чувствительные к изменениям внешней среды, на мышечные нагрузки напряженного тренинга отвечают перераспределением активности отдельных стероидных гормонов на фоне ярко выраженного их катаболизма. В их организме во время выполнения мышечной нагрузки тестостерон и кортизол используются органами - мишенями, а уровень эстрадиола, в сравнении с ними, остается значительным. Таким образом, в результате проведенного исследования можно заключить, что по мере повышения интенсивности и продолжительности ипподромного тренинга организм лошади приспосабливается поддерживать адекватный потребностям организма уровень гормонов, активно участвующих в мышечной деятельности, прежде всего тестостерона и кортизола.

Литература

1. Алексеев М.Ю., Леонова М.А. Гормональная оценка адаптивных качеств рысистого молодняка. - Сб. науч. тр.- «Перспективы совершенствования конских пород на основе достижений научно-технического прогресса». - ВНИИК, 1986.- С. 64-68.

2. Алексеев М.Ю. Роль кортикостероидов и андрогенов в адаптации лошадей к мышечным нагрузкам. - Сб. науч. тр.- «Физиологические основы повышения продуктивности сельскохозяйственных животных». - ВНИИК,1995. - С.17.

Аладина О.Н. - профессор, д.с.х.н., **Акимова С.В.** - доцент, к.с.х.н., **Буянов И.Н.** - аспирант (РГАУ-МСХА имени К.А. Тимирязева, г.Москва), **Ясир Сайел Секхи** - магистрант (Университет АНБАР, г. Анбар, Ирак)

ПРИМЕНЕНИЕ ЭКОГЕЛЯ ПРИ АДАПТАЦИИ IN VITRO РАСТЕНИЙ МАЛИНЫ К НЕСТЕРИЛЬНЫМ УСЛОВИЯМ

Пересадка in vitro растений в субстрат является ответственным и трудоемким этапом, завершающим процесс клонального микроразмножения т.к. на этом этапе необходимо поддерживать в оптимальных значениях целый комплекс факторов. При пересадке в нестерильные условия процент гибели может быть весьма существенным, если растения не смогли преодолеть стрессы, возникающие при адаптации.

По современным представлениям большое влияние на повышение устойчивости к неблагоприятным условиям и на способность растения преобразовать свой культуральный фенотип в типичный для условий in vivo могут оказывать имунномоделирующие биологически активные вещества.

Для повышения устойчивости к патогенам и стрессам перспективныыми являются биогенные элиситоры - метаболиты, вырабатываемые патогенами, которые растение-хозяин использует для индукции в организме защитных реакций. Элиситоры являются одним из факторов индуцированного, приобретенного иммунитета путем регулирования фитоалексинов и запуска так называемых PR белков (pathogenesis related), которые также участвуют в формировании иммунитета у растений.

Способность вызывать у растений системную и продолжительную устойчивость к биотическим и абиотическим факторам является чрезвычайно существенным преимуществом хитина и его деацетилированного производного – хитозана [1, 112]. И хитин, и хитозан являются нетоксичными, биоразлагаемыми, биосовместимыми полимерами. При отсутствии токсичности эти биополимеры обладают физиологической активностью. Известна положительная роль хитозана при вегетативном размножении садовых растений стеблевыми черенками [2, 109].

Новый биологически активный комплекс Экогель получен на основе хитозана (1-4)-2-Амино-2-Дезокси-b-D-глюкана) с применением технологий магнитного структурирования и обогащения ионами серебра и представляет собой бета-глюкановую композицию, обладающую физиологической активностью. Действие препарата основано на активации синтеза в растении антибиотических веществ и ферментов, повышающих устойчивость к грибным и бактериальным заболеваниям, неблагоприятным внешним факторам, активирует корнеобразование и рост.

Методика

Исследования выполняли в лаборатории плодоводства РГАУ-МСХА имени К.А. Тимирязева в 2012-13 гг. Объекты исследования - микрорастения малины красной (сорта Геракл, Желтый Гигант) и малино-ежевичного гибрида (сорт Тайберри).

При микроразмножении экспланты культивировали на питательной среде Мурасиге-Скуга (MS), содержащей основные макро-, микроэлементы и следующие вещества (мг/л): B_1, B_6, PP (по 0,5), мезоинозитол (100), глицин (2), ИМК (0,1), сахарозу (30000) и агар (7000). Культуры инкубировали в условиях световой комнаты при интенсивности света 2000 лк, температуре 22° С и 16-ти часовом фотопериоде. Концентрация 6-БАП варьировала в зависимости от сортовых особенностей и количества пассажей (1-1,5 мг/л). Содержание хелата железа на этапе микроразмножения увеличивали в 1,5 раза. Для укоренения отбирали побеги длиной не менее 1,5 см, среда укоренения содержала ½ концентрацию макросолей, витамины, микросоли, хелат железа по прописи, ИМК 1 мг/л. Регенеранты переносили в обогреваемые зимние теплицы и пересаживали из пробирок в пластиковые кассеты с ячейками небольшого объема. Субстрат - торф верховой : перлит = 2:1.

Перед посадкой в теплицу растения целиком замачивали в растворе экогеля (30 и 40 мл/л). Экспозиция: 0,5, 1 и 5 часов.

Часть неукорененных микропобегов с. Тайберри, пересаживали в нестерильные условия для одновременных укоренения и адаптации после обработки Экогелем (30-40 мг/л), а часть - в субстрат, насыщенный раствором препарата (30 мг/л) (в контроле субстрат обрабатывали водой, в дополнительном контроле - вдвое разбавленной минеральной основой среды MS). Повторность четырехкратная, в повторности - по 30 микрорастений.

Результаты исследований

Оценивали влияние обработки микрорастений малины (Геракл Желтый гигант) и малиново-ежевичного гибрида (Тайберри) при пересадке в нестерильные условия экологически безопасным препаратом экогель на приживаемость in vitro растений, величину прироста, общую площадь листьев, в т.ч. вновь сформированных и выход жизнеспособных корнесобственных растений.

В первых опытах в нестерильные условия пересаживали укорененные пробирочные растения малины. Достоверные различия с контролем по приживаемости и развитию микрорастений трудноразмножаемого ремонтантного сорта малины Геракл получены при кратковременной (30 минут) обработке регенерантов препаратом экогель в концентрации 40 мг/л: приживаемость 70 против 43% в контроле. Доля микрорастений с хорошо развитой надземной частью составляет 87%, что в 2 раза выше, чем в контрольном варианте (табл. 1).

Таблица 1 – Влияние экогеля на приживаемость и развитие микрорастений малины и малиново-ежевичного гибрида при адаптации к нестерильным условиям.

Вариант	Конц ентра ция, мг/л	Экспоз иция, часов	Приж иваем ость, %	Доля растений с хорошо развитой надземной частью, %	Средняя величина прироста, см	Общая площадь листьев, см^2	Выход жизнесп особных адаптир ованных растени й, %
Сорт Геракл							
Контроль	-	-	42,6	37,5	2,0	17,4	48,2
Экогель	30	0,5	46,4	41,7	2,5	29,1	55,7
		2	45,9	38,4	2,1	19,3	53,6
		5	65,4	12,7	2,1	21,4	38,4
	40	0,5	69,8	86,9	2,7	32,3	86,6
		2	42,2	25,2	2,1	17,9	80,4
		5	34,3	3,7	2,0	16,4	16,7
Сорт Тайберри							
Контроль	-		70,2	28,5	1,1	16,1	30,5
Экогель	30	0,5	92,7	27,4	1,9	20,1	27,4
		2	90,4	32,1	1,7	17,2	32,1
		5	85,4	25,2	1,8	16,0	25,2
	40	0,5	93,1	34,2	1,9	21,3	50,6
		2	84,7	23,4	1,5	16,5	23,4
		5	65,9	12,4	1,1	16,1	10,7
	НСР$_{05}$		14,2	11,6	0,5	3,2	15,9

При длительной обработке низкими концентрациями (30 мг/л) также достигается высокая приживаемость регенерантов, но качество растений после акклиматизации значительно ниже, чем в контроле.

Сорт малиново-ежевичного гибрида Тайберри размножается легче, чем сорт Геракл: приживаемость регенерантов после пересадки в контроле в 1,6 раза выше, чем у малины Геракл. Однако и в этом случае применение элиситора оправдано. Даже при кратковременной обработке микрорастений перед посадкой экогелем (30-40 мг/л) их приживаемость в субстрате увеличивается на 20-23%, хотя по выходу жизнеспособных растений следует все же признать преимущество более высокой концентрации (50 против 30% в контроле). Следует отметить также, что несмотря на то, что при акклиматизации с. Тайберри удается практически полностью сохранить in vitro растения, однако последние отличаются более замедленным начальным ростом и слабым развитием корней и листовой поверхности.

Большой интерес представляет возможность акклиматизации неукорененных микропобегов малины ex vitro. При этом корнеобразование протекает одновременно с процессом адаптации к нестерильным условиям, а исключение этапа укоренения in vitro существенно сокращает весь технологический цикл.

В опытах с легко размножаемым сортом малины Желтый Гигант обработка микропобегов экогелем (30 мг/л) в течение двух часов оказала положительное влияние на их ризогенную активность: начало корнеобразования ускорилось на 10 дней, а укореняемость увеличилась до 80-100% против 65% - в контроле. В этом варианте через месяц после акклиматизации растений суммарная длина корней превысила контрольные значения в 1,8 раза.

Таблица 2 – Влияние экогеля и способа его применения на укореняемость микрочеренков малиново-ежевичного гибрида (Тайберри) ex vitro и развитие регенерантов при их акклиматизации

Вариант	Концентрация, мг/л	Экспозиция, часов	Укореняемость, %	Доля растений с хорошо развитой надземной частью, %	Средняя величина прироста, см	Общая площадь листьев, см^2	Выход жизнеспособных адаптированных растений, %
обработка микрочеренков							
Контроль	-		42,4	30,7	1,8	18,1	32,3
Экогель	30	0,5	35,7	25,7	1,7	21,1	25,3
		2	53,8	30,9	1,7	16,0	36,4
		5	60,4	35,4	1,7	21,2	46,4
	40	0,5	67,9	40,8	2,1	25,3	50,2
		2	49,8	12,4	1,6	16,1	35,7
		5	31,4	23,6	1,7	16,5	23,1
обработка субстрата							
Вода	-		49,2	32,5	1,8	18,3	32,5
MS*	-		62,3	65,3	2,6	24,7	76,8
Экогель	30		84,6	80,6	3,5	42,9	89,7
HCP$_{05}$			11,2	19,6	0,6	5,1	19,4

MS* - вдвое разбавленная минеральная основа питательной среды Мурасиге-Скуга

При акклиматизации гибридного сорта Тайберри заметный положительный результат по совокупности показателей отмечен при кратковременной обработке микропобегов экогелем в концентрации 40 мг/л (табл. 2).

В этом варианте обращает на себя внимание хорошее развитие растений при сравнительно высокой укореняемости побегов ex vitro (69%) (табл. 2). Но в целом, как и следовало ожидать, выход хорошо развитых регенерантов через месяц после пересадки микрочеренков в субстрат значительно ниже, чем при акклиматизации уже укорененных интактных растений.

В этой связи весьма перспективным способом оказалась предварительная обработка экогелем самого субстрата. Повышение устойчивости стерильных растений к неблагоприятным внешним факторам под влиянием экогеля обеспечило достоверные различия с контролем не только по укореняемости микрочеренков ex vitro (84 против 49% в контроле), но также хорошие темпы роста регенерантов и высокий выход (89%) сильных жизнеспособных растений, пригодных для перевалки в контейнеры (табл.2).

По всем показателям вариант превосходит также дополнительный контроль - насыщение субстрата вдвое разбавленной минеральной основой среды MS, на которой культивировали экспланты в культуре in vitro.

Литература

1.   Озерецковская О.Л., Васюкова Н.И., Зиновьева С.В. Хитозан как элиситор индуцированной устойчивости растений // Хитин и хитозан: получение, свойства и применение. – М.: Наука, 2002. – 368 с.;

2.   Поликарпова Ф.Я. Влияние лактата хитозана на индукцию ризогенеза у стеблевых черенков садовых культур // Материалы VII Международной конференции «Современные перспективы в исследовании хитина и хитозана». – М.: ВНИРО, 2003. – С. 108-111.

Докин Б.Д. - профессор, докт. техн. наук, **Мартынова В.Л.** - с.н.с.,канд. техн. наук, **Ёлкин О.В.** - канд. техн. наук

ВЫБОР ТЕХНОЛОГИЙ И ТЕХНИЧЕСКИХ СРЕДСТВ ДЛЯ МОДЕРНИЗАЦИИ РАСТЕНИЕВОДСТВА СИБИРИ

По данным ВИМа в Россию из-за рубежа поставляют тракторы тринадцати фирм 78 модификаций. В Новосибирскую область тракторы поставляют 34 фирмы 128 марок, а комбайны – 23 фирмы 65 модификаций. ОПХ «Кремлёвское» был приобретен посевной комплекс «Рапид» с трактором, не имея ни одного гектара, подготовленного под нулевую обработку почвы. Этот комплекс не пошел и в условиях ряда других сельхозпредприятий Новосибирской области, в связи с чем, они вынуждены были приобрести посевной комплекс «Джон-Дир-730». Это означает, что ни Министерство сельского хозяйства России, ни МСХ регионов СФО не определили технологическую и техническую политику модернизации сельскохозяйственного производства. В то время как в соответствии Постановлением Правительства РФ от 14 июня 2012 г. рекомендовано разработать всем субъектам РФ региональные программы перевода отрасли на новую технологическую основу.

Исследователи – агрономы обычно выбирают технологии по урожайности, например, зерновых культур. Специалистами СибНИИЗХима СО Россельхозакадемии была проанализирована эффективность систем основной обработки почвы в пятипольном зерновом севообороте [1, 18] при интенсивной технологии. Урожайность зерновых культур при вспашке составила 26,3 ц/га, а при минимальной обработке почвы – 25,1 ц/га. Показатель урожайности сельскохозяйственных культур является необходимым критерием, но недостаточным при выборе той или иной технологии.

По формуле К. Маркса «деньги – товар – деньги» урожайность нужно довести до товара. При этом необходимо рассматривать не отдельные технологические операции, а технологию получения зернового продукта в целом. Это значит – необходимо рассчитывать эксплуатационные затраты на выполнение каждой технологической операции. Принцип необходимости и достаточности соблюдается, если при выборе технологий используются показатели урожайности сельхозкультур и себестоимости их производства. Для этого специалистами ГНУ СибИМЭ был разработан «метод сквозного просмотра вариантов годовых комплексов полевых работ» [2, 249].

В ГНУ СибИМЭ Россельхозакадемии были проведены сравнительные расчеты потребности в технике, кадрах механизаторов, стоимости и эксплуатационных затратах МТП, которые приводятся в таблице 1-2.

Таблица 1. Интенсивная технология на базе вспашки

Показатели	Марки тракторов		
	К-744Р1	Т-150К	ДТ-75М
Количество тракторов, шт.	14	17	26
Стоимость МТП, млн. р.	102,6	72,8	68,0
Эксплуатационные затраты, млн. р.	33,8	25,2	21,9
Потребность в трактористах, чел.	14	17	26

Таблица 2. Интенсивная технология на базе минимальной обработки почвы

Показатели	Марки тракторов		
	К-744Р1	Т-150К	Джон-Дир
Количество тракторов, шт.	6	10	2
Стоимость МТП, млн. р.	65,7	61,8	61,3
Эксплуатационные затраты, млн. р.	17,0	13,1	25,7
Потребность в трактористах, чел.	6	10	2

Специалисты СибИМЭ отошли от обоснования оптимального состава машинно-тракторного парка сельхозпредприятий, поскольку, кроме приведенных или эксплуатационных затрат необходимо учитывать и другие ограниченные ресурсы (трудовые, качество и потеря сельскохозяйственной продукции и т. д.). Метод сквозного просмотра вариантов годовых комплексов полевых работ позволяет получать типовые проекты альтернативных вариантов технологий и технических средств.

Для конкретных сельхозпредприятий на основе этих типовых проектов производится выбор технологий и технических средств, в зависимости от их финансового и трудового обеспечения.

Литература

1. Власенко А.Н., Шарков И.Н., Иодко Л.Н. Экономические аспекты минимализации основной обработки почвы // Земледелие. – 2006. – №5. – С.18 – 20

2. Докин Б.Д., Ёлкин О.В. Методика проектирования состава МТП с помощью метода сквозного просмотра вариантов годовых комплексов полевых работ// Аграрная наука – сельскому: сб. статей: в 3 кн./ IY Международная научно-практическая конференция. – Барнаул: Изд-во АГАУ, 2009. – Кн.1. – С. 249-252.

Васильева И.А.

доцент, к.соц.н., Северо-Кавказский Федеральный университет,
филиал в г. Пятигорске

ВЗГЛЯД НА МЕЖЭТНИЧЕСКИЕ КОНФЛИКТЫ И СЕВЕРНЫЙ КАВКАЗ СЕГОДНЯ

Историография межэтнических конфликтов на «постсоветском пространстве» претерпела глубокую эволюцию, отражающую изменения в историографии советского и постсоветского «национального вопроса» в целом. Эта эволюция выразилась в смене различных господствующих точек зрения, как в политических, так и в научных кругах.

Исследования показали, что большинство открытых межэтнических конфликтов и проявлений насилия, как в СССР периода перестройки, так и в постсоветских государствах было связано со стремлением утвердить новую государственность для тех этнических групп, которые ей не обладали или обладали в ограниченной степени. Это стремление отражает, в первую очередь, интересы этнополитических элит. Националистически настроенные политики могут использовать в своих интересах объективные межнациональные противоречия и инспирировать открытое противостояние [1].

Многие исследователи и политические деятели считают Северный Кавказ «ахиллесовой пятой» Российской Федерации. Для таких утверждений имеются определенные основания, и прежде всего, это то, что данный регион России наиболее полиэтичен. Северный Кавказ – это то не только край, где сосуществует множество этнических групп, но ситуация в этом регионе исторически обременена конфликтами. Одна из наиболее известных точек зрения межнациональных конфликтов в том, что в основе столкновения лежит культурная несовместимость народов и прежде всего несовместимость между евро-христианской и азиатско-мусульманской цивилизациями [2].

Для России как многонационального, многоэтнического государства именно данная проблематика выдвигается ныне на первый план. Межнациональные отношения - легко воспламеняющийся материал. Зоны напряженности при сравнительно небольших ошибках в отношении к местным властям могут быстро трансформироваться в конфликты, а если в этих конфликтах будет применено насилие, то неизбежно возникновение кризиса, который будет иметь затяжной характер. Ощущаемой взрывоопасностью межнациональных отношений объясняется серьезная озабоченность общественного мнения этнополитическими конфликтами, обнаруживающаяся во всех опросах. Именно в этих конфликтах не без основания видят одну из самых больших угроз сохранению России [2].

Межнациональные конфликты в Российской Федерации имеют как конкретно-исторические объективные, так и субъективные причины. Причинами могут быть общественно-политические, социально-экономические проблемы – нарастание социальной напряженности, политическая борьба, коррумпированность бюрократических структур, паралич власти, ущемление прав и свобод, национальных меньшинств.

Кавказская политика характеризуется непоследовательностью и несогласованностью действий, попытками решить сложнейшие этнополитические вопросы наскоками (отдельными поездками) [3]. Она переполнена стереотипами, символами и импровизациями. Религиозный фактор - неприкрытое заигрывание властей с радикально настроенными религиозными деятелями резко усиливает этнополитическую напряженность, слияние этнополитического экстремизма с религиозным [4].

На Кавказе совершается большое количество террористических актов. Беззаконие и коррупция, террористические разборки и торговля оружием нередко осуществляются с участием местных этнополитических элит. К сожалению, такое положение дел в регионе выгодно не только бандитам, но и некоторым чиновникам, чья преступная бездеятельность приносит им политические и финансовые дивиденды.

Межнациональный конфликт имеет свои этапы, стадии механизмы развития и решения. Наибольшую опасность для общества представляют вооруженные конфликты. Также истоком и основой межнационального конфликта могут быть столкновение интересов этносов. Вначале они могут иметь разные побудительные причины, но в своем развитии они неизменно приобретают характер межнационального противоречия. В моменты обострения конфликта стороны банально полагают, что их уже ничто не может примирить. Но история свидетельствует не только о конфликтности и противостоянии этнических общностей, но и о сотрудничестве и сплочении, при появлении общих целей или угрозы общему существованию. Из истории российского государства мы знаем много примеров единения ее народов перед лицом угроз общего врага.

Ряд ученых и политических деятелей утверждают, что в основе межэтнической напряженности на Юге России, в том числе и на Северном Кавказе, являются процессы, связанные со сложившейся здесь теневой экономикой и коррупцией в структурах власти. Это подрывает эффективность социальной политики, приводит к массовой безработице, которая достигла в 2010 году в ЮФО по официальным данным около 600 тысяч безработных при большой избыточности трудовых ресурсов еще до кризиса, охватившего мировую экономику. Это, в свою очередь, породило в республиках Северного Кавказа кризис власти, замешанный на криминальных событиях [5].

В этих условиях стремление политических элит прийти к власти на волне социальной неудовлетворенности стало фактором этносоциальной и политической напряженности в регионе. Причем в силу высокой полиэтничности населения и существования республик с двумя титульными этносами, речь идет не, только о противоречиях с местным русским населением, а больше о сложившейся конкуренции среди самих северокавказских этносов. Поэтому межэтнические конфликты и их специфика на Северном Кавказе проявляются, прежде всего, в борьбе политических элит во властных структурах за контроль над природными ресурсами, государственными дотациями и теневой экономикой, что отражается над этнической и религиозной ситуацией, в межклановых отношениях в регионе.

В настоящее время на Северном Кавказе не только происходят межэтнические противоречия и конфликты, но и усиливаются более изощренные технологии их разжигания. Так, средства массовой информации временами распространяют негативное мнение на часть российских граждан по этноконфессиональному признаку, заведомо формируя «образ» социальных типов из «лиц кавказской национальности», представляя их политическими и религиозными экстремистами. В результате на уровне массового сознания происходит отождествление политического и религиозного сепаратизма и экстремизма, которые вовлекают часть населения, в особенности молодежь, в терроризм, радикальные вероучения и сектантство. Все это наглядно проявляется в Дагестане, Чечне, Кабардино- Балкарии, Карачаево-Черкесии, Ингушетии и в Ставропольском крае, порождая правящей и контрэлитой ложные идеологические представления и искаженные ценности в сознании людей в период построения гражданского общества и правового государства [5].

Проблемы, противоречия и конфликты в сфере национальных отношений является сложной и специфической частью социальной реальности. Недооценка их чревата серьезными последствиями для общественного развития, а это требует раскрытие причин, порождающих проблемы, противоречия и национальные конфликты, поиски вариантов решения и возможностей управления ситуациями и их возможными социальными последствиями. Но наиболее эффективный способ разрешения любого конфликта, в том числе и национального, это его предотвращение. И здесь очень важную роль играет национальная политика государства.

Многонациональное общество изначально менее стабильно и больше подвержено межнациональным конфликтам, чем этнически однородное общество. Суть национального вопроса сводится к тому, как сохранить баланс интересов всех наций и народностей, проживающих на территории Российской Федерации. В современных условиях все более очевидной становится проблема необходимости выработки новой национальной политики, в которой особое внимание должно уделяться формированию общегражданского национального самосознания населения страны, которое должно доминировать над локальными этнокультурными различиями

Государственная национальная политика России начала XXI века должна быть стратегически ориентированной на предупреждение и урегулирование межнациональных противоречий и конфликтов на основе перспективного формирования экономических, правовых, политических и социально-психологических условий, предусматривающих решение всех межнациональных проблем в рамках единой национальной программы.

Исторический опыт свидетельствует, что при сильной центральной власти, политической и социально-экономической стабильности в обществе, при предпринимаемых правительством мерах по улучшению материального положения и сохранению этнокультурной самобытности, уровень межнациональной напряженности находится на низком уровне.

За последние годы достаточно сильно изменились состояние межнациональных отношений и характер конфликтов. Удалось снизить накал открытых массовых вооруженных конфликтов и их последствий.

Довольно часто при обсуждении вопросов, связанных с обострением межнациональных отношений, мнение простого народа мало кого интересует. Втянутый в межнациональный конфликт, он становится орудием в руках разного рода нечистоплотных политиков и лженационалпатриотов. За каждым межнациональным конфликтом стоят драма народов, исковерканные человеческие судьбы. Самое опасное в таких конфликтах – появление злобы и ненависти между народами, которые совсем недавно мирно существовали, не задумываясь о национальной принадлежности. Перенос в память будущих поколений старых обид, несправедливости, которые не были сняты или не получили правовой государственной оценки, должного общественного порицания. Такие явления могут в будущем подталкивать этнические группы к более радикальным шагам, вплоть до вооруженного конфликта.

Необходимо принять комплекс мер общегосударственного масштаба: в политической, социально-экономической сфере в системе образования и просвещения, в области культуры и СМИ. При этом нельзя игнорировать исторический опыт добрососедского сосуществования носителей различных культур и религий в многонациональной России на протяжении многих веков. Вместе с тем важное место в деле достижения межнационального мира и согласия в России, должны занять общественные институты и традиционные российские религиозные конфессии.

Главной задачей государственной национальной политики является согласование интересов всех проживающих в стране народов, обеспечение правовой и материальной основы для их развития на основе их добровольного, равноправного и взаимовыгодного сотрудничества. Учет этно-национальных особенностей в жизни социума должен осуществляться в границах соблюдений прав человека. Путь к гармонизации межэтнических отношений лежит в значительной степени через культуру.

Кавказ - важнейший регион, где сегодня проходят испытание на прочность не межнациональные отношения, но и вся модель национально-государственного устройства России, и система федеративных отношений. Не только России нужен Северный Кавказ и Северному Кавказу нужна Россия. Кавказ-это Россия, и не в меньшей степени, чем любой другой регион страны [6].

Таким образом, государственная национальная политика должна быть ориентирована на создание условий, позволяющих каждому народу сохранить национальное достоинство, самосознание, осуществлять свою национальную независимость и свободное развитие, определять свою судьбу. И в то же время, национальная политика должна быть направлена на поддержание духа межнационального общения. Принцип самоидентификации народов и принцип их общения между собой, сотрудничества не должны вступать в противоречие друг с другом. Это позволит избежать межэтнический напряженности и конфликтов между народами.

Литература:

1. Киреев Х. «Этносы и конфессии», 2012 г.
2. Алиева Э.К. «Причины этнополитических конфликтов На Северном Кавказе», Дагестан, 2012 г.
3. Нансо Д.А. «Современный быт и культура народов Кавказа», Ставрополь, 1983 г.
4. Дружинин В.В., Конторов М.Д., Конторов Д.С. «Введение в теорию конфликта», М., 1989 г.
5. Коркмазов А.Ю. «Природа и специфика межэтнических конфликтов на Северном Кавказе», 2011 г.
6. Абдулатипов Р. «Национальный вопрос и государственное устройство России», М., 2000 г.

УДК 621-21-9

Соколов В.А.

профессор кафедры «Строительная механика и строительные конструкции», к.т.н.

Санкт-Петербургский государственный политехнический университет

e-mail: sva0808@rumbler.ru

СТАТИСТИЧЕСКИЕ МЕТОДЫ ТЕХНИЧЕСКОЙ ДИАГНОСТИКИ ПРИ РАСПОЗНАВАНИИ СОСТОЯНИЙ СТРОИТЕЛЬНЫХ КОНСТРУКЦИЙ ЗДАНИЙ

Одним из основных *статистических методов* технической диагностики является *метод Байеса*, занимающий особое место в теории распознавания благодаря своей простоте, наглядности и широкому применению в технике и медицине. В [1, 380] этот метод рассмотрен подробно применительно к решению задач по диагностике технического состояний конструктивных элементов зданий. Представлен вывод формулы Байеса от простого вида до обобщенного, когда диагностирование может быть осуществлено для любого количества состояний, необходимого для получения полной диагностической картины исследуемого объекта, и любого количества диагностических признаков и их разрядов. Все зависит от наличия, полноты и представительности имеющейся на момент диагностирования статистической информации.

Вообще по поводу байесовского подхода в задачах распознавания состояний любой системы стоит отметить следующее. Многие задачи в этой области независимо от методов их решения обладают общим свойством: до того, как получен конкретный набор данных, для изучаемой ситуации в качестве потенциально приемлемых рассматриваются только теоретико-вероятностные модели. После того, как данные получены, возникает выраженное в некотором виде знание об относительной приемлемости этих моделей. Одним из способов «пересмотра» этой относительной приемлемости теоретико-вероятностных моделей как раз и является байесовский подход. В последние десятилетия в статистическом анализе байесовские методы характеризуются чрезвычайным стремительным развитием. Причина этого состоит в том, что байесовский подход имеет ряд существенных преимуществ, которые делают его очень привлекательным для широкого применения.

Основное его отличие от других статистических подходов заключается в том, что даже до того, как получены статистические данные, эксперт, принимающий решение, рассматривает степень своего доверия к возможным моделям, представляя их просто в вероятностном виде. Как только данные получены, формула Байеса позволяет рассчитать новое множество вероятностных параметров, и те, в свою очередь, позволяют пересмотреть степень доверия к тем же возможным моделям, но уже учитывая новую информацию, поступившую благодаря полученным данным.

Статистические данные в реальных задачах анализа состояний объекта и задачах принятия решений бывают неполными и неточными, а зачастую отсутствуют в необходимом виде и объеме. Это делает использование многих традиционных статистических подходов не совсем корректным. Имеющаяся в распоряжении информация может содержать только субъективные данные в виде, допустим, экспертных оценок и суждений. Более того, ситуация, в которой приходится принимать решение, может быть вообще новой и никогда ранее не анализируемой, что особенно характерно для сложных технических систем и, особенно, для уникальных объектов (например, строительных). Такие особенности усложняют процесс принятия решений и могут вообще поставить под сомнение какие-либо выводы и заключения. Байесовский подход в этой ситуации оказывается весьма полезным и эффективным, т. к. он позволяет использовать в своих расчетных процедурах опыт и знания эксперта практически в полной мере.

Метод Байеса для диагностики состояний строительных конструкций в отечественной практике ранее не использовался. Поскольку он применим, как отмечено, при рассмотрении любого приемлемого количества состояний (в строительной практике – это может быть от двух до пяти [1, 378]), то он сам по себе даже при ограниченной статистике дает достаточно достоверную картину состояний объекта. Кроме того, метод является внутренне корректируемым, т. е. без затруднений допускает возможность дополнять статистику по мере поступления новой информации по результатам новых обследований и гармонично согласуется с методами теории информации. В связи с этим для решения проблемы в комплексе (диагностика технического состояния, оценка надежности, расчет физического износа и процентное распределение затрат на восстановление) для конструктивных элементов зданий только применение байесовского похода позволило поставить и решить эти задачи.

Очевидно, что диагностирование состояний здания не может основываться на простом распознавании только двух состояний (исправное и аварийное), т. е. в рамках, так называемой, дифференциальной диагностики (дихотомии). Слишком сложной и многоэлементной системой является здание и слишком велико разнообразие методов приведения его конструктивных элементов в исправное состояние как по объему работ, так и по затратам времени и средств. Это и есть те основные обстоятельства, которые диктуют обследовательской практике разложить состояние здания по нескольким категориям. Сколько их должно быть – это именно тот вопрос, который может быть решен на основании накопившегося опыта распознавания состояний различных технических систем, т. е. тоже на основании своеобразной статистики. Так например, в машиностроении при байесовской диагностике двигателей внутреннего сгорания или в турбостроении рассматриваются три-четыре состояния. При диагностировании погружных насосных агрегатов в нефтедобыче – два или три состояния, для диагностики гидропневмоагрегатов – до девяти состояний. В задачах математической статистики – тоже два-три состояния, а в медицинской диагностике в зависимости от диагностируемого органа – от трех до шести состояний. По глубокому убеждению автора, также на основании накопившегося опыта обследований, распознавание состояний строительных систем должно основываться на рассмотрении как минимум *пяти* состояний.

Следует отметить, что в технической диагностике к *статистическим методам* также относится *метод последовательного анализа* или его называют *метод Вальда* [2, 18]. Он является частным случаем метода Байеса, но отличается от него тем, что обследований для постановки диагноза проводится столько, сколько требуется для принятия решения с определенной степенью риска, а также и тем, что он ориентирован на распознавание только двух состояний. Метод подробно проанализирован в [2, 19]. Отмечено, что для диагностирования состояний простых конструктивных элементов зданий, когда необходимо получить пусть ориентировочный, но быстрый результат, вполне возможно построить решение и на основе дифференциальной диагностики. Все это возможно выполнить качественно тогда, когда общая процедура диагностирования строится на основе рассмотрения как минимум *пяти* состояний. Тогда построение решения для *двух* состояний, как частный случай диагностирования, не вызывает сомнений и сложности.

Следует отметить, что при распознавании состояний по методу Вальда могут возникать ошибки двоякого рода. Ошибка, относящаяся к исправному диагнозу, в то время как объект находится в аварийном состоянии, называется ошибкой первого рода и является «ложной тревогой». Ошибка, относящаяся к аварийному диагнозу, в то время как принимается решение в пользу исправного диагноза, называется ошибкой второго рода и считается «пропуском дефекта».

Решение диагностической задачи в самом простом случае осуществляется также и на основе существующей в технической диагностике методологии, основанной на методах *теории статистических решений*. Они возникли в математической статистике как методы проверки статистических гипотез и нашли широкое применение в радиолокации, радиотехнике, общей теории связи и других областях техники. Они также относятся к *статистическим* методам, рассмотренным выше, однако отличаются от них правилами принятия решения о назначении состояния. В методах статистических решений решающее правило (правило принятия решения) выбирается, исходя из некоторых условий оптимальности, например, из условия минимума риска [3, 19].

В этих методах решение тоже основывается на понятиях, связанных с риском «ложной тревоги» или «пропуском цели (дефекта)», что впервые было разработано в радиолокации, откуда эти термины и пришли. В [3, 14] применение методов *теории статистических решений* позволило поставить и решить задачу о назначении порогового вероятностного значения, необходимого для принятия решения о конкретном диагнозе объекта исследования.

Таким образом, техническая диагностика изучает методы получения и оценки диагностической информации, диагностические модели и алгоритмы принятия решений по определению технического состояния объекта. Ее целью в любом случае является повышение *надежности и ресурса* строительных конструкций, зданий и сооружений в целом.

Литература:

1. Соколов, В.А. Определение категорий технического состояния строительных конструкций зданий и сооружений с использованием вероятностных методов распознавания [Текст] / В.А. Соколов. Сборник статей «Предотвращение аварий зданий и сооружений», выпуск 9 // М.: 2010. – С. 375 – 387.

2. Биргер, И.А. Техническая диагностика [Текст] / И.А. Биргер. – М.: изд. "Машиностроение", 1978. – 240 с.

3. Соколов, В.А. Методы статистических решений для распознавания состояний конструкций монолитных железобетонных перекрытий [Текст] / В.А. Соколов. Известия ВНИИГ им. Б.Е. Веденеева, том 269 // СПб: Изд-во ВНИИГ, с. 10-16, 2012.

Бовкун А.В., Носков С.В.

Научно-исследовательский институт многопроцессорных вычислительных систем имени академика А.В. Каляева федерального государственного автономного образовательного учреждения высшего профессионального образования «Южный федеральный университет», г. Таганрог, Россия

simans2002@mail.ru, nos_81@mail.ru

ПОВЫШЕНИЕ РЕАЛЬНОЙ ПРОИЗВОДИТЕЛЬНОСТИ ПРИКЛАДНЫХ ПРОГРАММ ДЛЯ ВЫСОКОПРОИЗВОДИТЕЛЬНЫХ ВЫЧИСЛИТЕЛЬНЫХ СИСТЕМ НА ОСНОВЕ ПРОГРАММИРУЕМЫХ ЛОГИЧЕСКИХ ИНТЕГРАЛЬНЫХ СХЕМ[*]

В настоящее время широкое распространение получили высокопроизводительные реконфигурируемые вычислительные системы (ВПРВС) на основе программируемых логических интегральных схем (ПЛИС), зарекомендовавшие себя как вычислительные системы (ВС) с линейным ростом производительности при увеличении аппаратного ресурса ПЛИС [1,12]. Особенностью данных ВПРВС является адаптация архитектуры ВС под вычислительную структуру решаемой задачи, что позволяет достигать высокой реальной производительности, которая для некоторых классов задач достигает 90% от пиковой производительности. Пиковая производительность ВПРВС – это теоретически возможная производительность ВС, которая рассчитывается относительно количества элементарных вычислительных устройств, которые можно реализовать на данном аппаратном ресурсе ПЛИС. При расчете пиковой производительности используется максимально возможная тактовая частота, на которой могут функционировать данные вычислительные устройства.

Реальная производительность ВПРВС измеряется при работе параллельной прикладной программы, реализующей решение прикладной задачи. Поскольку решение прикладной задачи на ВПРВС является отображением её информационного графа[1] задачи на аппаратный ресурс ПЛИС, то каждая реализация прикладной задачи имеет свою реальную производительность, повысить которую можно, увеличив тактовую частоту работы ВПРВС, или же можно повысить удельную производительность[2] за счет оптимизации вычислительной структуры информационного графа и подсистемы синхронизации.

---

[*] Исследования выполнены при поддержке министерства образования и науки РФ

[1] Информационный граф – граф, отображающий информационные связи в программе: вершины отображают операции над данными (операторы), а дуги отражают передачу информации между выходами и входами операторов при их исполнении.

[2] Удельная производительность - это отношение производительности вычислительного устройства к количеству оборудования, необходимого для аппаратной реализации этого устройства.

Первый способ не всегда можно применить на практике, поскольку увеличение тактовой частоты приводит к увеличению используемого аппаратного ресурса ПЛИС за счет дополнительных прореживающих триггеров [2,690].

Второй способ (увеличение удельной производительности) в настоящее время является наиболее перспективным, поскольку основан на оптимизации вычислительной структуры решаемой задачи, а также оптимизации подсистемы синхронизации. Повышение удельной производительности ВПРВС позволяет сократить используемый аппаратный ресурс ПЛИС, который может быть использован для реализации дополнительных вычислительных блоков. Реализация дополнительных вычислительных блоков приводит к увеличению реальной производительности прикладной задачи на ВПРВС.

Для структурной оптимизации информационного графа прикладной программы используются следующие методы [3,42]:

- редукция по числу выполняемых операций;
- редукция по разрядности обрабатываемых операндов;
- редукция по скважности и частоте;
- замена операционных вершин эквивалентными константами;
- удаление тупиковых вершин.

Метод редукции по числу выполняемых операций заключается в сокращении выполняемых операций в вычислительном блоке, за счет чего достигается сокращение используемого аппаратного ресурса ПЛИС.

Метод редукции по разрядности обрабатываемых операндов заключается в сокращении разрядности обрабатываемых операндов, что приводит к сокращению используемого аппаратного ресурса ПЛИС.

Метод редукции по скважности и частоте заключается в уменьшении скважности и тактовой частоты, благодаря чему сокращается используемый аппаратный ресурс ПЛИС.

Метод замены операционных вершин эквивалентными константами заключается в замене в информационном графе операционных вершин, на входы которых поступают постоянные информационные потоки данных, эквивалентными постоянными потоками данных (константами).

Метод удаления тупиковых вершин заключается в удалении из информационного графа прикладной программы операционных вершин, результат работы которых не используется.

Для оптимизации подсистемы синхронизации используются следующие методы:

- эквивалентных преобразований;
- поглощение;
- увеличение «критического»[3] аппаратного ресурса ПЛИС;

---

[3] Под «критическим» понимается аппаратный ресурс ПЛИС, которого не хватает для реализации дополнительных вычислительных блоков в информационном графе прикладной программы.

- межитерационная редукция.

Метод эквивалентных преобразований заключается в сокращении количества регистров синхронизации за счет частичного объединения синхронизирующих задержек.

Метод поглощения основан на использовании особенностей аппаратной реализации синхронизирующих регистров.

Метод увеличения критического аппаратного ресурса ПЛИС применяется для увеличения неиспользуемого «критического» аппаратного ресурса ПЛИС. Увеличение неиспользуемого «критического» аппаратного ресурса происходит за счет замены одних схемотехнический элементов, использующих «критический» аппаратный ресурс ПЛИС, другими схемотехническими элементами, не использующими или использующими меньше «критического» аппаратного ресурса ПЛИС.

Метод межитерационной редукции основан на способности менять местами ассоциативные операционные вершины в информационном графе прикладной задачи.

Применение предложенных методов оптимизации позволяет сократить используемый аппаратный ресурс ПЛИС до 50% в задачах, относящихся к следующим предметным областям:
- символьной обработке данных;
- цифровой обработке сигналов;
- линейной алгебре;
- математической физике.

Сокращение используемого аппаратного ресурса ПЛИС позволяет реализовывать дополнительные вычислительные блоки на освободившемся аппаратном ресурсе ПЛИС, благодаря чему возрастает производительность прикладных программ на ВПРВС.

Литература

1. Воеводин, В.В. Параллельные вычисления [Текст]: монография / В.В. Воеводин, Вл.В. Воеводин; под ред. В.В. Воеводина. - С-Петербург: БХВ-Петербург, 2002. - 599 с

2. Oswaldo Cadenas, Graham Megson. A clocking technique for FPGA pipelined designs. Journal of System Architecture 50 (2004) 687-696.

3. Сорокин Д.А., Дордопуло А.И., Бовкун А.В. Аппаратная реализация докинга лигандов на реконфигурируемых вычислительных системах // Информатика, вычислительная техника и инженерное образование. Эл № ФС77-39729 от «29» апреля 2010 г. http://digital-mag.tti.sfedu.ru. Выпуск №4(6), 2011. - С.30-46.

Ильченко Д.Н., Мельников А.К.

Научно-исследовательский институт многопроцессорных вычислительных систем имени академика А.В. Каляева федерального государственного автономного образовательного учреждения высшего профессионального образования «Южный федеральный университет», г. Таганрог, Россия

dimas_doct@mail.ru, ant-net@mvs.tsure.ru

ОПТИМИЗАЦИЯ СИНТЕЗА ЦИФРОВЫХ АВТОМАТОВ ДЛЯ ПОИСКА ШАБЛОНОВ С МАСКАМИ*

Поиск шаблонов в сетевом потоке данных является одной из актуальных задач в развитии информационных технологий. Ее решение лежит в основе разработки современных антивирусов и поисковых систем. Важной функцией при решении подобного класса задач является возможность использования масок при формировании шаблонов. В качестве таких масок применяются специальные метасимволы '?', обозначающие соответственно один произвольный символ и '*' - множество произвольных символов.

Для решения задачи поиска шаблонов в режиме реального времени при обработке потока данных, передаваемых по высокоскоростному информационному каналу, наиболее эффективным является использование автоматных моделей, которые могут быть реализованы на программируемых логических интегральных схемах (ПЛИС), применяемых в реконфигурируемых вычислительных системах (РВС). Использование масок в шаблонах увеличивает количество состояний автомата, функции переходов между которыми являются идентичными, но сами состояния не являются эквивалентными. Это усложняет логическую структуру автомата, а, следовательно, и его синтез, поскольку для каждого такого состояния автомата необходимо определять функцию перехода и функцию выхода. При реализации таких автоматов на ПЛИС компиляторы систем автоматического проектирования (САПР), осуществляющие синтез автоматов, не выполняют оптимизацию графов, а лишь оптимизируют размещение элементов на кристалле, при этом все состояния автомата будут синтезированы классическим способом и учтены все возможные функции переходов для всех состояний, представленных на графе автомата. Использование такого автомата не является оптимальным решением.

Необходимы методы, минимизирующие затраты на логическую структуру автомата, что позволит упростить синтез автоматов для поиска шаблонов с масками и снизить используемый ресурс на их реализацию.

Для упрощения синтеза цифрового автомата, решающего задачу поиска шаблонов с масками, применяется операция векторизации состояний

---

* Исследования выполнены при поддержке министерства образования и науки РФ

автомата. Применение векторизации позволяет провести декомпозицию структуры автомата и вынести часть состояний автомата из основного графа, объединив эти состояния в вершины-массивы состояний. При этом автомат разбивается на группу автоматов. Операция векторизации дает возможность упростить реализацию автомата.

Основная идея векторизации состояний автомата заключается в том, что в исходном графе определяются вершины, соответствующие состояниям автомата, в которые он последовательно переходит при любых входных воздействиях. Такие состояния автомата соответствуют маске шаблона, и в данном случае совсем не важно, в какое состояние перейдет автомат при попадании в маску шаблона, важно лишь условие, которое выведет автомат в строго определенное состояние, соответствующее конкретно-определенному символу шаблона после маски, либо переведет автомат в начальное состояние. Эти состояния автомата заменяются вершиной-массивом состояний. При переходе автомата в вершину-массив управление состояниями осуществляется некоторым управляющим автоматом, например, счетчиком, состояния которого соответствуют состояниям автомата в вершине-массиве. После перехода управляющего автомата в конечное состояние формируется сигнал выхода из вершины-массива, либо в процессе перехода по состояниям управляющего автомата и определенного входного воздействия, которое соответствует символу шаблона после маски, формируется сигнал перехода из вершины-массива состояний в следующую вершину.

Векторизация состояний автомата не уменьшает общее количество его состояний, но при этом существенно упрощается его структура, поскольку множество последовательных состояний автомата, имеющих идентичные функции переходов, будет объединено в одну вершину-массив состояний. При этом количество вершин основного графа уменьшается, следовательно, сокращается количество функций переходов и выходов, которые необходимо определить.

Синтез счетчика управления состояниями в вершине-массиве тривиален и не зависит от структуры основного автомата. Диапазон работы счетчика определяется количеством символов в маске шаблона. Важно отметить, что для реализации векторизированного автомата требуется меньше логических элементов ("И", "ИЛИ"), чем для реализации невекторизированного автомата. Это обеспечивается путем упрощения структуры основного автомата и спецификой синтеза счетчика. Векторизация состояний автомата позволила упростить синтез автомата, а также существенно сократить количество используемых логических элементов на его реализацию при незначительном увеличении триггеров на хранение состояний автомата. Поэтому данный метод может быть эффективно применен при синтезе автоматов в ПЛИС для решения задач поиска сигнатур, например, при реализации аппаратного антивируса.

Чкан А.В.
Общество с ограниченной ответственностью
«НИЦ супер-ЭВМ и нейрокомпьютеров», г. Таганрог, Россия
chkan_andrey@mail.ru

БИБЛИОТЕКА МАТЕМАТИЧЕСКИХ ОПЕРАЦИЙ ДЛЯ ПРОГРАММНОГО МОДЕЛИРОВАНИЯ АЛГОРИТМОВ ОБРАБОТКИ ДАННЫХ С ФИКСИРОВАННОЙ ЗАПЯТОЙ, ПРЕДНАЗНАЧЕННЫХ ДЛЯ РЕАЛИЗАЦИИ В ПЛИС[*]

Современные ПЛИС содержат сотни и тысячи специальных вычислительных узлов, позволяющих осуществлять обработку больших потоков данных различных форматов и разрядностей в реальном масштабе времени. Таким образом, востребованным стало моделирование различных задач и алгоритмов обработки данных, предназначенных для реализации в ПЛИС, с целью оценки их соответствия реальной физической модели и выявления способов их оптимизации. Так как высокая эффективность расчётов с использованием ПЛИС достигается при обработке целочисленных данных в формате с фиксированной запятой (ФЗ), актуальна разработка программных моделей, осуществляющих вычисления в этом формате.

Для написания программных моделей, имитирующих работу высокопроизводительных вычислительных систем и оперирующих с данными с ФЗ, был использован высокоуровневый интерпретированный язык программирования Matlab, позволяющий создавать объекты данных с ФЗ на основе библиотечной структуры fi и осуществлять над этими данными различные математические операции. Базовый конструктор для создания объекта данных с ФЗ в Matlab имеет вид

V_fi = **fi**(V, Sign, Word_Length, Fract),

где переменная V задаёт значение числа, Sign – знак числа, Word_Length – общую длину данных в битах, Fract – длину дробной части в битах (для целочисленных данных это значение равно нулю).

К данным с ФЗ, полученным на основе структуры fi, можно применять необходимые для моделирования математические операции, включая сложение и умножение. При этом программное моделирование должно учитывать основные особенности аппаратных вычислительных блоков (сумматоров, умножителей), такие как

- ограничения разрядности данных на входах и выходах вычислительных блоков;

- отсутствие округления при приведении данных к требуемой разрядности;

---

[*] Исследования выполнены при поддержке министерства образования и науки РФ

- возможность выбора заданного диапазона разрядов из общего числа разрядов полученного результата на выходе вычислительного блока.

Для обеспечения данных требований при реализации программных моделей, имитирующих работу аппаратных вычислительных блоков, была разработана соответствующая библиотека операций над данными с ФЗ.

Операция масштабирования **scale_fi** позволяет преобразовать целое число с ФЗ к необходимой разрядности. Данная операция используется для приведения разрядности чисел к фиксированной разрядности входов вычислительных блоков (сумматоров, умножителей). Программная запись операции масштабирования на языке Matlab имеет вид

```
function [ S_fi ] =scale_fi( V_fi, Out_Bits, From_Bit, Sign )
ifV_fi.WordLength>Out_Bits
bits = V_fi.WordLength( 1 );
From_Bit = bits - From_Bit;
    s = bin(val( : ) );
s_cut( :, 1 : Out_Bits) = s(:, From_Bit : From_Bit + Out_Bits – 1);
to_negative = 2^ Out_Bits;
R_fi( : ) = fi( bin2dec( s_cut( :, : ) ) – to_negative * Sign * (V_fi( : ) < 0 ),
Sign, Out_Bits, 0 );
    else;
R_fi( : ) = fi(V_fi( : ), Sign, Out_Bits, 0 );
    end;
    end;
```

ЗдесьV_fi – число в формате ФЗ, Out_Bits – количество разрядов после выполнения операции масштабирования, From_Bit – номер бита, начиная с которого будет взято установленное число бит Out_Bits числа V_fi,Sign – знак результата выполнения операции S_fi.

В случае необходимости увеличения разрядности числа (число разрядов числа V_fi<Out_Bits) к числу V_fi будут дополнены старшие биты, значения которых будут соответствовать знаку числа V_fi или нулю, если числоV_fi - беззнаковое. В случае необходимости уменьшения разрядности числа (число разрядов числа V_fi>Out_Bits) из числа V_fi будет взято число бит, соответствующее значению Out_Bits, начиная с бита From_Bit (нумерация битов ведётся с нуля, от младшего разряда к старшему).

Для сложения двух целых чисел с ФЗ используется операция **adder_fi_int**, выполняющая функцию сумматора по аналогии с аппаратной реализацией:

```
function [A_fi ] = adder_fi_int(
V1_fi, In_Bits_V1, From_Bit_V1, Sign_V1,
V2_fi, In_Bits_V2, From_Bit_V2, Sign_V2 )
sign_max = max(Sign_V1, Sign_V2 );
```

```
A_fi = fi(scale_fi( V1_fi, In_Bits_V1, From_Bit_V1, Sign_V1 ) +
scale_fi(V2_fi, In_Bits_V2, From_Bit_V2, Sign_V2 ),...
sign_max, max(In_Bits_V1, In_Bits_V2 ) + 1, 0 );
end;
```

где V1_fi, V2_fi – числа в формате ФЗ, In_Bits_V1, In_Bits_V2 – количество разрядов, к которому нужно привести числа V1_fi, V2_fi перед суммированием (разрядность входов сумматоров), From_Bit_V1, From_Bit_V2 – номера битов, начиная с которых будут взяты необходимые In_Bits_V1 и In_Bits_V2 битов для чисел V1_fiиV2_fi,Sign_V1, Sign_V2 – знаки чисел V1_fiиV2_fi.

Операция adder_fi_int преобразует участвующие в суммировании числа V1_fi и V2_fi к заданной разрядности входов сумматоров (используя встроенную операцию масштабирования scale_fi) и осуществляет суммирование двух чисел, выделяя под результат суммирования A_fi необходимое число разрядов.

Для умножения двух целых чисел с ФЗ используется операция **multiplaier_fi_int**, выполняющая функции умножителя

```
function [M_fi ] = multiplier_fi_int(
V1_fi, In_Bits_V1, From_Bit_V1, Sign_V1,
V2_fi, In_Bits_V2, From_Bit_V2, Sign_V2 )
sign_max = max(Sign_V1, Sign_V2 );
sign_min = min(Sign_V1, Sign_V2 );
M_fi = fi(scale_fi(V1_fi, In_Bits_V1, From_Bit_V1, Sign_V1 ) .*
scale_fi( V2_fi, In_Bits_V2, From_Bit_V2, Sign_V2 ),...
sign_max, In_Bits_V1 + In_Bits_V2 - sign_min, 0 );
end;
```

Структура операции умножения схожа со структурой сумматора. На вход подаются два целых числа с ФЗV1_fi и V2_fi, приводятся к заданной по входам умножителя разрядности In_Bits_V1 и In_Bits_V2, умножаются и результат размещается в переменную M_fi, разрядности которой достаточно для размещения результата произведения.

Разработанные операции позволяют работать как с отдельными числами, так и с массивами данных.

Построенные на основе изложенных конструкций модели позволяют полностью сымитировать аппаратную реализацию вычислительных блоков, произвести вычисления и побитно сравнить полученные результаты с аппаратной моделью с целью выявления ошибок и оценки погрешностей вычислений.

Ткачук К.Н. - проф. д.т.н., **Калинчик В.В.** - аспирант,
Национальный технический университет Украины «Киевский политехнический институт»

МЕТОДОЛОГИЯ ПОСТРОЕНИЯ СИСТЕМЫ МОНИТОРИНГА ОПАСНЫХ ФАКТОРОВ ПРОИЗВОДСТВЕННЫХ ОБЪЕКТОВ

Введение. Высокий уровень производственного травматизма и аварийности на предприятиях может быть объяснен трудностями экономического, социального и технологического характера. Однако главная причина заключается в том, что существующие на предприятиях системы управления безопасностью либо не функционируют, либо функционируют неэффективно и не достигают поставленных целей.

Как показывают исследования [1-4], несчастные случаи и аварии происходят, прежде всего, на тех предприятиях, где нарушаются структура и функции системы управления безопасностью, которая может надежно функционировать только при наличии концепции и единой стратегии в составе единой общеотраслевой системы управления безопасностью и безаварийной работой предприятий.

Целью работы является совершенствование структуры управления охраной труда за счет эффективного мониторинга опасных факторов.

Изложение основного материала. Стратегическим направлением обеспечения безопасности должен быть переход на функционирующую в едином информационном пространстве отраслевую систему координированного управления производственными рисками на основе эффективных правовых, экономических, административных механизмов снижение рисков при соблюдении приоритета жизни и здоровья работников.

Исследованиями установлено, что производственный травматизм и аварийность являются многопричинным случайным явлением, которое формируется под влиянием большого количества факторов и обстоятельств. Поэтому для эффективной профилактики травматизма и аварийности необходимо учитывать все факторы, в том числе случайного характера.

Безопасность производства обеспечивается только при постоянной оценке и эффективном контроле за производственными рисками, при своевременной выработке управленческих решений и принятии необходимых мер на основе достоверной и полной информации объекта управления. Поскольку основной причиной аварий и несчастных случаев являются отклонения в системе " человек - опасный производственный объект - среда" от требований правил и норм безопасности, то основой функционирования системы управления безопасностью должен быть принцип компенсации этих отклонений. В этом случае правила и нормы безопасности следует рассматривать как программу управления безопасностью.

Переход к информационным технологиям ставит дополнительные задачи к технологии подготовки информации - это выбор системы анализа, формализацию информации разнородного качества в единой системе отражения и анализа, разработку аналитического вида взаимодействия, разработку алгоритма их взаимодействия.

Совокупность факторов, обусловливающих подобное состояние с охраной труда, объективно характеризует многогранность и системность современных производственных отношений, является определяющим фактором управления безопасностью и охраной труда.

Основным требованием к разработке системы управления обеспечения безопасных условий и охраны труда является исключение неполноты взаимосвязей необходимой информации и решаемых внутри задач, которая позволяет реализовывать такую открытую систему управления, которая в данных условиях давала бы возможность реализовывать целевые функции безопасности и охраны труда.

Технические, организационные и психологические причины производственного травматизма в условиях штатных ситуаций связаны в значительной степени с нарушениями правил безопасности (ПБ) и других нормативных документов, устанавливающих и регламентирующих деятельность работников.

В процессе анализа показателей влияния среди всей их совокупности возникает потребность выбрать наиболее влиятельные с точки зрения достижения конечного качественного результата - влияния и возможности контроля и анализа уровня безопасности и охраны труда. Предлагаемую структуру построения управления рисками можно использовать для оценки качества охраны труда на любом абстрактном предприятии и в этой структуре основным ядром является система мониторинга опасных факторов.

Суть системы мониторинга опасных факторов заключается во взаимосвязи технического, программного и методического обеспечения с необходимостью взаимного контроля результатов наблюдения, корректировки практических действий в сфере безопасности и охраны труда. Такая система дает возможность получать информацию по объекту исследования - производственной системы, в результате чего, принимать оперативные решения по управлению охраной труда.

Целью мониторинга опасных факторов является обеспечение безопасных условий, достижения запланированных задач по охране труда, минимизация негативных последствий, определение возможностей выбора проектов по охране труда.

Мониторинг опасных факторов направлен на:

- повышение оперативности и качества реагирования в области охраны труда на всех уровнях контроля;

- повышение качества обоснования проектов в сфере охраны труда и эффективности их выбора;

- выявление изменений при ведении безопасных условий труда;

- достоверное научно - информационное обеспечение программ развития в сфере охраны труда;

- оптимальный выбор целей и задач в области охраны труда.

Определим ряд характерных этапов, выполнение которых является обязательным для эффективного функционирования системы мониторинга:

- разработка концепции внедрения подсистемы мониторинга опасных факторов;

- разработка программ мотивации обучения персонала в области охраны труда;

- создание внутренних стандартов и правил подсистемы мониторинга опасных факторов.

При этом внедрение системы мониторинга опасных факторов производственных систем должно проводиться поэтапно и с выполнением целого комплекса необходимых условий:

- система мониторинга должна проектироваться исходя из ее назначения, целевой ориентации и условий функционирования;

- совершенствование всех системообразующих элементов системы мониторинга опасных факторов должно базироваться на единой системной основе - системном проекте;

- интеграция элементов организационной структуры между собой и другими системами должна осуществляться с помощью автоматизированных информационных систем, обеспечивающих реализацию технологии обработки данных и поддержку организационно - экономического взаимодействия всех звеньев.

Большое значение на стадии структуризации системы мониторинга предоставляется проектированию. Проектирование системы должно заключаться в создании функциональной модели ее работы или в планировании всей технологической цепочки получения информации о состоянии охраны труда . Поскольку все этапы получения информации тесно связаны между собой , недостаточное внимание к разработке любого из них приведет к резкому снижению ее ценности и неправдоподобности , что приведет к ошибочным выводам и результатам.

Поэтому важным является формулировка основных требований к проектированию таких систем. Эти требования должны включать следующие этапы:

- определение главных задач системы мониторинга опасных факторов и требований к исходной информации;

- создание организационной структуры наблюдений и разработки принципов проведения анализа технической информации;

- построение структуры системы мониторинга опасных факторов;

- разработка системы получения данных и представления информации в удобном для анализа виде;

- построение системы проверки полученной информации на соответствие исходным требованиям системы мониторинга.

Составляющими системы мониторинга опасных факторов является методологическое, математическое, алгоритмическое и программное обеспечение процессов принятия решений о состоянии охраны труда производственных систем. В виду инфицированности (по своей сути) исходной информации, получаемой от информационных комплексов предприятия, возникает необходимость в создании автоматизированных систем учета и контроля опасных факторов.Возникает также необходимость внедрения унифицированных методов и методик построения математического и программного обеспечения для обнаружения, распознавания и идентификации опасных факторов, основанного на методах математического моделирования и прогнозирования.

Анализируя систему мониторинга опасных факторов можно сделать вывод о том, что она выступает составной системы распределения и перераспределения экономических ресурсов на мероприятия по охране труда. Распределение и перераспределение экономических ресурсов выступает одной из приоритетных задач.

Достичь максимальной эффективности использования экономических ресурсов, направленных на улучшение условий охраны труда, возможно, если объединить процесс распределения ресурсов с их перераспределением. В таких системах можно лучше учесть необходимость для производственных систем экономических ресурсов на стадии их распределения, избегая в дальнейшем их существенных перераспределений.

Выводы. Суть системы мониторинга опасных факторов заключается во взаимосвязи технического, программного и методического обеспечения с необходимостью взаимного контроля результатов наблюдения, корректировки практических действий в сфере безопасности и охраны труда. Показано, что мониторинг опасных факторов является составляющей в функциональной модели системы управления охраной труда производственной системы, а также системы распределения и перераспределения экономических ресурсов на мероприятия по охране труда.

Литература

1. К.Н.Ткачук. Основы охраны труда. Учебник/К.Н.Ткачук, М.О.Халимовский, В.В.Зацарный и другие. - К.: Основа , 2011 . - 480 с.

2. К.Н.Ткачук. Охрана труда и промышленная безопасность. Учеб. пособие/ К.Н. Ткачук, В.В.Зацарный, Р.В.Сабарно и другие. - К.: Либра, 2010. - 560 с.

3. Ильин А.М. Безопасность труда в горной промышленности /Ильин АМ - М.: Недра, 1991. - 238 с.

4. Софоновский В.И. Оценка безопасности труда при выборе способа механизации очистных работ/Софоновский В.И. - Техника безопасности, охрана труда и горноспасательное дело. ЦНИЭИУголь - № 2, 1972 .

Костылева В.В. - д-р.т.н., проф., **Синева О.В.** - к.т.н., доц., **Кочетков К.С.** - асп.
МГУДТ
e-mail: kostyleva.vv@mail.ru

СРАВНИТЕЛЬНАЯ ХАРАКТЕРИСТИКА МЕТОДОВ ОПРЕДЕЛЕНИЯ ИЗГИБНОЙ ЖЕСТКОСТИ ОБУВИ

Для количественного определения степени жесткости как у нас в стране, так и за рубежом созданы различные методы и приборы. Анализ показывает, что подход к измерению жесткости обуви во всех методах одинаков. Большинство из них предусматривает ее изгиб в пучках на угол 25°. В то же время все известные методы и приборы по характеру воздействия на обувь могут быть разделены на две большие группы: 1) методы и приборы, в которых поднимают носочную часть обуви при неподвижном положении пяточно-геленочной; 2) методы и устройства, в которых, наоборот, при измерении жесткости обуви происходит подъем пяточной части при неподвижном положении носочно-пучковой [1, 14].

Принципиальное отличие методов в том, что при определении изгибной жесткости обуви на приборах второй группы плечо изгиба меняется в зависимости от размера обуви, а при испытании на приборах первой группы плечо изгиба остается постоянным[2, 34].

При прочих стабильных параметрах (метод крепления, материал и конструкция верха, вид затяжки и д.р.) толщина и модуль упругости деталей, составляющих систему низа обуви, оказывают наибольшее влияние на изгибную жесткость. С уменьшением этих показателей снижается и жесткость обуви в целом. Исходя из этого следует, что испытанию необходимо подвергать собственно узел низа, как наиболее значимый элемент в формировании изгибной жесткости обуви[3, 39]..

Для подтверждения вышесказанного нами было сконструировано приспособления к разрывной машине, предназначенное для испытания узла подошвы низкокаблучной обуви, схематично изображенное на рисунке 1. Приспособление дает возможность изгибания носочной и пяточно-геленочной части на угол 25 градусов, что позволяет провести сравнение методик испытания обуви.

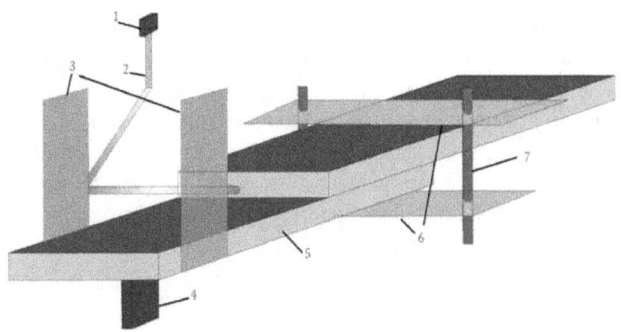

Рис. 1. Общий вид приспособления
1 – верхний захват разрывной машины; 2 - упор; 3 - направляющие; 4 – нижний захват разрывной машины; 5 - платформа; 6 – прижимная пластина (2шт); 7 – болты (2шт).

При изгибании носочной (рис.2) части образец располагают так, чтобы упор 2 совпадал с линией приложения силы, находящейся на расстоянии 60 мм от линии закрепления (линии пучков).

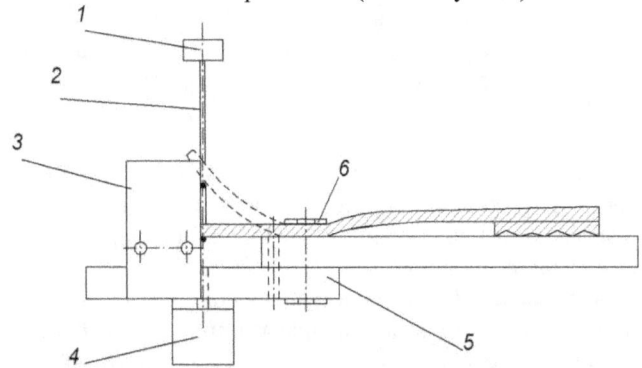

Рис. 2. Изгиб носочной части (1 метод)
1 – верхний захват разрывной машины; 2 - упор; 3 - направляющие; 4 – нижний захват разрывной машины; 5 - платформа; 6 – прижимная пластина (2шт);

Захват 4 платформы 5 зажимают в нижние клещи разрывной машины, а захват 1 упора 2 в верхние клещи.

Приводя в действие разрывную машину, упор 2 подводят до касания с линией приложения силы.

Затем образец изгибают, фиксируя по шкале разрывной машины удлинение равное 25мм, что соответствует изгибу обуви на угол 25°. В таком положении устанавливают усилия.

Металлические направляющие 3 удерживают упор 2 в горизонтальном положении, препятствуя выталкивающей силе подошвы во время изгибания, направленной горизонтально.

Для изгибания пяточно-геленочной части (рис.3) образец разворачивают, и размещают так, чтобы линии середины пятки (линия приложения силы) располагалась на упоре 2, и фиксируют в пучках металлическими пластинами. Затем изгибают образец на тот же угол 25 градусов.

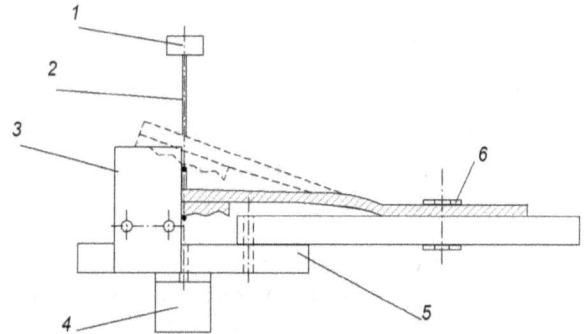

Рис. 3. Изгиб пяточно-геленочной части (2 метод)
1 – верхний захват разрывной машины; 2 - упор; 3 - направляющие; 4 – нижний захват разрывной машины; 5 - платформа; 6 – прижимная пластина (2шт);

Перед испытанием нужно измерить высоту приподнятости пяточной части и вычесть ее из рассчитанной величины подъема. Образец следует изгибать до полученного значения, фиксируя его на школе удлинения разрывной машины.

По данным расчетов для средних размеров мужской и женской обуви установлено, что при проведении испытаний на гибкость методом изгибания пяточно-геленочной части на 25 градусов высота подъема пяточной части составит 56 мм для мужской обуви, и 48 мм - для женской. Отсюда следует, что не имеет смысла испытывать образцы с высотой каблука, превышающей эти величины, так как изгиба при ходьбе в такой обуви практически не происходит.

Для проведения испытаний было отобрано 20 образцов мужской и женской обуви среднего размера, различных материалов и методов крепления. Целью испытаний было определение изгибной жесткости узла подошвы, без учета гибкости верха. Все образцы относятся к повседневной обуви с высотой подъема пяточной части не более 50 мм. Результаты испытаний приведены в таблице 1.

Таблица 1. Результаты испытания подошв мужской и женской обуви

	№	Ширина в пучках, мм	Испытание 1 методом, Н				Испытание 2 методом, Н				Разница показателей, Н
			1	2	3	4	1	2	3	4	
Мужская обувь	1	108	30	28	27	27	7	7	6	5	22
	2	108	19	18	18	17	6	6	6	5	12
	3	97	15	15	14	14	8	7	6	6	8
	4	107	22	22	21	20	10	9	9	9	11
	5	103	19	19	19	18	9	8	8	7	11
	6	98	30	28	26	27	12	13	11	11	16
	7	101	9	7	6	5	6	5	5	4	1
	8	114	48	47	47	46	14	13	11	11	35
	9	114	55	54	54	53	12	11	10	10	43
	10	111	49	45	44	44	8	8	7	6	38
Женская обувь	11	85	18	16	15	15	5	5	5	4	11
	12	85	50	51	49	48	19	17	16	16	32
	13	75	15	16	15	14	5	5	4	4	10
	14	90	11	10	10	10	4	4	3	3	7
	15	80	20	19	19	19	4	3	2	3	16
	16	95	49	47	46	46	7	6	5	6	40
	17	90	26	25	24	24	8	8	7	7	17
	18	80	45	44	44	43	13	11	10	10	33
	19	90	44	43	42	42	5	4	4	4	38
	20	75	15	14	14	14	3	2	2	1	13

Отмечена большая разница между показателями, полученными разными способами, которая в отдельных случаях достигает 43 Н. Значения изгибной жесткости, полученные первым методом (изгибание носочно-пучковой части), во всех случаях превышают значения, полученные вторым методом. Это обусловлено тем, что в первом методе предусмотрено изгибание на постоянную величину, с постоянным плечом изгиба 60 мм, во втором же методе изгибание осуществляется со значительно большим плечом, рассчитываемым для каждого размера обуви отдельно. Установлено что первый метод определения изгибной жесткости не учитывает жесткость материалов, не заходящих за линию пучков, таких как геленок и жесткая полустелька, а так же снижение изгибной жесткости с увеличением размера обуви, выступающего в данном случае плечом прилагаемой силы.

Список литературы

1. Горбачик В. Е. Изгибная жесткость обуви // Кожа и обувь. – 2003. – № 1. – С. 14–15.

2. Кочетков К.С., Костылева В.В., Синева О.В. Методы определения жесткости деталей низа обуви при изгибе.– Москва: Дизайн и технологии №37.: МГУДТ, 2013, С.29 – 34.

3. Костылева В.В., Синева О.В., Кочетков К.С. Теоретические основы контроля изгибной жесткости обуви на этапе проектирования/ Сборник научных трудов по материалам Международной научно-практической конференции "Перспективы развития науки и образования". Часть I. Мин-во обр. и науки - М.: «АР-Консалт», 2013 г. С. 39-44.

Смирнов Е.Е. - асп., **Зак И.С.** - д-р т.н., проф., **Разин И.Б.** - к.т.н., доц., **Костылева В.В.** - д-р т.н., проф., **Миронов В.П.** - к.т.н., доц.
МГУДТ
e-mail: kostyleva.vv@mail.ru

АЛГОРИТМ ЗАДАЧИ ВЫБОРА ИЗДЕЛИЙ ИЗ БОЛЬШИХ КОЛЛЕКЦИЙ *

Выбор изделий из больших коллекций современных интернет-магазинов делается в следующем порядке. Покупатель просматривает изображения изделий, при этом он получает возможность ознакомиться с их краткой характеристикой (обычно это размер, цена, цвет). Затем, для более детального ознакомления с отобранными изделиями, он может обратиться к разделу «подробнее» и получить дополнительную информацию об отобранных изделиях; в том числе просмотреть их в нескольких проекциях, а также ознакомиться со значениями ряда признаков, которые характеризующих конструкцию изделий и материалы, из которых они изготовлены.

Для ускорения просмотра больших коллекций и выбора из них используются сортировки по отдельным признакам (новизна, цена, цвет, популярность и т.п.).

Нами предлагается иной порядок выбора [1]. Вначале покупатель описывает требуемое изделие, указывая наименования и значения признаков, затем система сама выбирает из коллекции те изделия, которые в наибольшей степени им соответствуют.

Просмотр коллекции начинается с того изделия, которое получило максимальную оценку. Затем, для просмотра предлагаются изделия, у которых эта оценка равна или меньше, чем у изделий, просмотренных ранее.

Образно говоря, систему поиска можно уподобить продавцу-консультанту, который последовательно выделяет из коллекции те изделия, которые в наибольшей степени соответствуют пожеланиям покупателя. Предлагаемый процесс упорядочения коллекции иллюстрирует схема 1.

Входами в процесс упорядочения коллекции являются:
- неформализованные пожелания покупателя;
- документация, характеризующая коллекцию, из которой делается выбор (множество наименований и значений признаков, характеризующих данный вид товара и набор информационных карт на каждое изделие коллекции). Эта документация представляет собой базу данных, с помощью которой осуществляется ранжирование коллекции [2, 34].

* Работа выполнялась при финансовой поддержке РФФИ (проект 13-07-00603/13).

Схема 1. Процесс упорядочения коллекции

Процесс упорядочения осуществляется по определенному алгоритму, реализованному в виде программного обеспечения системы. На выходе процесса – коллекция изделий, упорядоченная по степени соответствия пожеланиям покупателя.

Процесс упорядочения складывается из трёх подпроцессов.

Первый подпроцесс – выбор наименований признаков для построения формализованного описания пожеланий покупателя, который может быть реализован в двух вариантах.

В первом - покупателю предоставляется возможность самому отобрать те наименования признаков, с использованием которых он будет делать выбор. Выбор делается из множества наименований признаков, представленных в базе данных. Во втором случае предлагается один и тот же набор признаков покупателям данного вида товара. После определения набора наименований признаков покупатель дает балльную оценку значимости каждого отобранного признака товара.

Значимость каждого признака оценивается на трех уровнях в баллах: высокий -3 балла, средний -2 балла, низкий -1 балл

В базе данных представлены возможные значения каждого признака.

Наряду с выделением уровней значимости, покупатель оценивает степень соответствия значений отобранных им признаков своим пожеланиям. Степень соответствия возможных значений признаков, также может принимать 3 значения: полное – 2 балла, неполное - 1 балл и несоответствие - 0.

Количественная оценка степени соответствия того или иного изделия по желаниям покупателя определяется комплексным показателем. Величина комплексного показателя каждого изделия рассчитывается как сумма произведений значимости отобранных покупателем признаков этого изделия на степень соответствия значений признаков.

Для обеспечения наглядности присвоения оценок используется индексация цветовыми символами (типа светофора):

Таблица 1. Индексация цветовыми символами

Уровень значимости признака	высокий уровень значимости	
	средний уровень значимости	
	низкий уровень значимости	
Степень соответствия признака	соответствие полное	
	соответствие неполное	
	несоответствие	

Оценкой степени соответствия изделия коллекции пожеланиям покупателя, завершается второй подпроцесс. Это дает возможность перейти к выполнению третьего подпроцесса – упорядочению коллекции по степени соответствия пожеланию покупателя.

Для выполнения подпроцесса разработаны специальные алгоритмы и программное обеспечение. Выходом подпроцесса является коллекция, упорядоченная по степени соответствия изделий пожеланиям покупателя. Это дает возможность просмотреть из коллекции те изделия, которые в наибольшей степени им соответствуют.

В отличие от сортировок коллекции изделий по значениям разных признаков, которые используются в настоящее время, в предлагаемой процедуре ранжирования коллекции присущи следующие достоинства:

- ни одно изделие, которое может представлять интерес для данного покупателя, не будет отброшено;

- многократные сортировки заменяются одной процедурой;

- покупателю при необходимости предоставляется возможность уточнить задание на выбор без значительных временных затрат.

Описанный выше способ упорядочения коллекций, например, одежды и обуви, можно рассматривать как, поисковую систему, осуществляющую выбор информации по запросам пользователя, дополнительно оснащенную модулем сортировки.

Список литературы

1. Способ сортировки материальных объектов заявки на патент №2013118927/08(028014) от 24.04.2013/ Смирнов Е.Е., Зак И.С., Разин И.Б., Костылева В.В.

2. Смирнов Е.Е., Зак И.С., Разин И.Б., Костылева В.В. Разработка баз данных для выбора изделий из обширных массивов. Дизайн и технологии, 2013 №37, С 34-37.

Kazarin D.A. - National Technical University of Ukraine "KPI", postgraduate student, *wrestling8@yandex.ru*
Volkotrub N.P. - National Technical University of Ukraine "KPI", PhD (metallurgy)
Prilutsky M.I. - National Technical University of Ukraine "KPI", head teacher

SMELTING TECHNOLOGY OF FERROTITANIUM GRADE FeTi40Al10 BY SECONDARY ALUMINOTHERMY METHOD

Not a single ton of steel is smelted without ferroalloys [1, 12]. One of the most common and technologically efficient ferroalloys is ferrotitanium, which is introduced into the melt in order to alloy, degasify and deoxidize the steel [2, 90; 3, 824].

Reduction of titanium from ilmenite by aluminum occurs by the reactions:

$TiO_2 + 1/3\ Al = 1/2\ Ti_2O_3 + 1/6\ Al_2O_3;$ $\quad \Delta G°_T = -85270 + 2,1\ T,\ J/mol;$
$Ti_2O_3 + 2/3\ Al = 1/3\ Al_2O_3 + 2TiO;$ $\quad \Delta G°_T = -41860 + 14,1\ T,\ kJ/mol;$
$2TiO + 4/3\ Al = 2Ti + 2/3\ Al_2O_3;$ $\quad \Delta G°_T = -114950 + 48,64\ T,\ kJ/mol$

When calculating the charge the conditions are usually specified that 70 % of TiO_2 is reduced to TiO_2, 15%TiO_2 – to TiO and 15%TiO_2 – to Ti_2O_3 [4, 216].

Information found in the literature shows that it is impossible to obtain ferrotitanium with a titanium content of 30-32 wt. % by secondary aluminothermy method [5, 27].

The aim of the present work was to obtain ferrotitanium grade FeTi40Al10 by GOST 4761-91, with the titanium content in it within 35-50 wt. % by secondary aluminothermy method.

To achieve the objectives the charge was calculated, as well as thermal analysis was carried out and basing on these data the series of laboratory melts were carried out.

Calculation of the charge for ferrotitanium smelting was for 100 kg of concentrate. As a raw material ilmenite was used of "Volnogorsk mining and smelting plant" branch PJSC "Crimea TITANIUM". The chemical composition of the concentrate is shown in Table 1.

Table 1 Chemical composition of ilmenite concentrate

TiO_2	Al_2O_3	SiO_2	Moisture
not less	not more	not more	not more
63.3	3	1.7	0.26

To increase the charge thermicity iron ore (Fe_2O_3 90-95 wt.%) and FS-75 ferrosilicon were added. As the reducing agent aluminum powder of secondary grade "АПВ" и "ПА-BB-2" (active aluminum, not less than 90 %) "ТУ 48-5-152-78" was used. To thin the slag and to increase the yield of the metal burnt lime was used. Lime burning was carried out immediately before melting at

1000-1100^{0}C. The crucible was lined with a mixture of grain magnesite, refractory clay and liquid glass in an amount of not more than 1% of the total weight of the refractory mixture. Dimensions of the crucible: height (H) – 350 mm, the diameter (d) – 200 mm. Refractory thickness – 15-20 mm.

The missing part of the heat was compensated by heating the charge materials and crucible. Concentrate, ore and aluminum were heated to 350-400^{0}C. When calculating physical heat of the materials heat capacity of the concentrate was assumed to be equal to heat capacity of iron ore (0.24 kcal/kg$\cdot^0$C) [4]. Composition of the charge and the precipitator is shown in Table2.

Table 2 Composition of charge materials and precipitator

Material	Mass, g	Precipitator, g
Ilmenite concentrate	1000	
Aluminum powder	450	15
FS-75	10	5
Iron ore	30	60
Burnt lime	90	10
Sodium chloride	2	
Total	1582	90

As it is known [1, 299] aluminothermy process can be conducted both with top and bottom ignition of charge mixture. In the present study the top ignition was used as an easier one and which provides greater melting rate due to heating of the lower layers of the charge by descending liquid products of melting. Ignition was done by torch "Paton" and as the ignition charge a mixture of magnesium chip and iron ore were used.

To reduce the amount of sulfur and destruction of the crystal lattice with transformation of FeO into Fe_2O_3 the concentrate was subjected to sweet roasting at 1100-1150^{0}C.

Chemical composition of the meltings is shown in Table 3.

Table 3 Chemical composition of obtained alloy of ferrotitanium

Number of melting	Weight percentage, %							
	Ti	Al	Si	Mn	C	P	S	V
FeTi40Al10 GOST 4761-91	35-50	not more						
		10	8	1.5	0.2	0.1	0.07	
3	43.5	14.1	2.81	0.96	-	0.1	0.04	-
5	41.2	10	3.9	1.1	-	0.1	0.035	0.03
8	40.9	9.85	4.2	0.98	-	0.1	0.045	-
10	44.4	8.93	6.1	1.2	-	0.1	0.040	-

* carbon content data are not available

The obtained ferrotitanium of first meltings in particular of melting number 3 does not satisfy the requirements of GOST 4761-91 for grade FeTi40Al10 on aluminum. This is due to the fact that the amount of reducing agent (aluminum) in the melting was slightly higher of stoichiometric composition.

Figure 1 shows the structure of the obtained ferrotitanium sample of smelting number 8.

a) 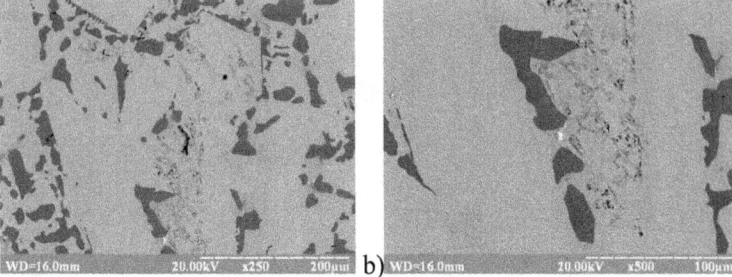 b)

Figure 1 Structure of the ferrotitanium sample obtained by aluminothermy method: a) at a magnification of 250 times , and b) at a magnification of 500 times .

Phase composition is represented mainly by titanites TiFe (TiFe$_2$). The oxide inclusions are represented by compounds of Fe$_3$Ti$_3$O, ilmenite FeO·TiO$_2$, titanium oxide (rutile) TiO$_2$, iron and silicon oxides. Electron microprobe analysis of the samples was performed on a scanning electron microscope PEM 106i, (SELMI, Ukraine). The phase composition was determined by multipurpose X-ray diffractometer (XRD) with horizontal arrangement of the test sample (RIGAKU, Japan).

Based on obtained results the authors of this work developed of technological instruction to produce ferrotitanium grade FeTi40Al10 GOST 4761-91 by aluminothermy method. The instruction consists of seven major provisions: purpose, charge materials, requirements for charge materials, equipment for the production of ferrotitanium, preparation of charge materials for melting, procedures for smelting and labor safety.

Used literature:

1.   *Gasik M.I., Lyakishev N.P.* Physicochemistry and technology of electro ferroalloys: textbook for universities. – Dnepropetrovsk: "System technologies", 2005. – 448 p.

2.   *Kazarin D.A., Volkotrub N.P., Prilutsky M.I.* Receiving ferrotitanium by aluminothermic method with the maintenance of the titan of 40-43 % without addition of titanic waste. "Scientific news of National Technical University of Ukraine "KPI", №2. 2013, pp. 90-93.

3.   C. Murty, R. Upadhyay and S. Asokan, "Electro smelting of ilmenite for production of TiO_2 slag – potential of India as a global player". Proc. INFACON XI, India, Deli. 2007 February 18 – 21, pp 823 – 836.

4.   Edneral F.P. Electrometallurgy of steel and ferroalloys. M.: Metallurgy, 1977, 488 p.

5.   Babaycev I.V., Smirnova N.A., Sokolov V.M., Toleshov A.K. Conditions of the thermal self-ignition of the charge for receiving ferrotitanium // NEWS of universities. FERROUS METALLURY. – 2008, № 3. – pp. 27–29.

Канюк Г.И. - д.т.н., профессор, УИПА, г.Харьков
Мезеря А.Ю. - к.т.н., доцент, УИПА, г.Харьков, mezzer@mail.ru
Лаптинов И.П. - аспирант, УИПА, г.Харьков

ОПРЕДЕЛЕНИЕ АНАЛИТИЧЕСКОЙ ФУНКЦИИ МИНИМАЛЬНЫХ ПОТЕРЬ В НАГНЕТАТЕЛЯХ ЭЛЕКТРОСТАНЦИЙ

Введение

Проблема энергосбережения является актуальной задачей не только в системе электропотребления промышленных предприятий, но и в системах собственных нужд электростанций, в которых теряется от 4 до 8% всей вырабатываемой энергии.

Основными потребителями собственных нужд тепловых и атомных электростанций являются насосы и вентиляторы (нагнетатели). К основным (мощным) из них относятся главные циркуляционные насосы (АЭС), питательные насосы (ТЭС), циркуляционные насосы, дымососы, дутьевые вентиляторы и др. На их долю приходится до 70% всей потребляемой мощности собственных нужд.

Системы управления нагнетательными установками входят в состав общих технологических АСУ ТП электростанций, обеспечивая поддержание необходимых технологических параметров и экономичность работы нагнетателей и основного энергооборудования (котел, конденсатор и т.д.), влияя тем самым на экономичность работы станции в целом. Повышение технико-экономической эффективности работы нагнетателей видится нам путем создания автоматизированной системы энергосберегающего управления режимами его работы [1].

Результаты исследования

Для анализа эффективности режимов работы нагнетателя, его характеристики:

$$\begin{cases} H = H(Q,n); \\ N = N(Q,n); \\ \eta = \eta(Q,n), \end{cases} \qquad (1)$$

могут быть аппроксимированы линеаризованными функциями [2]:

$$\begin{cases} H_\delta = A_H Q_p + B_H n + C_H; \\ N_\delta = A_N Q_p + B_N n + C_N; , \\ \eta_\delta = A_\eta Q_\eta + B_\eta n + C_\eta. \end{cases} \qquad (2)$$

Функция энергетических потерь (потерь мощности) при работе нагнетателя в рабочей точке может быть определена следующим образом:

$$\Delta N = N_{по} = N_{под} - N_{пол}, \qquad (3)$$

где $N_{\ddot{i}\ddot{i}\ddot{e}} = H_p Q_p$ – полезная мощность нагнетателя.

С учетом того, что:

$$N_{\ddot{i}\ddot{i}\ddot{e}} = \eta_{\ddot{o}} N_p, \quad N_{\ddot{i}\ddot{i}\ddot{o}}^{\ddot{o}} = (1 - \eta_{\ddot{o}}) N_{\ddot{o}},$$

или

$$N_{\ddot{i}\ddot{i}\ddot{o}}^{\ddot{o}} = \left(1 - \dot{A}_{\eta} Q_p - B_{\eta} \cdot n - C_{\eta}\right)\left(A_N Q_p + B_N \cdot n + C_N\right), \tag{4}$$

функция потерь приводит к виду:

$$N_{\ddot{i}\ddot{i}\ddot{o}}^{\ddot{o}} = \dot{A}_{Q_2} Q_p^2 + A_{n_2} \cdot n^2 + A_Q Q_p + A_n \cdot n + A_{Qn} Q_p \cdot n + C.$$

Подача нагнетателя (расход среды в рабочей точке) Q_p является заданной величиной, определяемой технологическим режимом работы объекта. Она является функцией двух регулируемых параметров – частоты вращения рабочего колеса и положения регулирующей задвижки (фактически – и всей гидравлической характеристики сети):

$$H_p = H_{c\ddot{o}} + \dot{A}_{\tilde{n}} Q_p^2 + A_{p3} x_{p3} Q_p^2, \tag{5}$$

где

$$A_c = \frac{1}{2g} \sum_{i=1}^{n} \left[\lambda_i \frac{l_i}{d_i} + \left(\sum_{j=1}^{m} G_{mj} \right) \right] \frac{1}{S_i^2}; \quad A_{p3} = \frac{K_{Gx}^{p3}}{2g S_{p3o}^g};$$

K_{Gx}^{p3} – коэффициент пропорциональности линеаризованной функции зависимости коэффициента местного гидравлического сопротивления задвижки от её положения:

$$G_{p3} = K_{Gx}^{p3} x_{p3}. \tag{6}$$

С учетом соотношений (2):

$$\left(A_{\tilde{n}} + A_{p3} x_{p3}\right) Q_p^2 - A_i Q_p + \left[\left(H_{\tilde{n}\ddot{o}} - \tilde{N}_i\right) - \hat{A}_i n\right] = 0 \tag{7}$$

Из выражения (7) может быть получена функция зависимости подачи в рабочей точке насоса от двух регулируемых параметров – частоты вращения рабочего колеса n и положения регулирующей задвижки x_{p3} :

$$Q_p = \frac{A_i + \sqrt{A_i^2 - 4\left(A_c + A_{p3} x_{p3}\right)\left[\left(H_{\tilde{n}\ddot{o}} - \tilde{N}_i\right) - \hat{A}_i n\right]}}{2\left(A_c + A_{p3} x_{p3}\right)}, \tag{8}$$

которая замыкает выражение зависимости потерь мощности (4) от регулируемых параметров.

Линеаризация функции (8) даст выражение:

$$Q_p = A_{Qp}^n n + A_{Qp}^{xp3} x_{p3} + C_{Qp}, \tag{9}$$

С учетом (8), функция потерь мощности (4) примет вид:

$$N_{\ddot{i}\ddot{i}\ddot{o}}^2 = A_{\ddot{i}\ddot{i}\ddot{o}}^{n2} \cdot n^2 + A_{\ddot{i}\ddot{i}\ddot{o}}^n \cdot n + A_{\ddot{i}\ddot{i}\ddot{o}}^{xp32} \cdot x_{p3}^2 + A_{\ddot{i}\ddot{i}\ddot{o}}^{xp3} \cdot x_{p3} + A_{\ddot{i}\ddot{i}\ddot{o}}^{xp3n} \cdot x_{p3} \cdot n + A_{\ddot{i}\ddot{i}\ddot{o}}^0, \tag{10}$$

где:

$$A_{\hat{\imath}\hat{\imath}\hat{o}}^{n2} = A_{Q2}\left(A_{Qp}^{n}\right)^{2} + A_{n2} + A_{Qn} + A_{Qn}\cdot A_{Qp}^{n}; \; A_{\hat{\imath}\hat{\imath}\hat{o}}^{xp3n} = 4A_{Q2}A_{Qp}^{n}A_{Qp}^{xp3} + A_{Qn}A_{Qp}$$

$$A_{\hat{\imath}\hat{\imath}\hat{o}}^{n} = 2A_{Q2}A_{Qp}^{n}C_{Qp} + A_{Q}A_{Qp}^{n} + A_{n} + A_{Qn}C_{Qp}; \; A_{\hat{\imath}\hat{\imath}\hat{o}}^{xp32} = A_{Q2}\left(A_{Qp}^{xp3}\right)^{2};$$

$$A_{\hat{\imath}\hat{\imath}\hat{o}}^{xp3} = 2A_{Q2}A_{Qp}^{xp3}C_{Qp} + A_{Q}A_{Qp}^{xp3};.$$

Точка (точки) экстремума $M_i(n_i, x_{p3i})$ определяются из условия:

$$\begin{cases} \dfrac{\partial(\Delta N)}{\partial n} = 0 \\[2mm] \dfrac{\partial(\Delta N)}{\partial x} = 0 \end{cases}. \tag{11}$$

Точка экстремума функции:

$$M\left(-\frac{B_1}{2A_1}; \; -\frac{B_2}{2A_2}\right). \tag{12}$$

Потери энергии в точке M (минимум функции потерь), будут иметь следующее значение:

$$\Delta N_M = A_1\frac{B_1^2}{4A_1^2} - \frac{B_1^2}{2A_1} + A_2\frac{B_2^2}{4A_2^2} - \frac{B_2^2}{2A_2} + A_0 = -\frac{B_1^2}{2A_1} - \frac{B_2^2}{2A_2} + A_0 \tag{13}$$

Выводы

1. Составлена функция энергетических потерь в нагнетателях, учитывающая параметры сети и собственные характеристики нагнетателя.

2. Показана методика определения функции минимума потерь энергии в нагнетателях.

3. Интеграция подсистемы АСУ нагнетателя в общую АСУ блока электростанций позволит управлять режимом работы нагнетателя по функции минимума потерь, повышая тем самым технико-экономические показатели работы станции.

Список литературы:

1. *Канюк Г.И.* Резервы энергосберегающего управления технологическими процессами на действующих ТЭС и АЭС [Текст]/ Канюк Г.И, Мезеря А.Ю., Михайский Д.В., Лаптинов И.П., Фокина А.Р. // –Харьков: Изд-во «Точка», 2012. –184с. Русс. яз.

2. *Канюк Г.И.* Энергосберегающее управление и повышение технико-экономической эффективности насосных установок тепловых и атомных электростанций [Текст]/ Канюк Г.И. Мезеря А.Ю., Фокина А.Р., Лаптинова Е.В., Лаптинов И.П. // Східно-Європейський журнал передових технологій. –Харків: –2012. –№. 3/8 (57). –С.58-62.

Степанов Ю.А. - доцент, к.т.н., dambo290@yandex.ru
Бурмин Л.Н. - аспирант КемГУ, mrsilmar@gmail.com

СПОСОБ ОПТИМИЗАЦИЯ РЕСУРСОВ ДЛЯ ВИЗУАЛИЗАЦИИ ОБЪЕКТОВ ГОРНОГО ПРЕДПРИЯТИЯ

Визуализации работы горного предприятия – задача непростая. Для начала, эту сложную систему необходимо разбить на более простые части и провести визуализацию всех данных поэтапно. В первую очередь необходимо решить вопрос отображения большого количества разведочных скважин и карты с большим разрешением, поскольку эти данные являются исходными для работы любого горного предприятия. Самая острая проблема здесь – долгое время обработки этих данных (за счет большого количества и размера). Таким образом, появляется задача оптимизации, а именно – увеличения скорости обработки объектов на графической сцене.

В Unity3D существуют технологии, позволяющие оптимизировать отображение объектов на сцене за счет снижения потребляемых ресурсов на отрисовку объектов. Для достижения наилучшего качества отображения необходимо учитывать следующие характеристики:

– скорость текстурирования (fillrate);
– разрешение и количество текстур (pixelization);
– количество вершин в модели (геометрическая сложность).

Частично задачу оптимизации решает сам игровой движок (если быть точнее, то эту проблему решает один из его компонентов – графический движок). Например, в Unity3D реализована технология «Occlusion culling» благодаря которой объекты вне поля зрения автоматически скрываются, не расходуя ресурсы GPU. Однако не стоит полностью полагаться на возможности движка - зачастую использование самописных скриптов сможет обеспечить лучшую производительность.

Скорость текстурирования – это количество пикселей, которое видеокарта может отобразить на экране и записать в памяти за единицу времени [1]. Уменьшить значение этой характеристики можно за счет:

– уменьшения разрешения экрана
– упрощения шейдера
– замедления перерисовки (например, движения света).

Чтобы нарисовать объект на экране, движок должен запустить команду графического API (например, OpenGL или Direct3D). Графический API проделывает сложную работу при отрисовке каждого объекта на экране. Вызов такой отрисовки называется «draw call». Каждый draw call затрачивает временной ресурс работы GPU. Соответственно, чем меньше таких вызовов, тем меньше времени понадобится на то чтобы отобразить сцену на экране. На момент появления Unity уменьшения количества draw call'ов добивались за счет объединения нескольких объектов в один. Эта операция называется "пакетирование" или "batching". Чем больше объектов Unity можно скомпоновать вместе, тем лучше будет производительность рендеринга на стороне процессора. В более новых версиях появились такие технологиями как static batching, dynamic batching и Umbra (система отсечения невидимых поверхностей / occlusion culling)[2].

Уменьшить количество draw call'ов можно за счет уменьшения характеристики LoD (Level of Detail). Это осуществляется либо за счет упрощения геометрии объектов, либо просто за счет уничтожения объектов в момент, когда объект находится дальше радиуса видимости.

Помимо этого разработчики unity3D предлагают следующие советы для улучшения производительности:

– использовать как можно меньше уникальных материалов;

– использовать атласы текстур (большое изображение, в котором нарисованы все текстуры) вместо набора файлов текстур;

– использовать карты распределения света вместо динамического изменения света;

– снизить количество прозрачных шейдеров до минимума;

– избегать нескольких источников света на одном объекте;

– использовать паттерн синглтон: вместо постоянного создания и уничтожения объектов, создать буфер для хранения и по необходимости брать объекты оттуда и возвращать обратно[3].

Визуализация разведочных скважин на географической карте потребует решения двух задач: отображения большого количества скважин в единицу времени и использование текстуры большого разрешения для самой карты.

Для получения текстуры с высокой детализацией использовался формат psd - оригинальный формат файла без сжатия. Это делается для того, чтобы предоставить Unity3D самостоятельно оптимизировать текстуру. При этом в радиусе непосредственной близости текстура будет видна до мелких подробностей, в то время как на периферии изображение будет искажено. Карта была разделена на элементы по аналогии с тем, как делятся текстуры в атласе. Это сделано для возможности разрезки карты на локальные области по узловым точкам карты.

Скважины визуализированы с помощью технологии dynamic batching. Изначально была создана заготовка объекта - prefab. Затем эта заготовка была инстанцирована несколько раз с помощью скрипта. Инстанцирование заготовок (в отличии от клонирования) обеспечивает все созданные из заготовки объекты общим материалом (shared material) и требует меньшего количества draw call'ов (рис.1).

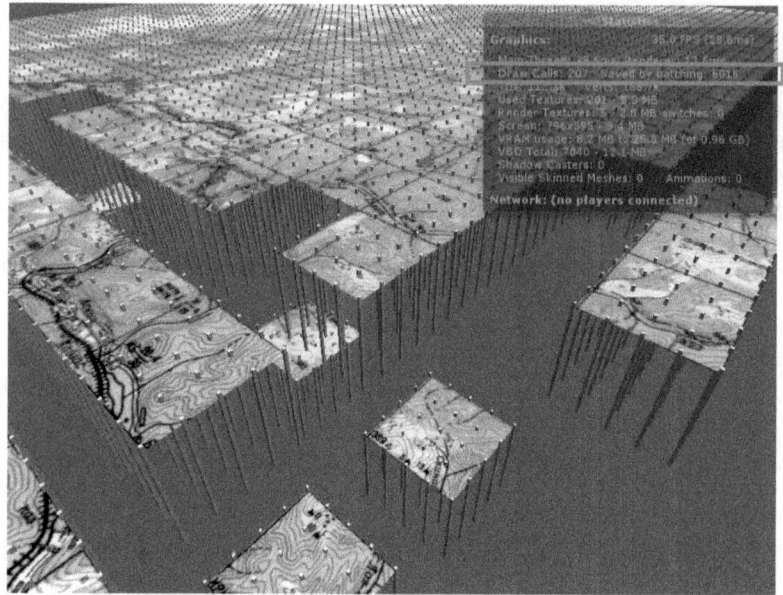

Рисунок 1 - Визуализация разведочных скважин на карте

При этом можно осуществлять навигацию, повороты и осматривать скважины с любой точки на карте. Есть возможность сделать разрез в любой узловой точке. На сцене один источник света. Использованы атласы текстур и оптимизированные шейдеры. Как видно из рисунка 1 было сохранено 6015 draw call'ов за счет технологии dynamic batching. Все это помогло сэкономить ресурсы без потери качества изображения на сцене и ускорить навигацию. Таким образом, задача увеличения скорости объектов на сцене была решена.

Список источников:

1)   Свободная энциклопедия Википедия [Электронный ресурс] - Режим доступа: http://en.wikipedia.org/wiki/Fillrate - (дата обращения 27.02.2014)

2)   Документация Unity3D [Электронный ресурс] - Режим доступа http://docs.unity3d.com - (дата обращения 27.02.2014)

3) Новостной сайт HabraHabr [Электронный ресурс] - Режим доступа: http://habrahabr.ru/ - (дата обращения 27.02.2014)

УДК 621.396.67

Буй Као Нинь

аспирант, кафедра «Радиофизика, антенны и микроволновая техника», МАИ (НИУ), г. Москва, e-mail: buicaoninh@gmail.com"

ПЕЧАТНЫЕ АНТЕННЫ СОТОВЫХ ТЕЛЕФОНОВ

Введение

В начале своего развития сотовые радиотелефоны имели большие размеры. В последнее время все фирмы-производители стараются снизить стоимость, улучшить дизайн, уменьшить размеры и повысить эксплуатационные показатели.

Перспективным направлением в создании антенн сотовых телефонов является разработка компактных антенн, работающих в разных комбинациях частотных диапазонов сотовых стандартов. Возникает необходимость существенного расширения функциональных возможностей антенн телефонов сотовой связи. Этим и обусловлен поиск путей создания антенн сотовых телефонов, отвечающих требованиям стандарта 4G.

Печатная антенна представляет собой металлический проводник той или иной формы, расположенный над заземленной подложкой. Она может быть удачно совмещена с печатной платой, на которой расположены СВЧ каскады телефонной трубки. Имеются конструкции из параллельно расположенных многосторонних плат [1,217].

Одной из важнейших задач, возникающих при проектировании широкополосных антенн сотовых телефонов, является разработка формы антенны, которая бы удачно вписывалась в корпус сотового телефона, обеспечивая при этом требуемый коэффициент усиления. Жесткие требования предъявляются и к форме ДН сотового телефона. Она должна обеспечивать устойчивый прием с любого ракурса в условиях городской застройки. Последнее требование легко реализуется при всенаправленной ДН, однако, согласно стандарту FCC, необходимо также обеспечить допустимую величину мощности, поглощаемой в голове и руке человека, с тем, чтобы гарантировать выполнение санитарных норм по облучению СВЧ мощностью. Для ослабления поля в направлении человека целесообразно использовать микрополосковые антенны на экране. Такие антенны удовлетворяют санитарным нормам по облучению, но не всегда имеют требуемую форму ДН. Обеспечение доступа с любого ракурса легко достигается при полусферической форме ДН микрополосковой антенны. Однако, такую форму сложно реализовать на практике. Для качественного приема сигналов в ДН не должно быть больших провалов при использовании телефона на открытой местности.

Расширение функциональных возможностей сотового телефона приводит к необходимости увеличения числа рабочих диапазонов частот. При этом усложняется конструкция и используются многослойные печатные структуры. Моделирование таких структур целесообразно проводить с помощью программных продуктов, применяемых для расчета двумерных и трехмерных антенн и устройств СВЧ.

Моделирование широкополосных (печатных) антенн сотовых телефонов

В настоящее время широкое распространение получили телефоны многорежимного действия, работающие одновременно в нескольких частотных диапазонах [2,57]. Поэтому одной из задач является создание широкополосных антенн. Эти антенны работают в полосах: GSM 1800 (1710 - 1885 МГц), GSM 1900 (1850 - 1990 МГц), UMTS (1885 – 2200 МГц).

Целью настоящей работы являются получение требуемой диаграммы направленности и хорошее согласование в рабочей полосе (или нескольких полосах) частот.

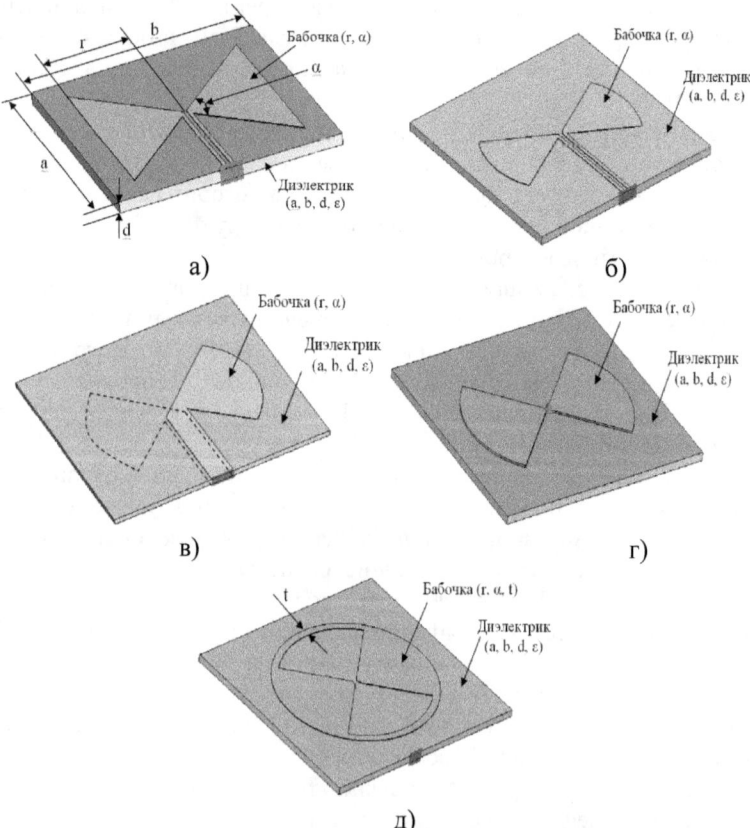

Рис.1. Широкополосгные печатные вибраторы: а - треугольный печатный вибратор, б - треугольный печатный вибратор с закругленными плечами, в - двусторонний вибратор, г - односторонний вибратор, возбуждаемый с

помощью дискретного порта, д - антенна «бабочка» с возбуждением несимметричной полосковой линией.

На рис.1а-д показаны различные формы печатных широкополосных вибраторов и различные варианты их возбуждения. На рис.1а приведен треугольный печатный вибратор, возбуждаемый двухпроводной линией. Параметры антенны обозначены на рисунке и даны в таблице 1. На рис.1б показан аналогичный вибратор с закругленными плечами. Двусторонний вибратор приведен на рис.1в. Другой вариант возбуждения одностороннего вибратора с помощью дискретного порта показан на рис.1г. На рис.1д представлена модель антенны «бабочка» с возбуждением несимметричной полосковой линией.

В табл.1 представлены параметры моделей широкополосных печатных вибраторов.

Табл.1. *Типы антенн и их параметры*

Типы антенн	Параметры						
	Бабочка			Диэлектрик			
	r, мм	α, град	t, мм	a, мм	b, мм	d, мм	ε
Антенна 1 (на рис.1.а)	23	90		60	60	3	3
Антенна 2 (на рис.1.б)	23	60		60	60	3	3
Антенна 3 (на рис.1.в)	23	90		60	60	1.5	3
Антенна 4 (на рис.1.г)	23	90		60	60	2	3
Антенна 5 (на рис.1.д)	23	60	2	60	60	2	3

На рис.2. Приведены зависимости коэффициента стоячей волны (КСВ) от частоты, рассчитанные для моделей 1а-д. Из приведенных зависимостей видно, что самую широкую полосу имеет модель рис.1д.

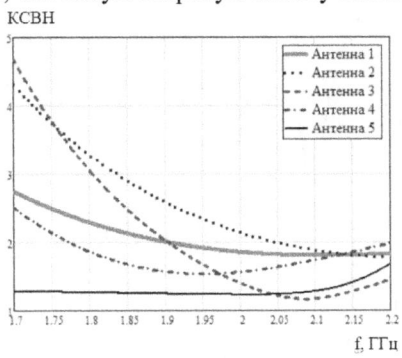

Рис.2. Зависимость КСВ от частоты.

Диаграмма направленности (ДН) излучателей рис.1а-д в плоскостях Е и Н показана на рис.3-5.

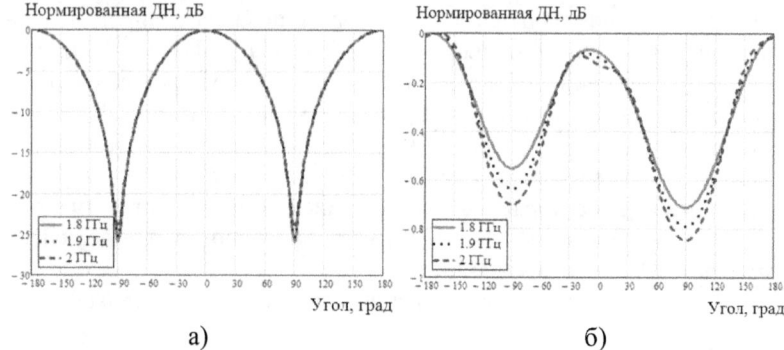

а)   б)

Рис.3. ДН треугольного печатного вибратора: а - в плоскости Е, б - в плоскости Н.

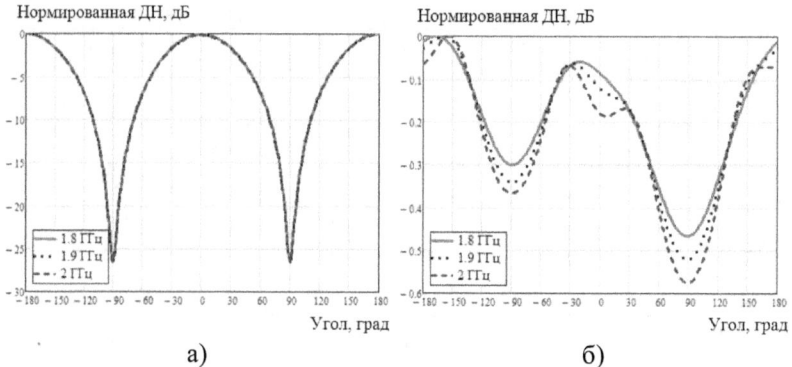

а)   б)

Рис.4. ДН треугольного печатного вибратора с закругленными плечами: а - в плоскости Е, б - в плоскости Н.

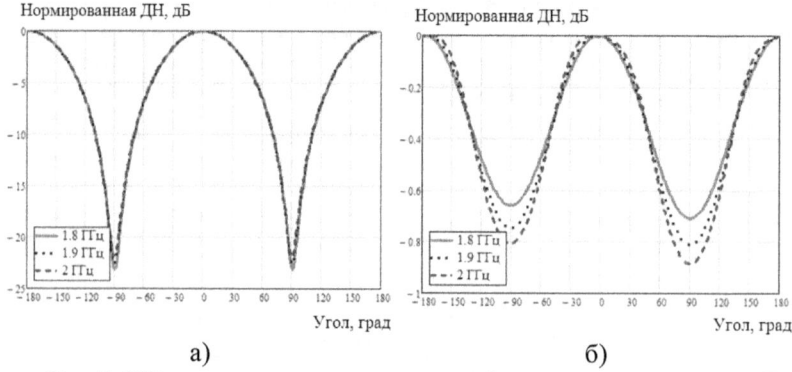

а)   б)

Рис.5. ДН двустороннего печатного вибратора: а - в плоскости Е, б - в плоскости Н.

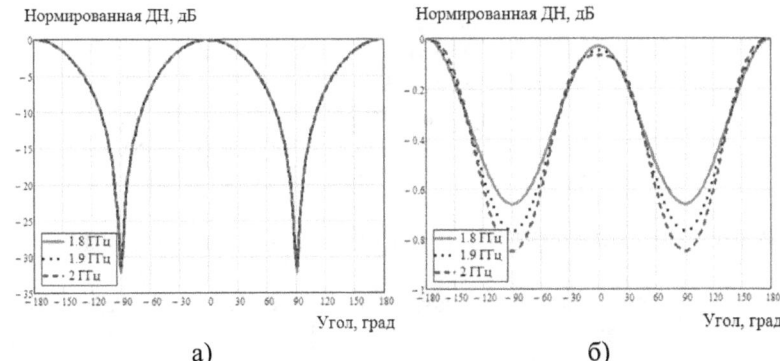

Рис.6. ДН модели треугольного печатного вибратора с возбуждением дискретным портом: а - в плоскости Е, б – в плоскости Н.

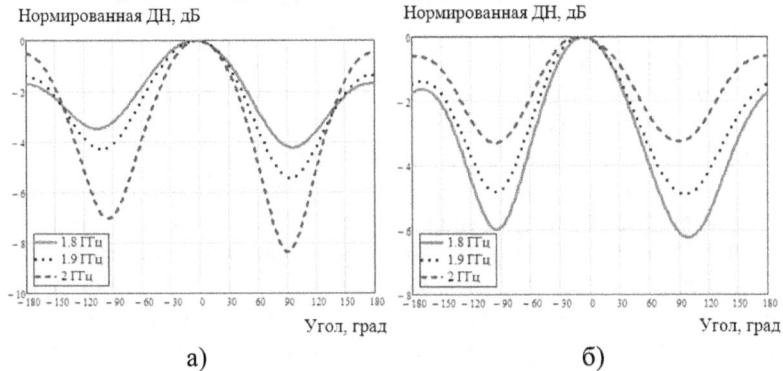

Рис.7. ДН печатного вибратора «бабочка»: а - в плоскости Е, б - в плоскости Н.

Заключение

Таким образом, определены требования к характеристикам направленности антенны сотового телефона. Разработаны модели антенн и проведена их параметрическая оптимизация.

Литература

1. *Воскресенский Д.И., Гостюхин В.Л., Максимов В.М., Пономарев Л.И.* Антенны и устройства СВЧ / под ред. Д. И. Воскресенского. Изд. 3-е. М. Радиотехника. 2008.
2. *Буй Као Нинь.* Антенны сотовых телефонов // Антенны. 2013. № 9 (196). С. 56-64.

Белоусов И.В.
Костин С.В.
Самосейко В.Ф. - д.т.н.
Саушев А.В. - к.т.н.
Государственный университет морского и речного флота
имени адмирала С.О. Макарова, ep-gumrf@bk.ru

МАРКОВСКАЯ МОДЕЛЬ ДВИЖЕНИЯ СУДОВ ЧЕРЕЗ ШЛЮЗ

Для решения проблем управления судоходством последнее время интенсивно привлекаются современные информационные технологии, к которым относятся компьютерное управление шлюзом, а также системы автоматической идентификации судов. Для решения задачи компьютерного управления движением судов через шлюз возникает необходимость моделирования потоков судов. В данной работе рассматривается модель функционирования шлюза методами теории массового обслуживания.

Шлюз можно представить как одноканальную систему массового обслуживания. В стандартном описании полагается, что обслуживающий элемент системы имеет интенсивность обслуживания μ и на него поступает один поток заявок с интенсивностью λ. Однако в отличие от стандартной модели обслуживания шлюз - обслуживающий элемент, на который поступает два потока заявок – суда, движущиеся сверху и снизу. Интенсивность потока судов сверху будем обозначать λ_a, а снизу λ_b. Будем полагать, что поток движения судов является стационарным и однородным, а интервалы времени между подходами судов к шлюзу подчиняются экспоненциальному закону распределения. Также будем полагать, что время шлюзования является экспоненциально распределенной случайной величиной. Интенсивность шлюзований судов сверху будет зависеть от наличия очереди на шлюзование снизу и наоборот - наличие очереди на шлюзование сверху будет влиять на интенсивность шлюзований судов снизу. При отсутствии очереди интенсивность шлюзования будем обозначать буквой μ_0, а при наличии - $\mu_1 < \mu_0$.

Рассмотрим возможные состояния шлюза:

a_i – i судов, идущих сверху в очереди и одно судно, которое шлюзуется сверху;

b_i – i судов, идущие снизу в очереди и одно судно, которое шлюзуется снизу, где $i=0,1,2,\ldots$

Состояния шлюза являются булевыми переменными, принимающими значения 0 или 1. Они имеют вероятностный характер. Условные вероятности состояний будем обозначать $p\{a_i=1|b_0=1\}$ и читать: вероятность того, что шлюз находится в состоянии $a_i=1$ при условии, что $b_0=1$ и $p\{a_i=0|b_0=1\}$ - вероятность, того, что шлюз не находится в состоянии $a_i=1$

при условии, что $b_0=1$. Кроме того, ниже используются упрощенные обозначения:

$$p\{a_i=1|b_0=1\}=p_{ai} \text{ и } p\{a_i=0|b_0=1\}=1-p_{ai}.$$

Процесс шлюзований имеет дискретные состояния с непрерывным временем и может быть представлен условными графами состояний (Рис. 1.) Возможно 4 варианта шлюзования: а) сверху и отсутствии судов снизу ($b_0=1$), б) сверху и наличии очереди судов снизу ($b_0=0$), в) снизу и отсутствии судов сверху ($a_0=1$), г) снизу и наличии очереди судов сверху ($a_0=0$).

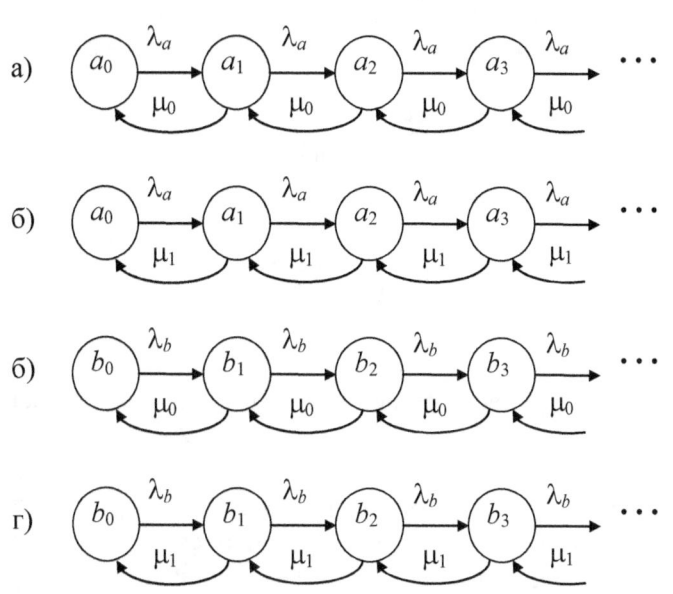

Рис. 1. Условные графы состояний шлюза при шлюзовании

Вероятностные процессы в графе носят динамический характер. Динамика вероятностных процессов в условном графе состояний описывается системой дифференциальных уравнений Колмогорова [1;46], которые могут быть записаны для каждого условного графа. Решения уравнений Колмогорова позволяют получить условные стационарные вероятности состояний условных графов

$$P\{a_i=1|b_0=1\}=(1-q_{a0})\cdot q_{a0}{}^i, \text{ где } q_{a0}=\lambda_a/\mu_0;$$
$$P\{a_i=1|b_0=0\}=(1-q_{a1})\cdot q_{a1}{}^i, \text{ где } q_{a1}=\lambda_a/\mu_1;$$
$$P\{b_i=1|a_0=1\}=(1-q_{b0})\cdot q_{b0}{}^i, \text{ где } q_{b0}=\lambda_b/\mu_0; \qquad (1)$$
$$P\{b_i=1|a_0=0\}=(1-q_{b1})\cdot q_{b1}{}^i, \text{ где } q_{b1}=\lambda_b/\mu_1,$$

где $q_{a0}=\lambda_a/\mu_0$; $q_{a1}=\lambda_a/\mu_1$; $q_{b0}=\lambda_b/\mu_0$; $q_{b1}=\lambda_b/\mu_1$; $i=0,1,2,...$

Безусловные вероятности состояний шлюза $a_i = 1$, $b_i = 1$ ($i=1,2,\ldots$) будут связаны с условными вероятностями формулами полных вероятностей:
$$P\{a_i=1\} = P\{a_i=1|b_0=1\} \cdot P\{b_0=1\} + P\{a_i=1|b_0=0\} \cdot P\{b_0=0\};$$
$$P\{b_i=1\} = P\{b_i=1|a_0=1\} \cdot P\{a_0=1\} + P\{b_i=1|a_0=0\} \cdot P\{a_0=0\},$$

где $P\{a_0=0\}=1- P\{a_0=1\}$; $P\{b_0=0\}=1- P\{b_0=1\}$.

После подстановки соотношений (1) в данные уравнения получаем выражения для безусловных вероятностей состояний шлюза $a_i = 1$, $b_i = 1$ ($i=1,2,\ldots$)
$$P\{a_i=1\}=C_{a0} \cdot q_{a0}{}^{i} + C_{a1} \cdot q_{a1}{}^{i};$$
$$P\{b_i=1\}=C_{b0} \cdot q_{b0}{}^{i} + C_{b1} \cdot q_{b1}{}^{i}, \tag{2}$$

где

$$C_{a0}=(1 - q_{a0}) \cdot \frac{1 - q_{a0} + q_{b1} \cdot (q_{a0} - q_{a1})}{1 - (q_{a0} - q_{a1}) \cdot (q_{b0} - q_{b1})};$$

$$C_{a1}=(1 - q_{a1}) \cdot \frac{q_{a0} - q_{b0} \cdot (q_{a0} - q_{a1})}{1 - (q_{a0} - q_{a1}) \cdot (q_{b0} - q_{b1})};$$

$$C_{b0}=(1 - q_{b0}) \cdot \frac{1 - q_{b0} + q_{a1} \cdot (q_{b0} - q_{b1})}{1 - (q_{a0} - q_{a1}) \cdot (q_{b0} - q_{b1})};$$

$$C_{b1}=(1 - q_{b1}) \cdot \frac{q_{b0} - q_{a0} \cdot (q_{b0} - q_{b1})}{1 - (q_{a0} - q_{a1}) \cdot (q_{b0} - q_{b1})}.$$

Устойчивость решения разностных уравнений обеспечивается при условии [2, 59]

$$q_{a0}<q_{a1}<1 \text{ и } q_{b0}<q_{b1}<1.$$

Данное условие означает, что при интенсивности λ_a меньшей интенсивности шлюзований μ_1 шлюз может справляться потоком судов. При $\lambda_a/\mu_1=1$ и $\lambda_b/\mu_1=1$ наступает предел пропускной способности шлюза.

Среднее число судов в очереди на шлюзование

С вероятностью $P\{a_{i+1}=1\}$ сверху в очереди стоит i судов и с вероятностью $P\{b_{i+1}=1\}$ снизу в очереди стоит i судов. Следовательно, среднее число судов в очереди на шлюзование сверху и снизу

$$r_a = \sum_{i=1}^{\infty} i \cdot P\{a_{i+1}=1\}; \quad r_b = \sum_{i=1}^{\infty} i \cdot P\{b_{i+1}=1\},$$

где $P\{a_i=1\}$ и $P\{b_i=1\}$ – определяются выражениями (2).

После подстановки выражений (2) и выполнения операций суммирования получаем выражение для среднего число судов в очереди на шлюзование в следующем виде:

$$r_a = \frac{q_{a0}{}^2}{(1 - q_{a0})^2} \cdot C_{a0} + \frac{q_{a1}{}^2}{(1 - q_{a1})^2} \cdot C_{a1};$$

$$r_b = \frac{q_{b0}{}^2}{(1 - q_{b0})^2} \cdot C_{b0} + \frac{q_{b1}{}^2}{(1 - q_{b1})^2} \cdot C_{b1}.$$

Среднее время ожидания судном шлюзования

С вероятностью $P\{a_0=1\}$ сверху в очереди нет судов, следовательно, время ожидания равно нулю. Если снизу нет очереди, то с вероятностью $P\{a_1=1|b_0=1\}$ судно придет во время шлюзования и среднее время ожидания составит $1/\mu_0$. Если снизу есть очередь, то с вероятностью $P\{a_1=1|b_0=0\}$ судно придет во время шлюзования и среднее время ожидания составит $1/\mu_1$. Если снизу нет очереди, то с вероятностью $P\{a_i=1|b_0=1\}$ судно придет во время шлюзования и среднее время ожидания составит i/μ_0. Если снизу есть очередь, то с вероятностью $P\{a_i=1|b_0=0\}$ судно придет во время шлюзования и среднее время ожидания составит i/μ_1. Следовательно, среднее время ожидания судном шлюзования определится выражениями:

$$t_{ожa} = \sum_{i=1}^{\infty}(i/(\mu_0)\cdot P\{a_i=1|b_0=1\}\cdot P\{b_0=1\} + (i/(\mu_1)\cdot P\{a_i=1|b_0=0\}\cdot P\{b_0=0\};$$

$$t_{ожb} = \sum_{i=1}^{\infty}(i/(\mu_0)\cdot P\{b_i=1|a_0=1\}\cdot P\{a_0=1\} + (i/(\mu_1)\cdot P\{b_i=1|a_0=0\}\cdot P\{b_0=0\}.$$

После подстановки выражений (1) и (2) и выполнения операций суммирования получаем выражение для среднего времени ожидания в очереди на шлюзование в следующем виде:

$$t_{ожa} = \frac{q_{a0}\cdot(1-q_{a1})\cdot P\{b_0=1\}}{(1-q_{a0})\cdot(1-q_{a1})\cdot\mu_0} + \frac{(q_{a1}-q_{a0})\cdot P\{b_0=0\}}{(1-q_{a0})\cdot(1-q_{a1})\cdot\mu_1};$$

$$t_{ожb} = \frac{q_{b0}\cdot(1-q_{b1})\cdot P\{a_0=1\}}{(1-q_{b0})\cdot(1-q_{b1})\cdot\mu_0} + \frac{(q_{b1}-q_{b0})\cdot P\{a_0=0\}}{(1-q_{b0})\cdot(1-q_{b1})\cdot\mu_1},$$

где вероятности $P\{a_0=0\}=1- P\{a_0=1\}$; $P\{b_0=0\}=1- P\{b_0=1\}$, $P\{a_0=1\}$, $P\{b_0=1\}$ – определяются выражениями (2).

Таким образом, с использованием теории массового обслуживания и формул условных вероятностей получены основные соотношения для одноканальной системы массового обслуживания, на которую поступают заявки от двух потоков с различными параметрами и их интенсивностями обслуживаний.

Литература

1. Вентцель Е.С . Исследование операций.- М.: Советское радио, 1972. – 552 с.

2. Гнеденко Б.В., Коваленко И.Н. Введение в теорию массового обслуживания.- М.: КомКнига, 2005. – 400 с.

Жалко М.Е.
инженер по научно-исследовательской работе студентов
Mihailz-49@mail.ru

ПРОМЕРЗАНИЕ ПОДСТИЛАЮЩЕГО ГРУНТА, КАК ПРИЧИНА ДТП НА ТЕРРИТОРИИ ПЕРМСКОГО КРАЯ

Статистика, предоставленная ГИБДД по Пермскому краю, отмечает довольно высокий процент ДТП причиной которых явилось неудовлетворительное состояние дорожной одежды. Общее количество ДТП, допущенных на территории Российской федерации, составило 167023 шт., в Пермском крае допущено 4417 ДТП, что составляет 2.6% от общего количества по стране. Также наблюдается негативная тенденция к повышению данного показателя, по сравнению с аналогичным периодом прошлого года, показатель по Пермскому краю вырос на 43.3%. По темпам роста аварийности край находится на первом месте в России. Количество аварий, произошедших по причине неудовлетворительного состояния дорожного полотна, составило 43066 по стране в целом (26% от общего числа). На территории Пермского края было совершено 946 ДТП по данной причине, рост составил 36.4 %. [1]

Особенности образования грунтов Пермского края, обуславливают их характеристики. Особенности климата (осадки выпадают преимущественно в летнее время, в зимний период наблюдается существенное снижение температур ниже 0С) также послужили причиной разрушения дорог на территории края. Основной причиной данных явлений является морозное пучение.[2]

Пермский край является характерным примером меридионального строения территории. С точки зрения геологии его можно разделить на восточную часть Восточно-Европейской платформы, Предуральский краевой прогиб, Уральскую складчатую область. Для территории края характерно меридиональное зональное строение. Наблюдается смена отложений также в направлении с запада на восток от юрских до древних верхнепротерозойских. На большей части края (платформенная часть и прогиб) широко распространены пермские отложения [3]

Таким образом, вопрос обеспечения водоотвода на загородных дорогах общего пользования с усовершенствованным покрытием встаёт достаточно остро.

В изучении природы морозного пучения грунтов при промерзании, в разработке и совершенствовании методов его расчета, а также в применении численных методов при решении задач тепломассообмена с фазовыми переходами большой вклад внесли М.И. Сумгин, Н.А. Цытович,

Б.И. Далматов, В.О. Орлов, И.А. Тютюнов, Ю.А. Хохолов, и другие исследователи.

В зависимости от уровня межпластовых вод пучинистые явления проявляются в течение сезона в разной степени. Если водонасыщенные слои находятся высоко, то пучинистые явления проявляются и зимой, и весной. В этом случае низкие зимние температуры и повышенная влажность грунта усилят пучение грунта. Если же грунтовые воды залегают глубоко, то увлажнение верхних слоев грунта возникнет только при таянии снега весной, когда температура воздуха не такая низкая, как зимой. При таких условиях пучение грунта не будет столь значительным.

Общее уравнение, описывающее процесс промерзания-оттаивания в трёхмерном пространстве можно представить в виды выражения: [4]

$$C_{th(f)}\rho\frac{dT}{dt} = \lambda_{th(f)}(\frac{\partial^2 T}{\partial x^2} + \frac{\partial^2 T}{\partial y^2} + \frac{\partial^2 T}{\partial z^2}) + q_v,$$

(1)

Где $C_{th(f)}$ - удельная теплоемкость грунтов, ДЖ/кг*К; ρ- плотность грунта, кг/м³; T- температура, K; t- время, с; $\lambda_{th(f)}$- теплопроводность грунтов Вт/м*К; х, у, z – координаты, м; q_v - мощность внутренних источников тепла.

Данное выражение справедливо для грунтов различных типов, однако оно не учитывает особенностей грунтов, расположенных в основании дорожных одежд. Для этих грунтов характерно состояние динамического сжатия. Также при строительстве происходит уплотнение грунта. Данные факты оказывают влияние на процессы промерзания и оттаивания.

Наиболее важным деформационным свойством дисперсных грунтов является их сжимаемость под нагрузкой, обусловленная уменьшением объема пор вследствие смещения частиц относительно друг друга, деформацией самих частиц, а также веды и газов, заполняющих поры.

Уплотнение водонасыщенного грунта происходит вследствие удаления воды из пор, при этом влажность грунта уменьшается. Уплотнение не полностью водонасыщенных грунтов до определенных давлений может происходить без изменения их влажности.

Сжимаемость грунтов под нагрузкой происходит во времени. Поэтому при определении сжимаемости грунтов различают показатели, характеризующие зависимость конечной (равновесной) деформации от нагрузки и изменение деформации грунта во времени при постоянной нагрузке. К первой группе показателей относятся: коэффициент уплотнения $K_{упл.}$, коэффициент компрессии a_k, модуль осадки e_p; ко второй группе — коэффициент консолидации c_v и др.

Таким образом, возникает необходимость внедрения в приведённое выражение коэффициентов уплотнения:

$$C_{\text{th(f)}} k_{\text{упл.}} \rho \frac{dT}{dt} = \lambda_{\text{th(f)}} \left(\frac{\partial^2 T}{\partial x^2} + \frac{\partial^2 T}{\partial y^2} + \frac{\partial^2 T}{\partial z^2} \right) + q_v,$$

(2)

$$k_{\text{упл.}} = \frac{\rho_d}{\rho_d^{\max}},$$

(3)

где, ρ_d - плотность скелета грунта, $\rho_d^{\max}$ - максимально возможная плотность для данного типа грунта.

Стоит отметить, что значение плотности непосредственно зависит от влажности грунта.

Таким образом, становится очевидной связь плотности грунта с его влажностью. Влияя на влажность подстилающего грунта, мы можем оказать влияние на его плотность, что в свою очередь положительно скажется на сроке службы дороги, безопасности и комфортности движения.

Выводы

1. Неудовлетворительное состояние дорожного полотна можно считать весомой причиной допущения ДТП на территории Пермского края.

2. Влажность грунта оказывает ключевое влияние на процесс его промерзания.

3. Грунты в основании дорожного полотна испытывают нагрузки особенного рода, использование имеющихся моделей промерзания невозможно. Необходима модернизация моделей промерзания.

Список литературы

1. Регламентные таблицы ГИБДД РФ. [Электронный ресурс]. URL: http://www.gibdd.ru/stat/ (дата обращения 04.11.2013)

2. Анализ причин возникновения трещин в дорожных покрытиях и керитерии их трещиностойкости //Дорожное строительство.-2011.-№4. [Электронный ресурс]. URL:: http://bsc.by/story/analiz-prichin-vozniknoveniya-treshchin-v-dorozhnyh-pokrytiyah-i-kriterii-ih (дата обращения 04.11.2013)

3. К. А. Горбунова, В. Н. Андрейчук, В.П. Костарев, Н. Г. Максимович Карст и пещеры Пермской области.- Пермь ПНИПУ,1992. — 51 с.

4. Горобцов Д.Н. Научно-методические основы исследования теплофизических свойств дисперсных грунтов: автореф. дис. канд. геолого-минералогических. наук. М., 2011. 26 с.

5. Кудрявцев С.А. Расчётно-теоретическое обоснование проектирования сооружений в условиях промерзающих пучинистых грунтов: дис. ... д-ра техн. наук. – Санкт-Петербург, 2004. – 344 с.

Попик А.Ю.
соискатель степени кандидата технических наук,
инженер-программист
Гамаюнов Е.Л.
кандидат технических наук, старший научный сотрудник
Институт автоматики и процессов управления ДВО РАН
PopikAY@yandex.ru
Gamayunov@iacp.dvo.ru

ВОССТАНОВЛЕНИЕ КАРТИНЫ РАСПРЕДЕЛЕНИЯ ФИТОПЛАНКТОНА ПО ГЛУБИНЕ, ПРИ ИЗМЕРЕНИЯХ ФЛУОРЕСЦЕНТНЫМИ МЕТОДАМИ

Мониторинг состояния фитопланктона является одним из важных мероприятий контроля экологического состояния водных экосистем. В лаборатории физических методов мониторинга природных и техногенных объектов ИАПУ ДВО РАН занимаются разработкой систем экологического мониторинга, в том числе и систем флуоресцентного анализа концентрации фитопланктона [1]. При помощи разработанной системы проводятся экспедиционные измерения в водах залива Пасьета, Амурского и Уссурийского заливов.

Измерения в заливе Пасьета на морской экологической станции «мыс Шульца» проводились, для того чтобы:

1.2 Определить зависимость концентрации от глубины и определить характер ее изменения по времени.

1.3 Сравнить данные, полученные при помощи зонда SeaBird (SBE) и разработанного в институте модуля.

Измерения проводились при помощи трех различных систем: погружаемого оптоволоконного модуля, зонда SBE и фильтрационной установки. Характер распределения фитопланктона по глубине практически не меняется в течение суток. Характерная картина распределения концентрации, измеренная зондом SBE приведена на рисунке 1.

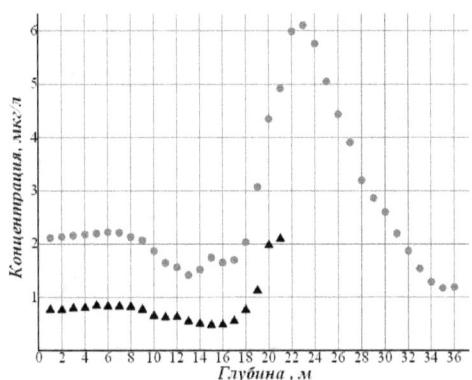

Рисунок 1 Среднесуточное изменение концентрации хлорофилла-а
Точками обозначены данные SBE, треугольниками данные погружаемого модуля.

На рисунке отчетливо видно, что пик концентрации приходится примерно на 25 метров, а минимумы наблюдаются на глубинах 12-17 метров и на глубинах выше 30 метров. Флуоресцентные данные, полученные при помощи разработанного погружаемого оптоволоконного спектрометра, имеют высокую корреляцию с данными, полученными SBE. Коэффициент корреляции по Пирсону между измеренными данными в данном случае R=0,99.

При измерении концентрации при помощи фильтрации проб и дальнейшего лабораторного анализа было обнаружено сильное отличие, между результатами флуоресцентных измерений и фильтрационных. На рисунке 2 показана картина суточных изменений концентрации фитопланктона на горизонте 4 метра.

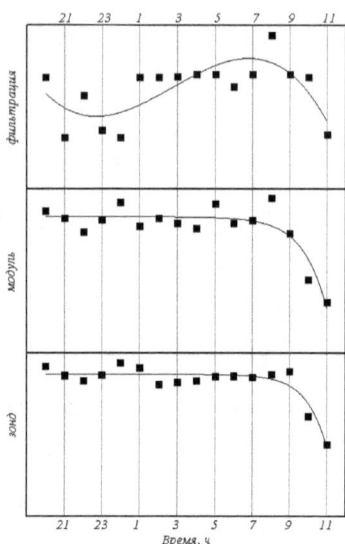

Рисунок 2. Результаты аппроксимации. Точками обозначены измеренные данные, а непрерывной линией кривые аппроксимации

Здесь четко видно совпадение данных флуоресцентного анализа и отличие от них данных, полученных в результате фильтрации. Такое обстоятельство вызвано влиянием на интенсивность флуоресценции не только концентрации фитопланктона, но и параметров среды, таких как температура, освещенность и концентрация питательных веществ. В таблице 1. приведены значения коэффициента корреляции между различными параметрами среды, которые так же были измерены погружаемым зондом SBE и флуоресценцией фитопланктона. Согласно таблице наибольшая корреляция на малых глубинах наблюдается между освещенностью и флуоресценцией, а с увеличением глубины флуоресценция больше зависит от температуры. Такую зависимость можно выразить системой уравнений:

$$\begin{cases} F(x) = F_Q(x), & при \quad x \le 10 \\ F(x) = F_T(x), & при \quad x > 10 \end{cases} \quad (1)$$

Таблица 1. Корреляция флуоресценции с параметрами среды

Глубина	Температура	Освещенность	Соленость	РОВ	Плотность
1	0,42	-0,94	-0,65	0,66	-0,62
5	0,55	-0,93	-0,68	0,6	-0,68
10	0,93	-0,18	-0,92	0,95	-0,91
15	-0,92	-0,15	-0,1	0,93	0,56

20	-0,71	-0,12	0,03	0,94	0,58
25	0,89	-0,06	-0,93	-0,5	-0,92
30	0,95	0,12	-0,83	0,48	-0,95
35	0,97	-0,47	-0,66	0,66	-0,85

Зависимость флуоресценции от освещенности возникает в результате конкуренции двух важных процессов внутри зеленой клетки [2, 236]. Этими процессами являются фотосинтез и флуоресцентное свечение. При увеличения освещенности в результате возрастающей конкуренции со стороны фотосинтеза, возникает фотохимическое тушение флуоресценции. Изменение флуоресценции при изменении освещенности можно записать следующим образом:

$$\begin{cases} F(Q) = F_{max}, & \text{при} \quad Q \leq Q_{кр} \\ F(Q) = (F_{max} - k \cdot Q) + Q\kappa_р \cdot k, & \text{при} \quad Q_{кр} < Q < Q_{кр2}, \\ F(Q) = F_{min}, & \text{при} \quad Q \geq Q_{кр2} \end{cases} \qquad (2)$$

где $Q_{кр}$ – минимальное значение освещенности при котором флуоресценция начинает реагировать на свет;

$Q_{кр2}$ – значение освещенности при достижении которого флуоресценция прекращает реагировать на свет;

F_{max} – флуоресценция насыщения;

F_{min} – минимальная флуоресценция;

k – коэффициент пропорциональности, который может быть рассчитан по формуле:

$$k = \left| \frac{F_{max} - F_{min}}{Q_{кр2} - Q_{кр}} \right|, \qquad (3)$$

Мы можем записать модель изменения флуоресценции с глубиной, учитывая ее зависимость от освещенности, предположив, что освещенность убывает обратнопропорционально глубине, в толще воды не достигается максимальная освещенность, а при достижении минимума освещенности, флуоресценция зависит только от температуры. Поэтому при рассмотрении зависимости флуоресценции от освещенности в толще воды мы не будем учитывать граничные случаи:

$$F_Q(x) = F_{max} - k \cdot Q(x) + Q_{кр} \cdot k, \qquad (4)$$

где $Q(x) = \gamma \cdot x$;

γ – коэффициент пропорциональности, зависит от мутности воды

Как говорилось ранее, существует четкая связь между температурой среды и уровнем флуоресценции фитопланктона. Согласно источникам [3, 60], основным воздействием температуры является нефотохимическое тушение флуоресценции. Явление температурного тушения флуоресценции обусловлено повышением частоты процессов столкновения, что сопровождается дезактивацией возбужденных уровней путем безизлучательной колебательной релаксации молекул и понижением квантового выхода флуоресценции. Следовательно, уменьшение температуры должно приводить к увеличению флуоресценции.

Для подтверждения данного факта были проведены лабораторные эксперименты. Стакан с водой, содержащей фитопланктона, был охлажден до низкой температуры. После этого стакан поместили в темную камеру, в которой он постепенно нагревался до комнатной температуры. Спектры флуоресценции воды записывались и обрабатывались по методике описанной ранее [4, 141]. За шесть часов температура поднялась на 17 градусов. На рисунке 3 представлены полученные в ходе эксперимента данные. Как видно из графика при увеличении температуры, возрастает тушение, которое в свою очередь снижает уровень интенсивности флуоресценции, что подтверждает теорию.

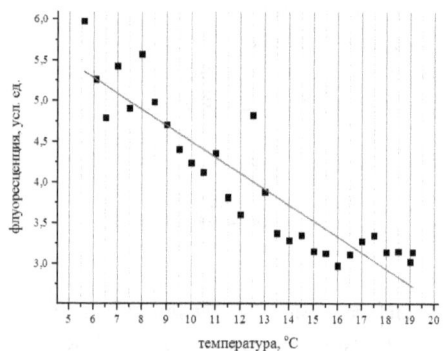

Рисунок 3. Зависимость флуоресценции от температуры

Можно рассчитать коэффициент корреляции между температурой и флуоресценцией. Согласно расчетам коэффициент корреляции по формуле Пирсона R=-0,91. Это свидетельствует о высокой степени соответствия таких параметров как температура воды и флуоресценция фитопланктона.

При наблюдении флуоресценции на глубинах от 25 метров мы можем увидеть установившуюся пропорциональную зависимость между температурой и интенсивностью флуоресценции. Это связано с тем, что существует косвенная связь флуоресценции и температуры, которая устанавливается через концентрацию фитопланктона. Зависимость концентрации фитопланктона от температуры подчиняется закону оптимума, как следует из следующих работ [5, 476;6, 18]. То есть модель зависимости концентрации от температуры имеет следующий вид:

$$C(T) = K \cdot e^{\left(-\frac{(T-T_0)^2}{2\sigma^2} \right)}, \qquad (5)$$

где K – коэффициент чувствительности;
T_0 – температура оптимума;
σ – дисперсия.

Как было сказано выше, флуоресценция фитопланктона линейно зависит от концентрации. Поэтому зависимость флуоресценции от температуры будет включать в себя два компонента: зависимость концентрации клеток фитопланктона от температуры и зависимость интенсивности каждой клетки от температуры.

$$F(T) = C(T) \cdot f(T), \qquad (6)$$

Как уже было показано на рисунке 3 зависимость флуоресценции одной клетки от температуры, в рассматриваемом диапазоне температур, имеет линейный характер и описывается уравнением:

$$f(T) = f_{max} - k \cdot T, \qquad (7)$$

где f_{max} – максимальная флуоресценция;
k – коэффициент пропорциональности.

Принимая во внимание уравнения 5,6 и 7, запишем модель зависимости флуоресценции фитопланктона от температуры:

$$F(T) = \left(f_{max} - k \cdot T \right) \cdot K \cdot e^{\left(-\frac{(T-T_0)^2}{2\sigma^2} \right)}, \qquad (8)$$

Флуоресценция будет иметь вид:

$$F_T(x) = \left(f_{max} - k \cdot T(x) \right) \cdot K e^{\left(-\frac{(T(x)-T_0)^2}{2\sigma^2} \right)}, \qquad (9)$$

где Т(х) – функция Больцмана

Подставив в систему 1 уравнения 4 и 9, получим модель распределения флуоресценции фитопланктона по глубине. Графически данная модель и экспериментальные значения флуоресценции приведены на рисунке4.

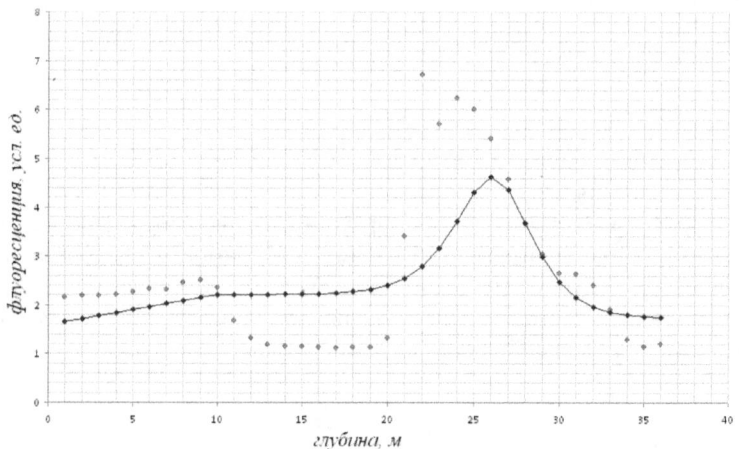

Рисунок 4. Зависимость интенсивности флуоресценции фитопланктона от глубины.

Данная модель объясняет наличие отрицательной корреляции между температурой и флуоресценцией в диапазоне глубин 15-20 метров. В данном диапазоне начинается падение температуры, и это падение вызывает рост флуоресценции. Однако при дальнейшем снижении температуры флуоресценция так же начинает снижаться, и корреляция вновь становится положительной. На рисунке видно, что экспериментальные и расчетные данные хорошо соотносятся друг с другом. Коэффициент корреляции по Пирсону R^2=0.76.

Разработанная модель позволяет уточнять характер распределения концентрации фитопланктона, измеренной при помощи флуоресцентных методов. Такое уточнение необходимо для натурных измерений в прибрежных акваториях и для восстановления распределения фитопланктона по глубине при помощи спутниковых данных.

Литература

1. Патент на полезную модель 124393 U1 Российская Федерация, МПК G01N21/01. Оптоволоконный флуориметр с погружаемым измерительным модулем / Кульчин Ю.Н., Вознесенский С.С., Гамаюнов Е.Л., Коротенко А.А., Попик А.Ю.; заявитель и патентообладатель Институт автоматики и процессов управления Дальневосточного отделения РАН (RU). — № 2012121730/28 ; заявл. 25.05.2012 ; опубл. 20.01.2013, Бюл. № 2. — 12 с.

2. А. Б. Рубин и т. Е. Кренделева. Регуляция первичных процессов фотосинтеза. Успехи биологической химии. 2003. т. 43, с. 225—266

3. Д.Ю. Корнеев: Информационные возможности метода индукции флуоресценции хлорофилла// - К.: "Альтерпрес", 2002. - 188 с.

4. Гамаюнов Е.Л., Вознесенский С.С., Коротенко А.А., Попик А.Ю. Система мониторинга воды с погружаемым модулем // Приборы и техника эксперимента. Россия. Москва: Наука / 2012. №2. С.135-143.

5. А. И. Абакумова, Ю. Г. Израильский. Модельный способ оценки содержания хлорофилла в море на основании спутниковой информации. Компьютерные исследования и моделирование 2013 Т. 5 № 3 С. 473–482.

6. А.И. Абакумов, Ю.Г. Израильский. Моделирование годового цикла жизнедеятельности фитопланктона в океане. Моделирование систем 2013. №2(36) 23с.

Илларионова Е.А.
ГБОУ ВПО Иркутский государственный медицинский университет
Минздрава России, заведующий кафедрой фармацевтической и
токсикологической химии, доктор химических наук, профессор
e-mail: illelena@rambler.ru
Поспелова Е.И.
ГБОУ ВПО Иркутский государственный медицинский университет
Минздрава России, специальность – фармация, 5 курс
e-mail: kesidi1610@yandex.ru
Сыроватский И.П.
ГБОУ ВПО Иркутский государственный медицинский университет
Минздрава России, доцент кафедры фармацевтической и
токсикологической химии, кандидат фармацевтических наук

СПЕКТРОФОТОМЕТРИЧЕСКОЕ ОПРЕДЕЛЕНИЕ АЦИКЛОВИРА ПО ОПТИЧЕСКОМУ ОБРАЗЦУ СРАВНЕНИЯ

Ацикловир представляет собой лекарственный препарат из группы противовирусных средств. Является высокоэффективным в отношении вирусов простого герпеса 1-го и 2-го типа и опоясывающего лишая, ветряной оспе. При герпесе ацикловир предупреждает появление новых элементов сыпи, уменьшает вероятность кожной диссеминации и висцеральных осложнений, ускоряет образование корок, ослабляет боли в острой фазе опоясывающего герпеса. Препарат оказывает также иммуностимулирующее действие. Назначают его также для профилактики инфекций, вызываемых вирусом простого герпеса у больных со сниженным иммунитетом. [1,872].

Исходя, из вышеизложенного стоит отметить, что данный лекарственный препарат имеет широкое применение в медицинской практике и его частое применение требует особого внимания к его качеству.

Анализ данных литературы и нормативной документации показал, что методы количественного определения ацикловира в субстанции несовершенны и не позволяют объективно оценить его качество. Количественное определение ацикловира согласно нормативной документации проводится титриметрическим методом (кислотно-основное титрование в среде ледяной уксусной кислоты). Данный метод является длительным, трудоемким, требует использования токсичных растворителей [2,1].

Анализ лекарственной формы, а именно таблеток ацикловира согласно нормативной документации [3,1], проводится спектрофотометрическим методом, отличающимся доступностью, простотой методик анализа, экспрессностью, высокой чувствительностью, воспроизводимостью и низкой токсичностью .

Более широкому использованию данного метода для анализа субстанции ацикловира препятствует отсутствие государственных образцов сравнения, которые требуются для анализа лекарственного препарата.

Целью настоящего исследования явилась разработка нового варианта метода спектрофотометрии для анализа ацикловира в субстанции с использованием оптических образцов сравнения.

Для разработки методик анализа необходимо было провести оптимизацию условий спектрофотометрического определения ацикловира. Были изучены спектры его поглощения в интервале pH 1,1-12,5 в области от 220 до 400 нм. Изучение стабильности растворов ацикловира показало, что наиболее устойчив раствор ацикловира с pH 12,5. Поэтому в качестве оптимального растворителя для спектрофотометрического определения ацикловира нами был выбран 0,1M раствор натрия гидрооксида (pH=12,5).

В качестве оптического образца сравнения нами выбрана сульфосалициловая кислота. Аналитическая длина волны ацикловира (261 нм) входит в интервал оптимальный для сульфосалициловой кислоты (258-263 нм), поэтому сульфосалициловая кислота может быть предложена в качестве оптического образца сравнения для спектрофотометрического определения ацикловира.

Следует отметить, что у сульфосалициловой кислоты и ацикловира совпадают максимумы поглощения (260±3 нм), что видно на рис. 1. Следовательно, можно предположить, что погрешность анализа ацикловира при отмеченных выше оптимальных условиях не будет превышать допустимую.

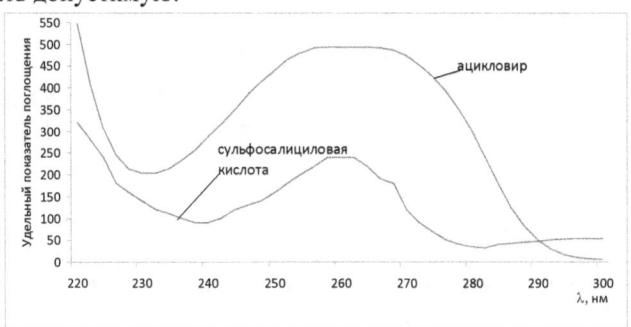

Рис. 1. Спектры ацикловира и сульфосалициловой кислоты
в 0,1M растворе NaOH

В связи с тем, что удельные показатели поглощения ацикловира и сульфосалициловой кислоты не совпадают, рассчитали коэффициент пересчета, который равен 1,497 [4,67].

Результаты количественного определения ацикловира в субстанции по сульфосалициловой кислоте представлены в таблице 1.

Таблица 1.

Результаты спектрофотометрического определения ацикловира в субстанции

№ серии	Образцы сравнения	Метрологические характеристики (n=7, P=95%)						
		$\overline{X}$	S^2	S	$S_{\overline{x}}$	ΔX	E%	S_r
3101 3	Сульфосалициловая кислота	99,83	0,2667	0,5023	0,4486	0,45	0,45	0,043
	РСО	99,76	0,2486	0,4986	0,4503	0,46	0,46	0,043
5121 3	Сульфосалициловая кислота	99,76	0,1697	0,1412	0,4707	0,37	0,37	0,043
	РСО	99,81	0,2678	0,5175	0,4709	0,48	0,48	0,043
1011 2	Сульфосалициловая кислота	99,85	0,2701	0,5213	0,4499	0,49	0,49	0,043
	РСО	99,89	0,2726	0,4662	0,4504	0,43	0,43	0,043

Из табл.01 видно, что относительная погрешность определения ацикловира не превышает 0,49%. Разработанная методика характеризуется хорошей воспроизводимостью (S_r не превышает 0,043), проста в выполнении и не требует дорогостоящих стандартных образцов.

Таким образом, проведенные нами исследования позволили усовершенствовать фармацевтический анализ субстанции ацикловира.

Список литературы

1. Машковский, М.Д. Лекарственные средства. / М.Д. Машковский - 16-е изд., пераб., испр. И доп. – М.: Новая волна, 2012. – С. 872-873.
2. Ацикловир ФС 42-0221-07. – 4 с.
3. Таблетки ацикловира 400мг НД 42-9160-08. – 15 с.
4. Илларионова Е.А., Сыроватский И.П., Плетенева Т.В. Модифицированный метод сравнения в спектрофотометрическом методе анализа лекарственных средств // Вестник РУДН. Серия медицина. – 2003. - №5 (24). – С. 66 - 70.

УДК 629.735.45.064

Касумов Е.В.
к.т.н.
Казанский национальный исследовательский технический университет
им. А. Н. Туполева-КАИ, Каф. КиПЛА
E-mail: ev_kas@rambler.ru

РАСЧЕТ РАЦИОНАЛЬНЫХ КОНСТРУКТИВНЫХ ПАРАМЕТРОВ С ПРИМЕНЕНИЕМ МЕТОДА КОНЕЧНЫХ ЭЛЕМЕНТОВ

Предлагается методика проектировочного расчета крыльев из композиционных материалов. Проводится анализ выбранного критерия оптимизации. Рассматриваются результаты расчета некоторых рациональных параметров элементов тонкостенных конструкций при воздействии аэродинамических сил.

Ключевые слова: анализ напряженно-деформированного состояния, численный эксперимент, проектирование, прочность.

ON THE METHOD OF FINDING RATIONAL DESIGN PARAMETERS USING THE FINITE ELEMENT METHOD
E.V. Kasumov

The article discusses technique of carrying out design calculatiions of wings made of composite materials. The selected optimization criterion are analyzed. Reviewed are the calculation results of some rational parameters of thin-walled structures elements under the influence of aerodynamic forces.

Key words: numerical experiment, designing, strength, the analysis of stress of deformation of items

Введение

Основной целью данной работы является разработка алгоритма численного определения рациональных параметров конструкции из композиционных материалов под воздействием системы внешних нагрузок.

Для достижения поставленной задачи необходимо систематизировать возможные решения задач автоматизированного поиска рациональных параметров конструкции с точки зрения формулировок метода конечных элементов (МКЭ).

Было бы удобно в рамках конечно-элементного расчетного комплекса определить заранее возможные подходы решения задачи поиска наиболее рационального варианта конструкции, исходя из формулировок, применяемых в расчетном комплексе для конечных элементов различного типа, и методов решения основной системы уравнений при реализации задач статики и динамики.

1. Система уравнений рациональной конструкции в рамках МКЭ

Задачи оптимизации конструкций имеют достаточно условный характер, отличаются обилием подходов к решению и выбираемых критериев оптимальности. Это обусловлено многообразием требований, предъявляемых к конструкции: функциональных, конструкторских, технологических.

Во многих работах по этой теме математически задача сводится к оптимизации целевой функции некоторой группы проектных переменных:

$$F=F(X), \tag{1}$$

где $X(X_1, X_2...)$- вектор проектных переменных.

Для определения проектных параметров устанавливается экстремальное значение этой функции. Оптимизации подвергаются такие характеристики, как минимальный вес, максимальная жесткость, а также могут быть одновременно введены такие экономические проектные переменные, как минимальная стоимость. Граничными условиями может быть нежелательная деформация, неразрушаемость, ограничивающий диапазон проектного параметра и т.п.

Численная модель КСС представляет собой сложную схему распределения усилий между элементами конструкции. В общем случае она является статически неопределимой системой, конструктивные доработки которой трудно провести безошибочно без применения расчета, учитывающего наиболее полно взаимосвязи ее элементов. Как правило, на ранних стадиях проектирования конструктор при доработках КСС руководствуется разработанными им гипотезами жесткости для данной схемы.

Например, в схеме крыла растяжение-сжатие может воспринимать лонжерон, а обшивка работает на сдвиг. Вклад замкнутой тонкой обшивки в изгибные деформации можно попытаться не учитывать за счет достаточной жесткости продольно-поперечного набора каркаса. Избыток полученного веса на начальной стадии можно представить запасом прочности конструкции и перепроверить на стадии стендовых испытаний. В данном случае запас прочности фактически определяет степень незнания конструктора о поведении КСС как статически неопределимой системы.

При подобных «упрощенных» гипотезах жесткости конструкции ее доработки приводят к нежелательным деформациям и концентраторам напряжений, которые трудно логически описать без применения методов решений статически неопределимых задач. Картина усложняется при проектировании моноблочного крыла, где элементы каркаса и обшивки имеют еще более сложную взаимосвязь. Здесь для более точного исследования взаимосвязи элементов конструкции требуется алгоритм автоматизации подбора наиболее рационального конструктивного параметра, что удобно реализовать с применением МКЭ.

Разработка алгоритмов поиска рациональных параметров проводится с учетом того, что при построении конечно-элементной модели расчетчик оперирует таками параметрами как: геометрические данные объекта (геометрическое описание поверхностей и объемов),

- количество степеней свободы конструкции и граничные условия,

- условия нагружения,

- толщины материала в элементах конструкции и распределение масс по узлам конечно-элементной сетки,

- модули упругости материала, коэффициент Пуассона, плотность применяемых материалов в конструкции и.т.д.

Оперируя этими параметрами, расчетчик стремится получить конечно-элементную модель, адекватную силовой схеме проектируемой конструкции. При проектировании элементов механической системы поиск рациональной конструкции разделен на две группы:

- подбор рациональной конструктивно-силовой схемы,

- подбор рациональных параметров элементов КСС.

Исходными данными для формулировки задачи оптимизации приняты перечисленные выше параметры. Чтобы обеспечить такую возможность и в силу строения конечно-элементных расчетных комплексов, задача поиска рациональных параметров (и КСС, и рациональных параметров элементов КСС) сводится к схеме (рис. 1), которая основана на двух основных этапах:

1. Решение геометрической задачи по пошаговому распределению заданного параметра оптимизации (толщина оболочки в узлах сетки конечных элементов, плотность материала в узлах сетки и т.п.). На данном этапе фактически реализуется решение уравнения (1);

2. Решение основного уравнения (2) для определения НДС, траектории движения.

Матричное уравнение движения конструкции имеет вид:

$$M\ddot{v} + C\dot{v} + Kv = P . \qquad (2)$$

Здесь K - матрица жесткости конструкции, состоящая из матриц жесткости отдельных конечных элементов;

M - матрица масс конструкции, образованная из матриц масс конечных элементов. Формирование матрицы масс совпадает с формированием матрицы жесткости конструкции из матриц жесткости отдельных конечных элементов;

C - матрица демпфирования, размерность которой совпадает с размерностью матриц K и M;

P - сосредоточенные, объемные и поверхностные силы, действующие на конструкцию;

$v_i v_j ... v_n$ - матрицы перемещений отдельных узлов, n - общее число узлов конечно-элементной модели, т.е. $v = \{v_i v_j ... v_n\}$.

Некоторые возможности определения нагрузок при решении уравнения (2) рассматривались в публикациях раннее [1, 2].

Для более подробного пояснения схемы решения задачи оптимизации в составе конечно-элементного расчетного комплекса необходимо пояснить следующее:

- Алгоритмы поиска оптимальных (рациональных) параметров конструкции итерационные и делятся на два этапа;

- Первый этап является решением геометрической задачи распределения значений параметра оптимизации по узлам сетки конечных элементов. При этом параметр оптимизации (толщина оболочки, угол укладки армирующего слоя, значения масс, плотность материала и т.п.) рассматривается как некоторая функция по линии, поверхности или объему в параметрическом виде;

- Второй этап является решением уравнения (2) (в зависимости от поставленной задачи реализуется решение статики или динамики) относительно данных, присвоенных полученной на первом этапе сетки конечных элементов.

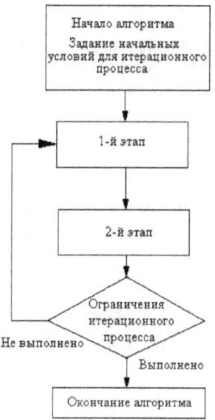

Рис. 1 – схема алгоритма определения рациональных параметров конструкции с применением МКЭ

После решения задачи по второму этапу результат оценивается относительного заданного критерия (нежелательные деформации, заданная частота собственных колебаний, нежелательный уровень напряжений и т.п.) и при необходимости повторяется первый этап. Процесс повторяется итерационно до достижения значений параметров, близких к желаемым.

Если попытаться описать алгоритм поиска рациональной конструкции в виде системы уравнений, то в общем случае задача поиска рациональных параметров конструкции по узлам конечно-элементной сетки в соответствии с заданным критерием может быть выражена следующей системой уравнений:

$$
\begin{cases}
M\ddot{v} + C\dot{v} + Kv = P \\
\quad M\ddot{v} + Kv = 0 \\
\quad\quad n_i = n_i(\alpha, \beta) \\
\quad\quad m_j = m_j(\alpha, \beta) \\
\quad\quad i = 1 \div k \\
\quad\quad j = 1 \div l
\end{cases}
, \qquad (3)
$$

где α, β - параметрические координаты расчетной сетки;

$n_i=n_i(\alpha, \beta)$, - закон распределения параметра оптимизации при решении однокритериальных задач, которым может быть плотность материала (ρ), модуль упругости (E), толщина лицевой панели (δ), радиус-вектор узла конечно-элементной сетки ($\bar{r}$), момент инерции сечения (J), степени свободы в узлах (три перемещения и три поворота в узле КЭ) и т.п. (например, $E=E(\alpha, \beta)$, или $\delta=\delta(\alpha, \beta)$);

$m_j=m_j(\alpha, \beta)$ - функции взаимосвязи параметров оптимизации, которые формулируются в случае решения многокритериальных задач;

k - количество параметров оптимизации;

l – количество функций взаимосвязи параметров оптимизации.

Выше отмечалось, что во многих работах задача поиска рациональных параметров конструкции математически сводится к оптимизации целевой функции некоторой совокупности проектных переменных $F=F(X)$, где ($X_1, X_2...$) - вектор проектных переменных. В выражении (3) целевой функцией является $m_j=m_j(\alpha, \beta)$, $j=1 \div l$. Это может быть нелинейная функция или функционал, описывающий зависимость заданного параметра оптимизации от нескольких других. Однако, на сегодняшний день, в многочисленных работах по оптимизации конструкции никому не удалось получить такое соотношение $m=m(\alpha, \beta)$, при котором все перечисленные выше параметры взаимоувязывались так, что система (3) сводилась к виду:

$$
\begin{cases}
M\ddot{v} + C\dot{v} + Kv = P \\
\quad M\ddot{v} + Kv = 0 \\
\quad m = m(\alpha, \beta)
\end{cases}
\qquad (4)
$$

и имела единственное решение. Иными словами, в общем случае решения задач оптимизации при выборе систем уравнений $n_i=n_i(\alpha, \beta)$, $m_j=m_j(\alpha, \beta)$ отсутствует такое выражение $m=m(\alpha, \beta)$, которое однозначно описывает взаимосвязи всех возможных параметров оптимизации. Выражение (3) является неполным при любых вариантах формулировок.

По этой причине, при решении системы уравнений (3) мы всегда получаем комплекс математических моделей поиска рациональных параметров. Выбор набора параметров оптимизации и набора математических моделей остается всегда результатом субъективного решения конструктора. Оценка полученного набора решений и их обобщение также субъективно с точки зрения конструктора-расчетчика и, как правило, имеет множество вариантов решений, часто не достигающих полностью оптимальных значений.

В итоге, множество получаемых математических моделей является средством максимально возможного всестороннего исследования проектируемой конструкции на ранних стадиях разработки с последующим их уточнением в сравнении с результатами различных видов испытаний.

В зависимости от поставленной при проектировании задачи состав системы уравнений (3) может усложняться или упрощаться. К примеру, при решении задачи поиска рациональных параметров оболочковой конструкции при распределении материала система уравнений сводится к виду:

$$\begin{cases} M\ddot{v} + C\dot{v} + Kv = P \\ M\ddot{v} + Kv = 0 \\ \delta = \delta(\alpha, \beta) \end{cases} \qquad (5)$$

Необходимо дополнить, что с точки зрения общего строения расчетного комплекса конечных элементов системой уравнений конструктивно-силовой схемы будет:

$$\begin{cases} M\ddot{v} + C\dot{v} + Kv = P \\ M\ddot{v} + Kv = 0 \end{cases} \qquad (6)$$

КСС будет выражаться сочетанием конечных элементов различного типа, описывающих идеализированно закон распределения энергии деформации между элементами конструкции. Оптимизация КСС в данном случае будет выглядеть как оптимальное сочетание конечных элементов различного типа (с различными степенями свободы в узле и различными кинематическими гипотезами), позволяющих наиболее точно отразить выбранный проектировщиком закон распределения энергии деформации в КСС, определяя тем самым гипотезу прочности разрабатываемой конструкции. Матрицы **M**, **C**, **K** имеют блочную структуру.

2. О реализации алгоритмов поиска рациональных параметров конструкции

В качестве примера рассмотрим задачу рационального распределения толщины материала $\delta = \delta(\alpha, \beta)$ относительно НДС конструкции.

Основная суть задачи заключается в том, что изначально толщины оболочковой конструкции задаются постоянной величиной $\delta(\alpha, \beta) = const$, где (α, β) - локальные координаты расчетной поверхности. После статического расчета толщина панели перераспределяется в зависимости от величины удельной энергии упругих деформаций материала

$$\Delta \mathbf{W} = \frac{1}{2} \sigma^{\alpha\beta} \mathbf{e}_{\alpha\beta} , \qquad (7)$$

что эквивалентно выполнению критерия минимума потенциальной энергии деформирования. Далее проводится новый расчет с неизменной геометрией и нагрузкой до достижения сходимости. Полученную функцию

$\delta(\alpha,\beta)$ можно принять за функцию рационального распределения материала в проектировочном расчете.

Решение задачи проводилось на различных типах конечных элементов и при различных вариантах нагрузок для простейших примеров, реальных конструкций и их элементов продольно-поперечного набора в отдельности. Ниже приведены примеры решений с применением оболочковых конечных элементов, соотношения которых построены с учетом кинематической гипотезы Тимошенко С.П.

На рис. 2,а представлена расчетная модель консольно закрепленной пластины под воздействием на консоли распределенной по линии поперечной нагрузки и результаты расчета перераспределения материала. Первоначально, до проведения расчета толщина пластины постоянна по всей ее площади. После статического расчета толщина панели перераспределяется. Далее проводится новый расчет с неизменной геометрией и нагрузкой до достижения необходимого значения интенсивности напряжений по Мизесу. В результате итерационного процесса пластина перестраивается в конструкцию, близкую к равнонапряженной, и состоит из двух ребер в форме параболы, объединенных тонкой срединной поверхностью. Геометрические размеры пластины и характеристики материала – длина 400 мм, ширина 200 мм, начальное значение толщины 0.1 мм, модуль Юнга 72000 Н/мм^2, коэффициент Пуассона $\mu = 0.33$.

Для исследования влияния видов нагружения на итерационный процесс распределения материала нагружение пластины менялось с распределенной нагрузки по линии на распределенную нагрузку по поверхности. На рис. 2,b приведены расчеты перераспределения материала при нулевом значении коэффициента Пуассона, а на рис. 2,с изображен закон распределения толщин при $\mu = 0.33$. Из расчетов видно, что перераспределение материала под воздействием распределенных нагрузок по поверхности приводит плавному изменению толщин пластины по всей ее площади. При $\mu = 0$ распределение толщин по площади пластины близко к линейному закону (см. рис. 2,b).

На рис. 2,d показана расчетная модель цилиндрической оболочки с защемленными в основаниях краями. Расчетная нагрузка – распределенное по внешней поверхности давление. Характеристики материала те же, что и в предыдущем случае. Диаметр цилиндра составляет 3000 мм, длина – 5000 мм. Начальная толщина оболочки цилиндра 0.1 мм.

На рис. 2,е представлено напряженно-деформированное состояние цилиндра под воздействием внешнего давления. Как и в прежнем случае, задача определения НДС проводилась в линейной постановке. На рис. 2,f представлено НДС цилиндра после перераспределения толщин материала по поверхности оболочки. Перераспределение материала приводит к снижению уровня напряжений и их выравниванию по значениям на поверхности оболочки. На рисунке видно, что перераспределение материала приводит к образованию фланцев по контуру оснований цилиндра, стенки цилиндра имеют переменную толщину.

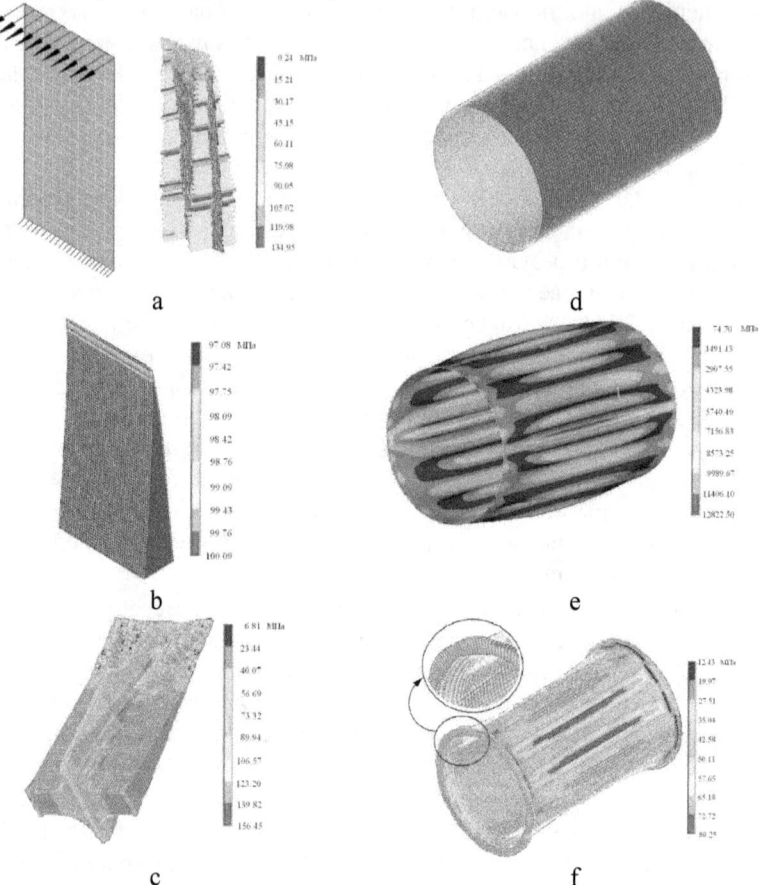

Рис. 2 – расчет распределения толщин материала пластины и цилиндра при различных случаях нагружения

a – расчетная сетка КЭ консольно закрепленной пластины и рациональное распределение материала под воздействием распределенной по линии поперечной нагрузки

b – рациональное распределение материала на консольно закрепленной пластине под действием распределенной по поверхности нагрузки при значении $\mu = 0$.

c – рациональное распределение материала на консольно закрепленной пластине под действием распределенной по поверхности нагрузки при значении $\mu = 0.33$.

d – расчетная сетка цилиндра защемленного по основаниям.

e – НДС цилиндра защемленного по основаниям под воздействием внешнего давления по поверхности.

f – рациональное распределение материала цилиндра защемленного по основаниям с учетом воздействия внешнего давления по поверхности.

На рис. 3 показано распределение толщин материала пластины под воздействием сосредоточенной поперечной нагрузки. Расчетная схема показана на рис. 3, а. Геометрические характеристики и характеристики материала аналогичны примеру на рис. 2,а. На рис. 3,b показано (слева) напряженно-деформированное состояние (НДС) пластины после перераспределения материала, когда НДС уже близко к равнонапрянному состоянию. На рис. 3,b справа соответствующее полученному НДС рациональное распределение материала. Однако, продолжаю перераспределение материала до заданного значения массы или максимума напряжений можно получить и иную форму распределения материала (при этом конструкция остается так же в состоянии близком к равнонапряженному) – см. рис. 3,с.

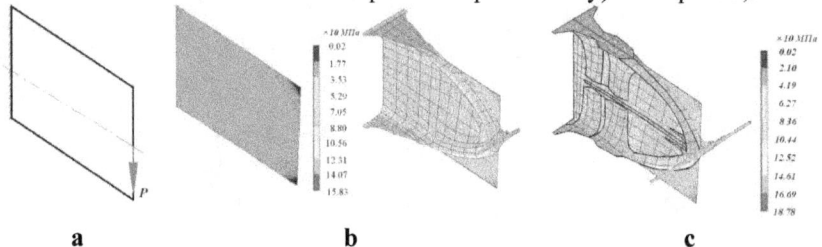

a   **b**   **c**

Рис 3- расчет распределения толщин материала пластины под воздействием сосредоточенной поперечной нагрузки

На рис. 4 показано изменение формы сечения по длине и уровень напряжений после перераспределения материала защемленной с обоих концов балки под действием распределенной поперечной нагрузки. Геометрические характеристики сечения меняются в зависимости от уровня напряжений по длине конструкции, переходя из несимметричного двутаврового сечения в прямоугольное и затем снова в двутавровое. До выполнения процедуры перераспределения материала сечение балки прямоугольное, толщина прямоугольника 0.1 мм. Характеристики материала те же, что и в примерах выше.

В рассмотренных задачах значение начальной толщины можно задавать двумя способами. В первом варианте задается минимальное значение толщины, которое затем наращивается и уменьшается в процессе итераций в зависимости от заданного критерия (например, уровень максимальных напряжений, равный $k \times \sigma_B$, где k —можно принять как коэффициент запаса прочности). Во втором варианте задается значение толщины с учетом неизменного объема материала оболочки, и происходит в процессе итераций лишь перераспределение изначально заданного объема. В этом случае по окончании итерационного процесса оценивается уровень напряжений и при необходимости начальное значение толщин можно уменьшить или увеличить с последующим пересчетом закона распределения толщин.

Необходимо отметить особенности порядка определения исходных данных. При решении задачи поиска рационального параметра рассматривается не отдельный расчет статического нагружения, а итерационный процесс в целом. По этой причине целесообразно задавать начальное значение искомого параметра исходя из размерности задачи несколькими способами. Первый – подразумевает задание значения максимально малым, как это делается для значения толщины в показанных выше примерах. При этом значение толщины выбирается столь малой величиной, при которой решение задачи статического нагружения на каждой итерации выполняется (т.е. граничные условия, нагрузки и геометрические характеристики конечных элементов удовлетворяют решаемой системе уравнений).

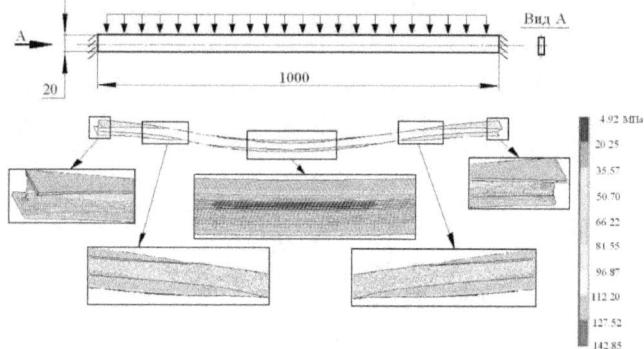

Рис. 4 – расчет рациональных параметров сечений балки под воздействием поперечной распределенной нагрузки

Начальная толщина материала не обязательно должна отражать реальные ожидаемые конструктивные параметры и должна лишь обеспечивать решение первоначальных итераций. При этом в процессе итераций толщина материала будет наращиваться до достижения в конструкции необходимого уровня интенсивности напряжений (например, по значению σ_B). Второй способ подразумевает задание параметра (толщины материала) максимально большим (завышенным), исходя из особенностей конструкции и размерности расчетной сетки. Третий способ – это подбор начального значения исходного параметра (в данном случае толщины) исходя из статистических данных о конструкции прототипов. В этом случае после завершения итерационного расчета конструкция может оказаться близкой к равнонапряженному состоянию, но уровень напряжений будет превышать несущую способность материала. Тогда итерационный процесс придется повторить с увеличением начального значения толщин.

На рис. 5 показана пластина, геометрические характеристики которой построены по результатам расчетов, приведенных на рис. 2,а. По сравнению с результатами расчетов на рис. 2,а геометрические параметры новой пластины упрощены (не предусмотрены изменения толщин h по поверхности пластины от места нагружения к защемленному концу пластины, форма продольных ребер не предусматривает никаких изгибов). На рис. 2,а показана качественная картина распределения толщин после итерационного перераспределения материала, а на рис. 5 справа геометрические размеры полученной пластины с двумя продольными ребрами в виде параболы.

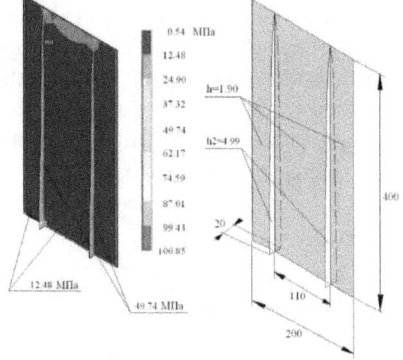

Рис. 5 – НДС и геометрические параметры консольно закрепленной пластины под воздействием распределенной по линии поперечной нагрузки. Модель построена с применением конечного элемента оболочки и с учетом геометрических параметров полученных после алгоритма рационального распределения материала (см. рис. 1,а). Поле интенсивности напряжений максимально равномерно. Уровень напряжений в продольных ребрах 49.76 МПа, а по пластине – изменяется от 0.54 МПа до 12.48 МПа.

h – толщина пластины.

h2 – толщина продольных ребер.

На рис. 5 слева показано НДС полученной итерационным расчетом пластины. Граничные условия и нагружение соответствуют рис. 2,а. По сравнению с консольно закрепленной пластиной постоянной толщины полученное решение (см. рис. 5) дает выигрыш в весе 25-30%. Рассмотренные выше примеры решения позволяют оценить скорость сходимости итерационных алгоритмов и оценить возможности применения алгоритмов поиска рациональных параметров с учетом свойств конечных элементов по точности решения при различной густоте расчетной сетки. Приведенные примеры наглядно демонстрируют поведение алгоритма поиска рационального параметра для различных видов нагружения конструкции.

Рассмотренный алгоритм решения опробовался на нескольких экспериментальных моделях различных видов конструкций (центробежного компрессора, крыльев большого и малого удлинения, элементах конструкции легких вертолетов) и с различными типами конечных элементов (осесимметричные, треугольные КЭ с кинематической гипотезой Тимошенко С.П. и Кирхгофа-Лява, многоузловые КЭ многослойных оболочек с кинематической гипотезой Тимошенко С.П.). В качестве иллюстративного примера на рис. 6 представлена качественная картина изменения НДС крыла цельнометалического планера большого удлинения после проведения оптимизации (ширина корневой хорды – 670 мм, концевой – 300 мм, размах 18000 мм). Расчеты показали возможности снижения уровня напряжений в конструкции, выбора геометрических параметров продольно-поперечного набора (рис. 6,a,d), желательное положение лонжерона переменного по длине сечения. Первоначально крыло рассматривалось как оболочка с учетом геометрических характеристик заднего лонжерона, которые продиктованы технологией изготовления. Конфигурация сечений основного лонжерона рассматривалась отдельно. После итерационного расчета перераспределения материала сечения лонжерона упрощались исходя из условий его изготовления (см. рис. 6,d).

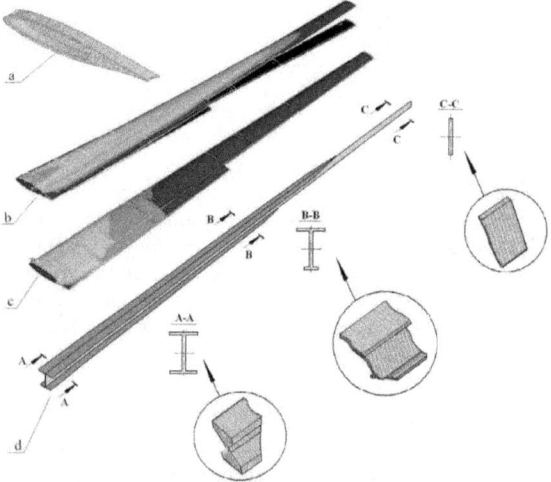

Рис. 6 – качественная картина изменения НДС крыла и распределения материала элементов продольно-поперечного набора цельнометалического планера большого удлинения после проведения оптимизации.

a – распределение материала по поверхности нервюры после применения алгоритма рационального распределения материала.

b – НДС консоли крыла под воздействием аэродинамических сил до проведения перераспределения материала.

c – НДС консоли крыла под воздействием аэродинамических сил после проведения перераспределения материала (уровень напряжений значительно снижается а поле распределения интенсивности напряжений сглаживаются).

d – изменение сечений по длине основного лонжерона крыла после перераспределения материала под действием распределенной по линии поперечной нагрузки геометрические параметры сечений осреднены по значениям аналогично задаче на рис. 1,a и рис. 5).

Анализируя результаты расчетов для конструкций из различных видов материала (изотропных и ортотропных), проводилась оценка эффективности решения для различных типов конечных элементов. Более подробно результаты расчетов по алгоритму поиска рациональных параметров показаны на примере ниже для конструкции из изотропного материала. Качественно проявление погрешностей расчета для четырехугольных конечных элементов (КЭ) хорошо видны на рис. 2,а,с в виде концентраторов напряжений высокого уровня на поверхности пластины, модель закона рационального распределения материала имеет дискретный характер и зависит от выбранной густоты расчетной сетки с учетом условий сходимости решения к точному для данного типа КЭ.

Несмотря на высокую эффективность метода решения, при расчете конструкции под действием распределенных нагрузок требуются достаточно большие затраты расчетного времени (например для задачи определения НДС с системой в 1000000 уравнений требуется около 7000 итераций).

Для снижения трудоемкости и расширения возможностей расчета можно применить многоузловой геометрически нелинейный конечный элемент многослойной оболочки [3, 4].

3. Заключение

В данной работе предлагается методика проектировочного расчета конструкций из композиционных материалов. Проводится анализ выбранного критерия оптимизации. Рассматриваются результаты расчета некоторых рациональных параметров элементов тонкостенных конструкций в виде тестовых задач и реальных конструкций. Предлагаемый подход к решению поиска рациональных параметров возможен к реализации на любом программном комплексе по МКЭ при наличии возможности его программирования (например, таких, как ANSYS).

Предлагаемые алгоритмы поиска рациональных параметров наиболее просты в применении для инженера-конструктора с применением метода конечных элементов на ранних стадиях проектировочных расчетов.

Литература

1. Голованов А.И., Касумов Е.В., Шувалов В.А. О методике численных экспериментов в проектировочных расчетах механических систем вертолета //Ученые записки ЦАГИ. 2010. Т.XLI, №4 с. 86-104

2. Касумов Е.В. Численное моделирование конструкции на ранних стадиях проектирования вертолета //Ученные записки ЦАГИ, 2013 Том XLIV, № 2 с. 74-83

3. Гайнутдинов В.Г., Касумов Е.В. Об алгоритме построения упругих моделей и расчете некоторых рациональных параметров несущих поверхностей из композиционных материалов. //Изв. вузов. Авиационная техника. 1999. №4. с.13-15.

4. Гайнутдинов В.Г., Касумов Е.В. Алгоритм определения рациональных параметров конструкции несущей поверхности с учетом воздействия системы внешних нагрузок и заданного поля температур //Вестник Казанского государственного технического университета им. А.Н.Туполева, 2013. №3, с. 21 - 24

Исаев Г.Г.

доктор филологических наук, профессор, Астраханский государственный университет, г. Астрахань, kafruslit@mail.ru

ТЕЛЕСНЫЕ КОНЦЕПТЫ В СТРУКТУРЕ МЕТАФОР А.МАРИЕНГОФА

Метафора – важнейшие изобразительно-выразительное средство в лирике поэта А.Мариенгофа, входившего в 1920-е годы в авангардистскую группу имажинистов. Уже в «Декларации» (1919), своем первом программном документе, они заявили о том, что «единственным законом искусства, единственным и несравненным методом является выявление жизни через образ и ритмику образов» [1,8-9]. Ставя во главу угла «верлибр образов», последователи группы перечисляли приоритетные для них художественные средства: «Образ, и только образ. Образ – ступенями от аналогий, параллелизмов – сравнения, противоположения, эпитеты сжатые и раскрытые, приложения политематического, многоэтажного построения – вот орудия производства мастера искусства» [1,9]. В этом перечислении не названа метафора, но в более поздней «Почти декларации» (1923) она обозначена как одно из важнейших средств создания образа: «Метафорическая цепь. Лирическое чувство в круге образных синтаксических единиц-метафор. Выявление себя через преломление в окружающем предметном мире…» [1,13]. Здесь же декларируется отход от «футуристического разорванного сознания» и понимание поэзии как мышления, как работы, «которая производится беспрестанно в психике…» 1,17]. О роли метафоры в поэзии размышлял В.Шершеневич в своем сочинении «2х2=5. Листы имажиниста»: «В каждом слове есть метафора(…), но обычно метафора зарождается из сочетания слов…» [1,25]. Задача поэта-имажиниста: «Ритмичность и полиритмичность свободного стиха имажинизм должен заменить аритмичностью образов, верлибром метафор» [1,29]. А.Мариенгоф в эссе «Буян-остров. Имажинизм» (1920), имея в виду метафору, писал: «…образная девственность лова утеряна. Только зачатье нового комбинированного образа порождает новое девство, но уже не слова-звена, а мудро скованной словесно-образной цепи» [1,41]. Метафора, по А.Мариенгофу, основное средство художественного мышления, создания образа и смысла: «Взор поэта не видит, а проникает, или видит то, что для других еще сегодня вне зрения (поводырь слепцов). Поэт не повторяет имя, данное ранее, а называет заново, зачерпнув ковшом образа вино нового смысла» [1,41]. О важности «образа от плоти» писал в «Ключах Марии» С.Есенин. Слово, по мысли поэта, должно обогащаться новыми, необычными чувственными смыслами.

Если попытаться расшифровать образы, к которым прибегали имажинисты в своих размышлениях о путях обновления поэзии, то можно сделать следующие выводы:

- одним из основных художественных средств обновления языка поэзии является метафора;

- имажинистская метафора должна создаваться по принципу верлибра – свободного стиха, в качестве ее элементов могут использоваться кажущиеся совершенно случайными слова-концепты, «вино нового смысла» рождается из столкновения совершенно разных концептов;

- приоритет отдается не простой метафоре, а метафорам-цепочкам, порождающим сложное мерцание смыслов;

- установка вслед за символистами на всеобщую семиотизацию реальности, отношение к событиям, людям и предметам как к тексту, который нуждается в интерпретации.

Из теоретических деклараций имажинистов выявляется и еще одна, можно сказать, основная особенность их метафор, которая проистекала из преклонения перед естественными науками. В.Шершеневич указывал, что «все искусство строится на биологии и вообще на естественных науках» [1,23]. А.Мариенгоф в заключительной главке своего эссе, говоря о реалистическом фундаменте имажинистской поэзии, утверждал, что ее важнейшие составляющие - «телесность, ощутимость, бытологическая близость образов». Это вело к тому, что при создании сравнений и метафор он оперировал в основном концептами телесности, поэтому преобладающими в его лирике и поэмах являются природоморфные метафоры.

Акцентирование А.Мариенгофом креативного начала при создании метафоры ведет к необычному видению ситуации или проблемы. Поэт сознательно нарушает традиционные способы словоупотребления и словосочетания. Теоретически он обосновывает это следующим образом: «Одна из целей поэзии – вызвать у читателя максимум внутреннего напряжения. Как можно глубже всадить в ладони читательского восприятия «занозу образа, чему всего лучше служит соединение высокого и низкого, «совокупление соловья и лягушки» ( ). Это по сути дела предвосхищение теории концептуальной или когнитивной метафоры, которая разрабатывается в наши дни когнитивистикой (работы М.Блэка, Дж.Серля, Мак Кормака, Дж.Лакоффа и М.Джонсона и др.), истолковывающей концептуальную метафору как пересечение знаний об одной концептуальной области в другой концептуальной области и утверждающей, что «метафора именно создает, а не выражает сходство» [3,161]. Когнитивная метафора становится у А.Мариенгофа основным вербализированным приемом творческого мышления, в основе которого – имплицитное противопоставление обычного видения мира необычному, что соответствовало общей эстетической установке имажинистов на отказ от мимесиса, создание образов из знаков культуры и расширение смыслового объема слова за счет возникновения у него переносного значения и усиления экспрессивных признаков.

Современная когнитивистика в соответствие с теорией моделей считает, что в образовании метафоры участвуют два элемента: область-источник и область-цель (по терминологии Дж.Лаккофа и М.Джонсона). «Метафорическая модель – это существующая и/или складывающаяся в сознании носителей языка схема связи между понятийными сферами, которую можно представить определенной формулой: «X – это Y»» [4,135]. X и Y вступают друг с другом в отношения не отождествления, а подобия. Элементы одной ментальной сферы служат основой для создания ментальной системы другой сферы. Для описания особенностей метафор А.Мариенгофа в его лирике можно выделить следующие элементы:

- революционные массы – анархия и ненависть ко всему прошлому;
- революционеры – могильщики старого мира;
- революция – рождение новой религии;
- революция – мировая мясорубка («Кондитерская солнц»);
- революция – жестокость, отказ от идеалов Христа («Твердь, твердь за вихры зыбим…»);
- революция как разрешение конфликта между Христом и Солнцем-Иеговой.

В соответствии с эстетикой имажинизма А.Мариенгоф при создании метафор сближает сущности социального и физиологического планов, между которыми обычно не существует реального сходства. «Основанием сближения, вследствие этого, может служить любой признак, каждый, и таким образом – все, в результате чего тождество предстает как абсолютное» [7,92]. Нередко стихотворение у поэта предстает как развернутая метафора с акцентом на ее телесных составляющих. Такая метафора выдает воображаемое за действительное. Как заметил В.Телия, она не оценивает, но рисует, поэтому такая метафора текстуально беспредельна – она должна создать инобытие мира [5,145].

Проанализируем в свете этого метафоризацию в стихотворении А.Мариенгофа «России», в котором ощущаются отголоски жанра оды (сигналами одического начала является лексика высокого стиля, устаревшие слова – чаяния, изрыгают, сосцы, ложе, чрево, дщерь, анафема, доколе, жертва, братство, брань; библиеизмы – Ева, ад, Отец (Бог), которые оттеняются употреблением разговорной лексики – мах, поганый, свора, зыбка, нянчиться), ядром становится развернутая метафора «Россия – постоянно беременная и рожающая женщина». Взаимодействие двух семантических смыслов (номинация «Россия эпохи революции» - Россия - беременная и рожающая женщина) эксплицитно и имплицитно обозначается нагнетанием телесных концептов, связанных с обозначением процессов функционирования женского организма: тело, зачатье, недра, живот, роды, сосцы, чрево, кровь. Ясно, что создание метафоры нацелено не на отражение реальных революционных процессов в России, а на моделирование иной реальности, «в которой в результате перераспределения признаков» революционные процессы перестают быть только собой. Поэт, ангажированный идеями большевизма, концептуализирует целостную динамическую ситуацию в традициях стратегии редуцированного жизнеописания, идет по пути реализации метафоры: с опорой на телесные концепты в метафорической форме манифестируются лозунги революции. На первый план в дискурсе выходят модальность номинатив – коммуникативная стратегия жизнеописания и декларатив – модальность, обслуживающая теоретические положения, идеи. Механизмом смыслообразования на уровне риторической структуры нарратива является метафора, которая конструируется как переработка большевистского текста посредством игры авторского и чужого слова.

В авторском слове на первый план выходят мотивы обыгрывания образов частей тела женщины-России. Например, для выражения идеи «Россия как воплощение надежд народов на возможность изменения жизни к лучшему» вводится концепты «изрыгать», несущий оттенок высокого устаревшего стиля, и «недра», используемое в переносном значении: «Чаяния / Твои изрыгают недра…». При описании трагического положения страны доминирует концепт «живот», обозначающий часть тела, где расположены органы пищеварения. Женщина-Россия находится в состоянии крайней безнадежности: «А ты под нож / Подставляешь живот с отчаянья…». Вера в то, что Россия станет источником перманентной революции передается с помощью концептов «зачатье», «роды». В создании метафоры участвуют устаревшее слово «ложе», просторечное «зыбке», разговорное «нянчиться»:

Еще зачатья
Будут на красном ложе,
Еще роды…

Еще не одна революция
Нянчиться будет в твоей зыбке…

Субъект речи последовательно говорит о теле России. Это присутствует, например, в передачи мысли о том, что во имя пролетарского братства надо разделить все ее богатства: «Твои щедро / Тела богатства / Разделить надо во имя братства…». Точно также, с акцентированием телесной сущности России утверждается идея будущего единения народов вокруг России:

Скоро
К сосцам твоим присосутся,
Как братья,
Новые своры
Народов...

На языке тела лирический герой пророчествует о том, что Россия «беременна» мировой революцией и в своей время породит новую прародительницу человечества:

Из твоего чрева,
Из твоего ада
Пьяному кровью
Миру вынут
Новую дщерь,
Новую Еву...

Отмеченные особенности структурирования метафоры дают о себе знать и во многих других стихотворениях А.Мариенгофа:

Воплей залп –
Неба живот в дрожь. (Кондитерская солнц»).

Клыками артиллерия
Улиц артерии,
Говядину человечью в куски.
Миряне,
Это – в небо копытами грозно конь русский («Кондитерская солнц»).

С запахом самки
Крови парной крынки («Человек. Красивый...»)

Сегодня, когда ржут
Разрывы и, визжа над городом, шрапнели
Вертятся каруселями,
Убивая и раня,
И голубую вожжу у кучера вырывают смертей кони... («Магдалина»)

Опять трехдюймовки хохотали до коликов,
Опять артиллерия заграбастывала кварталы в охапку,
 И небе дымки кувыркались красноглазыми кроликами... («Магдалина»)

Мозг не может слученною сукой виться!
Выньте безумия каучуковые челюсти... («Магдалина»)

Жилистые улиц шеи
Желтые руки обвили закатов... («Слепые ноги»).

В «Марше революций» образ революции создается на основе метафоры «революция – буйно скачущий конь».

Весьма частые в структуре метафор А.Мариенгофа интертексты чаще всего в своей основе тоже имеют телесную образность:

Милая, нежности ты моей
Побудь сегодня
Козлом отпущения!

Таким образом, система эстетических механизмов позволяет А.Мариенгофу с помощью парадигмального развертывания исходной метафоры провести единую точку зрения. Введение метафоры «Революционная Россия – рожающая женщина» определяет весь изобразительно-выразительный строй лирического стихотворения, в котором телесные составляющие метафоры, являясь проявлениями поверхностной структуры, обеспечивают раскрытие глубинного содержания художественного замысла поэта. Метафоры А.Мариенгофа, основанные на параллелях и аналогиях, становятся способом понимания революционной современности, позволяют увидеть революцию в необычном ракурсе, в свете образа мучающейся в постоянных родах женщины-России. Процесс же видения, как заметил Л.Витгенштейн, «с необходимостью включает в себя ментальную, интерпретаторскую деятельность» [6,193].

Литература

1. Декларация // Поэты-имажинисты / Сост., подг. текста, биограф. заметки и примечания Э.М.Шнейдермана. СПб.: Пб. Писатель, М., Аграф, 1997;
2. Тексты А.Мариенгофа цитируются без указания страниц по изданию: Поэты-имажинисты / Сост., подг. текста, биограф. заметки и примечания Э.М.Шнейдермана. СПб.: Пб. писатель, М., Аграф, 1997;
3. Блэк М. Метафора // Теория метафоры. М.: Прогресс, 1990;
4. Будаев Э.В. Зарубежная политическая лингвистика. М.: Флинта, 2008;
5. Телия В. Русская фразеология. Семантический, прагматический и лингвокультурологический аспект. М.: Языки русской культуры, 1996;

6. Wittgenstein L. Philosophical Investigations. Oxford, Basil Blackwell, 1953;

7. Гажева И. Динамические метафорические модели в художественном дискурсе младосимволистов (На материале "Симфоний» Андрея Белого) // Speech and Context Journal / 2009, V.1.

Маркова Т.С.
кандидат экономических наук, и.о. зав. кафедрой германских и романских языков Института иностранных языков и лингвокоммуникаций в управлении Государственного университета управления, г. Москва

СИНОНИМИЧЕСКИЕ И ОППОЗИЦИОНАЛЬНЫЕ ОТНОШЕНИЯ В АББРЕВИАЦИИ (НА МАТЕРИАЛЕ СОВРЕМЕННОГО НЕМЕЦКОГО ЯЗЫКА)

Словарный состав языка представляет собой сложную иерархическую систему. Системный характер отобранной нами лексики, а именно аббревиатур, входящих в терминосистему экономики и менеджмента, наглядно может показать анализ таких аспектов аббревиации как синонимические и оппозициональные отношения.

В качестве разновидности парадигматических отношений традиционно рассматривается синонимия. При этом интересно отметить, что хотя она является одной из наиболее изученных семантических категорий, большинство исследователей признает, что в этой области до сих пор существует много спорных и нерешенных вопросов. Так, дистинктивная синонимия, задачей которой является семантическая дифференциация синонимов, отличается особой сложностью в области контрастивных исследований (межъязыковая синонимия) [1, 95]. Ряд исследователей не признает понятия абсолютной синонимии, поскольку последнее противоречит, по их мнению, реальности. Предметом синонимики, в их понимании, является скорее сходство, незначительное различие значений, а не их идентичность. По мнению других исследователей единственным критерием синонимии является взаимозаменяемость синонимов при неизменном значении внутри некоторых контекстов.

Анализ различных концепций синонимии позволяет сделать вывод об отсутствии полностью идентичных синонимов в языке, поэтому правомерно рассматривать синонимию, а тем более межъязыковую синонимию, как значительное сходство значений слов при их незначительных семантических различиях. С бо́льшим основанием можно говорить о полной синонимии в аббревиации, поскольку аббревиатура практически является синонимом исходного слова или словосочетания. Так, можно считать аббревиатуру ABA синонимом композита Abwasserbehandlungsanlage (водоочистное сооружение), а аббревиатуру ABAG синонимом композита Arzneimittelbudget-Ablösungsgesetz (закон об отмене бюджета лекарственных препаратов). Признание возможности синонимии в аббревиации тем более правомерно в нашем случае, когда речь идет об аббревиатурах терминосистемы экономики и менеджмента, где не имеют места стилистические различия. Ядро таких синонимов составляют слова нейтрального стиля, лишенные эмоционально-экспрессивной окраски.

Хотя и в этом случае имеются исключения. Аббревиатуры могут стать многозначными в отличие от своих прототипов, которые многозначными не являются. Это может произойти вследствие образования терминов на основе метонимического переноса. Так, наименование фирмы может переходить на наименование продукта, производимого данной фирмой, например BMW и VW – наименования фирм и марок автомобилей. При этом меняется и морфология аббревиатуры. Прототип аббревиатуры BMW – Bayerische Motorenwerke - является словосочетанием, в котором существительное стоит в форме множественного числа, являясь в единственном числе существительным среднего рода, аббревиатура же фирмы BMW представляет собой существительное женского рода единственного числа. Не всегда можно говорить и о взаимозаменяемости аббревиатуры и её полного прототипа, поскольку в композитах, одним из компонентов которых является аббревиатура, например название партии, замена её полным наименованием партии исключается (CDU-Opposition, CDU-Chef).

Следовательно, равнозначные синонимы могут быть неполными, т.е. могут совпадать по значению, но отличаться по употреблению. Дело в том, что в составе отаббревиатурных производных употребляются, как правило, именно аббревиатуры, а не исходные полные словосочетания, например: EWG-Länder, NRW-Wirtschaftsminister, Fahrschein-SMS, DB-Zug и т.д. Так что, выводя основные, с нашей точки зрения, критерии установления синонимичности единиц в системе аббревиации: 1) тождественность смыслового значения и 2) возможность взаимозаменяемости внутри конкретных контекстов, следует особенно подчеркнуть в пункте 2 слово конкретных, но не всех контекстов.

Причиной возникновения синонимов-дублетов в аббревиации является интенсификация межъязыковых контактов. Поскольку официальными языками ВТО и ООН являются английский, испанский и французский, а английский и французский являются также официальными языками НАТО, в отличие от немецкого языка, не относящегося к официальным языкам этих международных организаций, то в немецкой периодике по экономике и менеджменту можно встретить сокращенные названия одних и тех же международных организаций на разных языках, хотя преобладают всё-таки сокращения на английском языке. Например: OHIM (англ.) Office for Harmonization in the Internal Market (Trade marks and Designs) = OAMI (исп.) Oficina de Armonización del Mercado Interior (Marcas, Dibujos y Modelos) - Ведомство унификации единого внутреннего рынка (товарные знаки, образцы и модели) Европейского Союза; OAS (англ.) Organization of American States = OEA (исп.) Organización de los Estados Americanos Organisation amerikanischer Staaten (OAS) -

Организация американских государств; WAEMU (англ.) West African Economic and Monetary Union = UEMOA (фр.) Union Economique et Monétaire Ouest Africaine – Западноафриканский экономический и валютный союз; WADB (англ.) West African Development Bank = BOAD (фр.) Banque Ouest Africaine de Dévoloppement – Западноафриканский банк развития.

В отношении межъязыковой синонимии необходимо отметить, что синонимы эти различаются сферой применения, поскольку являются лексическими единицами разных языков. Степень семантико-структурного сходства/несходства исходной и переводной лексической единицы определяется различием возможностей исходного языка и немецкого языка как языка-реципиента. Где-то исходное содержание может быть перевыражено аналогичными лексическими единицами, а где-то нет. [2, 33]. В частности, различие может быть обусловлено тем, что во французском языке, в отличие от немецкого, прилагательное занимается постпозицию по отношению к существительному, например: FIA – Federation Internationale d`Automobile (Internationale Automobilföderation). Структурные расхождения с английским языком могут быть связаны с тем, что в немецком языке в большей степени распространены сложные существительные, например: AsDB - Asian Development Bank (Asiatische Entwicklungsbank). В основном же вышеназванные аббревиатуры ASEB и AsDB, а также FIA и IAF можно расценивать как синонимы, поскольку значение их совпадает.

По мнению В.П. Руднева реальность в принципе состоит из бинарных оппозиций, так называемых модальностей: хороший - плохой, можно - нельзя. На этом в принципе базируется оппозитивное моделирование фрагментов языковой картины мира. Развитие оппозициональных отношений в лексике отражает восприятие действительности во всей ее противоречивой сложности и взаимообусловленности [3, 38]. Поэтому сами понятия, обозначаемые контрастными языковыми единицами, как и языковые единицы, находятся не только в оппозиции друг к другу, но и тесно связаны между собой. Так, лексические и графические аббревиатуры с одной стороны образуют оппозицию, с другой стороны по значению своему эти аббревиатуры зачастую являются синонимами, например: АА A.A. Anmeldeabteilung (отдел приема заявок), ABz Abz. Amtsbezirk (административный округ), AGFA / Agfa Aktiengesellschaft für Anilinfabrikation «Акциенгезельшафт фюр Анилинфабрикатьон» (химическое предприятие ФРГ /АО (первоначально по производству анилина/), Ar.Ge. ARGE Arbeitsgemeinschaft (общество, сообщество, объединение, координационный комитет, консорциум). То же самое можно сказать об оппозиции усечение – каркасная конструкция: Ass. Asst. Assistent (ассистент).

Базовым для анализа антонимических номинаций является выявление критерия сравнения. Этот критерий может носить структурный характер. Мы уже упоминали оппозицию усечение – каркасная конструкция. В оппозиции по отношению друг к другу находятся чисто инициальные и смешанные аббревиатуры (инициальные с усечением) BSG BSozG Bundessozialgericht (Федеральный суд по социальным вопросам) или VDA VergDA Vergütungsdienstalter (стаж работы, дающий право на получение премии (бонификации), являющиеся в то же время по значению своему синонимами. Иногда число таких синонимов может доходить до четырех: Verw.-Ger. / VwG / VG / VerwG – Verwaltungsgericht (административный суд).

В оппозиционные отношения друг с другом вступают структурные модели аббревиатур с сохранением «следов» служебных слов и модели аббревиатур, в которых служебные слова немаркированы. Так, в аббревиатурах могут присутствовать сокращения артикля: BdK Bund der Kriminalbeamten (Объединение сотрудников уголовной полиции), союза: B.u.E. Berichtigungen und Ergänzungen (поправки и дополнения), HTBLuVA Höhere Technische Bundes-Lehr- und –Versuchsanstalt (Высшее государственное техническое учебно-экспериментальное учреждение), а также предлога: HfTL Hochschule für Telekommunikation Leipzig (Лейпцигская высшая школа телекоммуникаций), AfA Absetzung für Abnutzung (скидка за износ (основных средств), BfA Bundesversicherungsanstalt für Angestellte (Федеральное страховое общество по страхованию служащих, Федеральное управление страхования служащих), BfN Bundesamt für Naturschutz (Федеральное ведомство охраны природы). Чаще всего незнаменательные слова в самой аббревиатуре немаркированы, хотя содержатся в расшифровке аббревиатур (BLT Bundesanstalt für Landtechnik (Федеральное ведомство сельскохозяйственной техники), BUK Büro für Unternehmenskontakte (Бюро контактов между предприятиями), FHW Fachhochschule für Wirtschaft Berlin (Высшая специальная школа экономики, Берлин), GWB Gesetz gegen Wettbewerbsbeschränkungen (закон против ограничений конкуренции).

Можно также рассматривать в качестве оппозиции использование в немецкой терминосистеме экономики и менеджмента чисто немецких сокращений и заимствований. При этом заимствования легко сочетаются с немецкими компонентами (полусуффиксами, прилагательными и существительными), образуя сложные и производные гибридные соединения, например: CIM-Frachtbrief, SMS-tauglich, Frühstücks-TV, Luder-TV, Fahrschein-SMS.

Особый интерес в этой бинарной оппозиции представляют собой наименования немецких и австрийских банков и фирм на английском языке (BA-CA - Bank Austria Creditanstalt «Банк Аустрия кредитаншталь»)

(Кредитный банк Австрии), AUA- Austrian Airlines (österreichischer Luftfahrtkonzern) «Аустриан Эйрлайнс» (Австрийский авиационный концерн), BAG - Bavarian Auto Group «Бавариан ауто групп» (Баварское объединение предприятий автомобильной промышленности). Это можно объяснить стремлением молодых предприятий к тому, чтобы их наименования были понятными на всем мировом рынке, где в последнее время в качестве международного языка прочно укрепился английский язык. Поэтому лишь старые и действительно всемирно известные фирмы могут позволить себе пользоваться традиционными немецкими наименованиями, например BASF (Badische Analin-und Soda-Fabrik, BMW – Bayerische Motorenwerke, VW – Volkswagen).

В оппозиции друг к другу находятся также регулярные и окказиональные аббревиатуры, т.е. аббревиатуры, которые живут лишь в том контексте, в котором они родились, и аббревиатуры, широко распространенные и встречающиеся в различных контекстах, как например AG - Aktiengesellschaft (акционерное общество), BM - Bundesministerium (Федеральное министерство), EG - Europäische Gemeinschaft (Европейское сообщество) и т.д. Примером окказиональных сокращений могут служить сокращения из языка биржевой лексики: -B (отсутствие курса покупателей), а (котировка курса приостановлена), которые употребляются лишь в узком контексте.

Анализ денотативных сем, лежащих в основе антонимического противопоставления, является базовым для развития теории вторичной номинации. Однако собственно антонимия, т.е. семантическая противоположность, в аббревиации явление редкое. Тем не менее можно привести примеры аббревиатур-антонимов: lmi - leistungsmengeninduziert (обусловленный величиной выработки, обусловленный производительностью) - lmn - leistungsmengenneutral (независящий/независимый(о) от величины выработки, независящий/ независимый(о) от производительности); AG - Auftraggeber (заказчик) - AN - Auftragnehmer (подрядчик); i. e. S. - im engeren Sinn (в более узком смысле) - i. w. S. - im weiteren Sinn (в более широком смысле).

Сюда можно также отнести в более широком смысле аббревиатуры, исходные единицы которых являются разнокорневыми антонимами, а сами аббревиатуры отличаются формальной структурой, например: Gw - Gewinn (прибыль) - Vl. - Verlust (ущерб, убыток); Liq. - Liquidation (ликвидация (предприятия, организации) Neugr. - Neugründung (основание нового предприятия (новой организации); hor. - horizontal (горизонтальный) - vrt. - vertikal (вертикальный); konst. - konstant (постоянный) - v. - variabel (переменный); hypfr - hypothekenfrei (незаложенный, свободный от ипотеки) - vpf. - verpfändet (заложенный, находящийся в залоге).

Подводя итог вышесказанному, следует отметить, что для аббревиатур, используемых в терминосистеме экономики и менеджмента немецкого языка, достаточно характерно наличие синонимов. Синонимия терминов, т.е. наличие нескольких лексических единиц для именования одного понятия является одной из основных и наиболее важных проблем терминоведения. Как правило, синонимия особенно характерна для ранних этапов формирования терминологической системы, когда еще не произошел естественный (и искусственный) отбор лучшего термина и сосуществуют многие предложенные варианты терминологического наименования. В данном случае наличие разноструктурных аббревиатур-синонимов свидетельствует о том, что аббревиация является сравнительно молодым способом словообразования. В то же время аббревиация представляет собой уже сложившуюся систему, для которой как для любой системы характерно наличие как синонимических, так и антонимических, оппозициональных отношений. Актуальность настоящей работы определяется также попыткой установления способов обозначения противопоставленности в аббревиации.

ЛИТЕРАТУРА

1. Колпакова Г.В. Синонимия в лексикографии // Сопоставительная филология и полилингвизм. – Казань: изд-во Казанского университета, 2003
2. Латышев Л.К. Технология перевода. – М.: Academia, 2005. – 320 с.
3. Руднев В.П. Словарь культуры XX века. - М.: Аграф, 1997. - 384 с.

Брежнева Е.В.
соискатель кафедры мировой литературы и культуры факультета Современных иностранных языков и литератур Пермского государственного национального исследовательского университета

ВРЕМЯ В ПОЭТИКЕ РОМАНА «ГОДЫ» ВИРДЖИНИИ ВУЛФ

Вирджиния Вулф (Virginia Woolf; 1882-1941) – английская писательница эпохи модернизма – эстетической системы, акцентирующей новые, отличные от предшествующих эпох, способы восприятия и изображения жизни.

Тема времени – одна из основных в творчестве Вирджинии Вулф, она актуальна в ключе рассмотрения личности писательницы, её нравственных установок, являющихся, по сути, моральными установками эпохи первой половины XX в., эпохи значительных новаций в искусстве. Эти установки затрагивают отношение к жизни, её воспроизведение в искусстве и соотношение жизни и творчества и, конечно, поиск способов художественного воплощения этих отношений.

Роман «Годы» («The Years») был создан Вирджинией Вулф в 1937 году. Роман относится последнему, третьему этапу творчества писательницы и написан не вполне обычным для автора методом, а также в не вполне обычной для Вулф форме.

В данном романе писательница соединила форму и метод романов «Волны» и «День и ночь», выбрав для нового произведения форму саги, но заострив внимание читателя лишь на некоторых *моментах* из жизни героев, как будто «подсмотренных» нами в разные годы их жизни. Годы в произведении обозначены максимально подробно, как в никаком другом романе писательницы, для создания эффекта документальной достоверности: каждая глава начинается с указания года, когда в жизни героев происходят какие-либо значимые для них события. Автор вступает в повествование, рассказывая о каждом из обозначенных лет, начиная с описания времени года, метафорически «вводя» читателя в возраст и настроение героев. Несмотря на то, что действие романа «охватывает» около пятидесяти лет, повествование в большей степени фокусируется на «незначительных» частных деталях жизни героев, что придаёт произведению своеобразную эпичность. За исключением первой части романа, события каждой части происходят в течение одного дня года, заявленного в заглавии, и каждый год определяется особым моментом цикла времён года.

В начале глав, а иногда в качестве перехода между частями одной и той же главы, Вулф как бы с высоты птичьего полёта описывает изменяющуюся погоду, как в Лондоне, так и в сельской местности, и лишь затем фокусирует внимание на своих героях.

В романе подобные зарисовки служат для усиления психологизма произведения, а также для своеобразной подготовки читателя к восприятию настроений героев. Так, действие романа начинается со слов «Весна была неровная» [2,3], что предвосхищает дальнейшую информацию, например, о состоянии больной жены полковника Парджитера, состояние которой также можно назвать неровным: она чувствует себя то лучше, то хуже.

В этом романе Вулф использует приемы, к которым она обращалась ранее: даёт «поток сознания» и те детали внешнего мира, которые этот поток «рождают», передает «мгновения бытия», представляет один день в жизни героя как микрокосм, воспроизводит прошлое в мгновении настоящего, бросает взгляд на настоящее сквозь призму прошлого. Так, в «эпическом» масштабе, подобном масштабу саги, но ёмко, при помощи всего одной фразы, автор рисует текучесть времени и нескончаемую смену дней: «Один из бесконечного хоровода дней, сменяющих друг друга, покуда годы чередуют зелень и багрянец» [2,235] Автор пристально наблюдает за ходом времени и существованием человека во времени: детство, молодость, зрелость, старость.

По сравнению с предыдущими произведениями, несмотря на подробный отчёт о годе, в течение которого происходит действие каждой последующей главы, присутствие объективного времени в романе «Годы» минимизировано. В романе бой часов, скорее, используется как приём, объединяющий героев во времени, а не как антитеза человеку и его внутреннему времени.

Постоянное использование ретроспекций, как и в предыдущих романах, связано с признанием персонажем (и автором) значимости прошлого, в отличие от чисто модернистской теории абсолютного перечёркивания прошлого. Это явно ощущает Элинор, персонаж, подтверждающий авторскую идею о доминировании психологического времени: «Её прошлое, казалось, превалировало над настоящим» [2,348].

Кроме того, впервые в произведении Вулф настоящий момент не заключён лишь в себе самом или в своей связи с прошлым, а связан и с будущим. Элинор, например, осознает возможный триумф будущего, выражая авторскую концепцию времени. И хотя Вулф сложно сохранить энтузиазм и веру в будущее, она возлагает надежду на молодое поколение.

Несмотря на общий пессимистичный тон эпизодов, повествующих о войне и послевоенном хаосе, Вулф чувствует, что человеческая природа стремится к улучшению и мир движется ко времени, когда добро одержит победу над злом. Именно поэтому в заключении романа уже немолодая Элинор видит в молодой паре новое начало и продолжение жизни.

Ощущение потока жизни перманентно в романе: от первой до последней главы, от начала романа до его открытого финала не исчезает продолженность истории. И хотя мир, охваченный войной, уродлив и запутан, последняя фраза романа является своеобразной антитезой этому ощущению. Вулф чувствует, что на мир надвигается катастрофа, но надеется на благополучное, мирное будущее.

Итак, тема времени пронизывает весь роман В. Вулф, появляясь и развиваясь на всех уровнях произведения. На уровне внутренней формы, прежде всего, сюжета, субъектной и пространственно-временной организации, это очевидно в создании «своих» «хронотопов». На уровне внешней формы – в текстовыражении («приёмах» модернизма): нарушении хронологии, «потоке сознания», акценте на деталях-символах, приёме стоп-кадра и.т.д. На концептуальном уровне – в теме времени, пронизывающей все произведение и определяющей его проблематику – внутренний диалог персонажей со временем.

Вулф исходила из того, что время невозможно рассматривать вне человека, поскольку оно индивидуально воспринимается и проживается каждым человеком, поскольку именно он живёт во времени и измеряет временем свою жизнь. Отсюда стремление писательницы изобразить текучесть человеческого сознания в каждую секунду реального времени.

Традиционная трактовка времени была слишком негибкой, чтобы удовлетворять замыслу автора, для которого важно было изобразить в романе время, «растворённое» в сознании человека. Будучи зрелым художником, Вулф создала роман «Годы», где смогла реализовать свою концепцию времени в рамках практически традиционного романа.

Список литературы

1.   *Бахтин М. М.* Формы времени и хронотопа в романе // Очерки по исторической поэтике. М.: Художественная литература, 1985. 407 с.
2.   *Вулф. В.* Годы / пер. с англ. А. Осокин. М.: Текст, 2005. 448 с.

Чистякова И.Ю.

доктор филологических наук, заведующая кафедрой общего
языкознания и речеведения, Астраханский государственный университет,
г. Астрахань
okjemirvictoria@mail.ru, ritorika@aspu.ru

ИСКУССТВО ОРАТОРСКОЙ ПАМЯТИ

> «Память есть совершенное и крепкое в разум
> взятие вещей словесных»
> «Риторика 1620г.»

Проблема памяти издавна привлекала внимание исследователей - философов, филологов, историков. Так, древние греки изучали память как составляющую риторического канона, четвертую его часть (inventio, dispositio, elocutio, *memoria*, actio). Их интересовала техническая функция памяти – способность воспроизводить опыт прошлого. «Прекрасно все памятное, - писал Стагирит Аристотель, - и чем вещь памятнее, тем она прекраснее». [1,133]. Интересно, что греков отличало неодержимое стремление к состязаниям во всех сферах жизни, будь то Олимпийские игры или публичные философские диспуты, сочинение поэм или декламирование их наизусть.

В Древней Греции разрабатывались секреты запоминания текста для актеров и риторов. Известно, что римский оратор Гортензий, по упоминанию М.Ф.Квинтилиана, как-то после многочасового аукциона перечислил без ошибок, в правильной последовательности все выставленные на продажу вещи, их цены и покупателей. Еще Стагирит Аристотель утверждал, что мышление невозможно без конкретных образных представлений, память же состоит из запечатленных образов. Уже во времена античности советовали развивать как зрительную, так и ассоциативную память. Природной, или естественной памяти публичному оратору было недостаточно. Путем специальных тренировок древние риторы развивали искусную память. Убедительной иллюстрацией тому была жизнь знаменитого Демосфена. «Запоминая речи, которые ему довелось услышать, он затем восстанавливал ход рассуждений и периоды, он повторял слова, сказанные другими или же им самим, и придумывал всевозможные поправки и способы выразить ту же мысль иначе». [2,62] Современники считали его звездой в ораторской элите античности. Его чтили греки и римляне и почитали другие народы. Цицерон завещал учиться у него, а англичане видели в нем выдающийся прообраз парламентского оратора.

Традиционно память еще в классическое античное время трактовалась как творчески осмысленное глубинное понимание текста, его переживание, настрой души. В связи с этим перечислим некоторые риторические упражнения, совершенствующие ораторскую память: 1.заучивание наизусть и осмысленное проговаривание высказывания в разных текстовых вариациях с целью обогащения идейной и словесной памяти ритора; 2.импровизированное устное воспроизведение высказывания в разных воображаемых ритором ситуациях общения; 3.чтение наизусть вслух стихотворных произведений с точным их воспроизведением; 4.импровизированное воспроизведение высказывания с опорой на картинные образы, символы, впечатления, ассоциации и предметы культурной памяти. При этом важно помнить, что хороший оратор заучивает не фразы, а ход мыслей, общее содержание речи, общие места (топы), музыкальное построение высказывания. В связи с этим возникают вопросы. Почему у каждой говорящей личности формируется своя культурная память? Какие свидетельства о памяти хранит наука? Как время и место влияют на память, на отбор событий и имен?

Интересные размышления по этому поводу находим в статье А.П.Чехова от 1893г. «Хорошая новость» об открытии нового курса – Декламации – в Московском государственном университе. Способность к воспроизведению опыта прошлого, хранению информации о вещах, именах и событиях – одно из основных качеств говорящей личности. Не случайно в русской речевой культуре закрепляются идиоматические выражения «живая память», «вечная память» и «память сердца», рассматриваемая в науке как эмоциональная память чувств и способствующая развитию образной и словесно-логической памяти. Вспомним рассказ И.Л.Андроникова о феноменальной памяти И.И.Соллертинского, блестящий словесный стиль которого формировался под воздействием природной памяти. «Память у него была просто непостижимая. Если перед ним открывали книгу, которой он никогда не читал и даже видеть не мог, - он, мельком взглянув на страницы, бегло перелистав их, возвращал говоря: «Проверь». И какую бы страницу ему ни назвали, - произносил наизусть!». [3,7] В статье «О Соллертинском всерьез» Ираклий Луарсабович рассказывает об искусстве чтения лекций Соллертинским в разных областях науки и искусства, о широкой эрудиции великолепного ученого и ритора, обладающего поистине энциклопедическими знаниями и феноменальной памятью.

Какие же еще секреты работы над памятью предлагает нам риторическое учение? Например, хрестоматийное упоминание о следующем историческом факте: М.Т.Цицерон заучивал речи мысленно гуляя по своему дому. Вступление ассоциировалось с входной дверью, тезис речи - с прихожей, другие части – с комнатами дома, менее значимые положения он связывал с различными предметами интерьера. Внимание, сила воображения, умение отбирать, систематизировать и воспроизводить идеи способствовали рождению образцовых речей великого ритора классической эпохи. М.Т.Цицерон восхвалял память Симонида, Феодекта, Кинея, Гортензия и даже писал о памяти простых людей, об их умении и искусстве запоминать.

«Что такое память, нам не видно; но какова она – видно; а коли не это, то уж как она широка – заведомо видно. Так что же она? Может быть, мы вообразим в душе какую-то емкость, в которую, как в сосуд, стекаются все наши воспоминания? Но это нелепо: как она будет наполняться, и как представить себе такие очертания души, и вообще, что это за огромная получится емкость? Или, может быть, вообразить душу подобной воску, а память – следам вещей, отпечатавшимся на воске? Но какие отпечатки могут оставлять слова и даже предметы, а главное – как безмерна должна быть величина этого воска, чтобы запечатлеть столько всего?». [4,227-228] Понятно, что речь идет о человеческой душе, о ее роли в формировании образцового высказывания. Позже духовные риторы, неоплатоники развивали идею божественной памяти. Память рассматривалась не как часть риторического канона, а как нечто целое: память, рассудок, воля, согласно Блаженному Августину, представляют собой образ Троицы в человеке.

В знаменитой «Исповеди» Августина Блаженного находим метафоризированные рассуждения о памяти: обширные дворцы памяти, кладовые памяти, укромные неописуемые закоулки памяти, огромные палаты памяти, сокровищница памяти и др. В средние века, начиная с XII века, в Европе появляются первые университеты. «Люди в средние века любили историю и думали исторически. Для каждого нового события они пытались найти аналогию в прошлом. Чтобы передать свой опыт будущим поколениям, они стремились как можно более точно и правдиво описать текущие события. Так создавались летописи и другие исторические сочинения». [5,154] В эпоху Ренессанса памяти приписывалась магическая функция. Признанными риторами того времени были Ф.Меланхтон, Ю.Ц.Скалигер, Г.Фосс, У.Ф.Гуттен и многие другие.

В христианской культуре память связана с традицией, наследованием. При этом важной составляющей здесь становится этос, связанный с местом, временем произношения речи и аудиторией, этика, представление о добре и зле, о грехах и добродетелях. На этой идеологической основе в конце XX века было создано учение А.К.Михальской – о русском риторическом идеале. Русский риторический идеал рожден благоустраивающей силой природы и призван найти истину и изменить мир к лучшему. У каждого носителя языка существует представление об образцовой речи и о говорящей личности, отвечающей требованиям такой речи.

Очевидно, что искусству памяти следует учиться у актеров, декламаторов, чтецов, театральных деятелей и хороших рассказчиков, каким был И.Л.Андроников. Он много выступал в концертных залах, театрах, консерватории, на телевидении, блестяще произносил многочасовые монологи без всяких «бумажных» подсказок. Живой интерес образованной части общества, ее элиты вызывает телепередача «Линия жизни» на канале «Культура», когда в центре этого почти театрального действа оказывается Е.Вестник, В.Лановой, М.Ножкин, Т.Доронина, А.Баталов, В.Баринов, В.Зельдин – риторы, проповедующие духовные ценности, каждый со своим индивидуальным образцовым стилем и способностью диалектически мыслить, много и блестяще читать наизусть русскую и зарубежную классику.

Литература

1. Аристотель. Поэтика. Риторика [Текст]/Аристотель. – Санкт-Петербург; 2000. – 348с.

2. Корнилова, Е.Н. Риторика – искусство убеждать. Своеобразие публицистики античной эпохи [Текст]/ Е.Н.Корнилова. – М.: Изд-во МГУ, 2002.

3. Андроников, И.Л. Избранные произведения. В 2-х т. Т. 2. [Текст]/И.Л.Андроников. – М.: Художественная литература, 1975.

4. Цицерон, М.Т. Избранные сочинения [Текст]/ М.Т. Цицерон. – М.: Художественная литература, 1975.

5. Волков, А.А. Язык и мышление: Мировая загадка. [Текст]/ А.А.Волков. – М.: Изд-во ЛКИ, 2007.

Файзуллина А.Г.
доктор филологических наук, профессор, ГАОУ ВПО
«Набережночелнинский государственный
торгово-технологический институт»
Гайфутдинова Э.Н.
преподаватель, Набережночелнинский филиал Поволжской
государственной академии физической культуры, спорта и туризма

КУЛЬТУРА МЕЖЛИЧНОСТНЫХ ОТНОШЕНИЙ В ТАТАРСКИХ, АНГЛИЙСКИХ И ФРАНЦУЗСКИХ ПОСЛОВИЦАХ

«Человек» единодушно признается учеными центральным объектом фразеологической идеографии, поскольку весь фразеологический материал концентрируется вокруг разнообразных характеристик человека, его характера, внешности, психических и эмоциональных состояний, физических действий, отношений с другими людьми. Однако поскольку, любой человек, мужчина или женщина, обладает не только специфичным для него набором личностных характеристик, но и выполняет в обществе несколько социальных ролей, представляется необходимым рассмотреть в данной работе не только стереотипные личностные характеристики мужчины и женщины, но и межличностные отношения мужчин и женщин.

Пословицы, являющиеся объектом изучения в данной статье, не раз привлекали к себе внимание исследователей. Вместе с тем этнокультурная специфика пословиц, «образных законченных изречений, имеющих назидательный смысл» [1, 341], остается недостаточно изученной и составляет предмет нашего исследования. Конденсируя народный опыт, пословицы и поговорки ориентированы своим содержанием почти исключительно на человека – черты его характера, внешность, поступки, отношения в обществе и семье.

Человек не привык к одиночеству, он живет в обществе, коллективе, в семье. Ему дорого мнение окружающих, их помощь и совет, что выражается в таких татарских пословицах: «Ике киңәш бер булса, илле егет йөз була» (Если двое одинакового мнения, то все удваивается); «Ил терәге – ир, ир терәге – хатын» (Опора страны – муж(чина), опора мужа – жена); «Ил барда ир хур булмас» (В своей стране мужчина не пропадет); «Һәр кешедән берәр жеп – фәкыйрьгә күлмәк була» (С каждого по нитке – бедному рубашка (Тришке кафтан). В данных пословицах отражается стремление человека к общности, передаётся смысл того, что сообща работа идёт легче, вместе легче решать проблему, в единении – сила. Тот же смысл содержат пословицы английского и французского языков:

1) тат. «Кайда бердәмлек – шунда көч»; «Дусы күпне яу алмый»; в англ. «Many hands make light work»; – франц. «L'union fait la force».

2) тат. «Берегүдә бәрәкәт, аерылуда hәлакәт» (Вместе – победа, в разлуке – гибель); англ. «United we stay, divided we fal» (Вместе мы выстоим, врозь – пропадем);

3) тат. «Халык күп жирдә акыл күп» (Где много народу – много мудрости); англ. «Two heads are better than one» (Две головы лучше чем одна), «As many heads, as many wits».

4) тат. «Ялгыз кеше – сансыз кеше» (Одинокий человек – пустое место); англ. «One body is nobody». «One man, no man»; франц. «Il n'est pas bon que l'homme soit seul».

О потребности человека в уважении в обществе прямо говорится в известной татарской пословице: «Хөрмәт итсәң кешене, хөрмәтләрләр үзеңне» – «Если будешь уважать других, то люди будут уважать и тебя», в то же время французам важнее внимание: «L'attention est mieux que l'or» – «внимание – дороже золота».

Отношение в семье – это одна из наиболее интересных тем как, в татарской, так и английской и французской фразеологии. Человек, как существо разумное, издавна стремится приобщиться к себе подобным, будь то племя, род, община или группа. Но, пожалуй, ни одно объединение, за исключением семьи, не располагает к искренней любви, совместимости, вниманию, теплу и ласке. Семья, как среда обитания, некий социум, характеризуется прежде всего неофициальностью, бесцеремонностью, интимностью общения, непринужденной обстановкой в кругу родных и близких людей.

Отношения в семье – наиболее интересная и многогранная тема, поэтому целесообразно, на наш взгляд, было бы начать с пословиц, выражающих семейно-родственные отношения.

Для характеристики семейно-родственных отношений употребляются в основном те пословицы и поговорки, которые указывают на самые тесные связи между мужем и женой, например в значении: жить душа в душу. Многие пословицы и поговорки на данную тему имеют соответствия в исследуемых языках:

1) тат. «Ир белән хатын – игезәк жан» (букв. Муж и жена – одна душа, т.е одна сатана); франц. «L'homme ne vaut rien, la femme pas grand chose, mais l'un et l'autre font le monde» (букв. Мужчина один ничего не стоит, женщина тоже, но вдвоем они создают мир).

2) тат. «Энә кайда –жеп шунда» (букв. где иголка – там и нитка); франц.: «Le fusseau doit suivre le hoyau/le garreau» (букв. где коклюшки – там и нитки).

3) тат. «Ир – баш, хатын – муен» (букв. Муж – голова, жена – шея); англ.: «Men is the head of the family; woman is the neck that turns the head» (букв. мужчина – глава семьи, жена – шея, которая поворачивает голову).

4) тат. «Ир "сукыр", хатын "телсез" булса, тормыш яхшы бара» (букв. Если муж слепой, а жена немая – жизнь удается); англ. «A good

husband should be deaf and a good wife should be blind» (букв. Хороший муж должен быть глухим, а хорошая жена должна быть слепой); франц. «Pour fair un bon mènage il fait que l 'homme soit sourd et la femme aveugle» (букв. в доме мир и тишина, когда муж глух, а жена слепа).

5) тат. «Яман ирне яхшы хатын кеше итэр» (букв. Доброю женой и муж честен); англ. «Behind every great men there's a great woman» (букв. За каждым великим мужчиной стоит великая женщина); франц. «C'est la bonne femme qui fait le bon mari» (букв. Та женщина хороша, которая делает мужа счастливым).

Крепкая семья – это отношения, которые высоко ценятся всеми народами. Семья, как известно, имеет самое главное значение в жизни человека. Поэтому в каждом языке эта тема находит своё отражение в народной мудрости, ибо в пословице «зафиксирован многовековой опыт народа» [2, 389]. Пословиц и поговорок о семье существует огромное множество. Они достаточно разнообразны, а иногда и противоречивы, так как отражают различные жизненные позиции и различные ситуации между членами семьи разных поколений, и универсального ответа в данной проблеме не существует.

Литература:

1. Ахманова О.С. Словарь лингвистических терминов. Издание 3-е, стереотипное. – М.: КомКнига, 2005. – 576с.

2.Лингвистический энциклопедический словарь / Гл. ред. В.Н. Ярцева. – М.: Сов. энциклопедия, 1990. – 685с.

3.Кодухов В.И. Введение в языкознание: Учебник для студентов пед. Ин-тов. – М.: Просвещение», 1979. – 351с.

4. Добровольский Д.О. Национально-культурная специфика во фразеологии // Вопросы языкознания, 1997. – № 6. – С. 37-48.

5. Кирилина А.В. Гендер. Лингвистические аспекты (монография). – М.: Институт социологии РАН, 1999. – 180с. http://gendocs.ru/v21245/?cc=7&page=10

Власова Е.В., Лелекова Р.П.

Власова Е.В. - к.ф.н., доцент, зав. кафедрой философии биоэтики и культурологии ГБОУ ВПО УГМУ Минздрава России, г.Екатеринбург.
Лелекова Р.П. - к.х.н., доцент кафедры общей химии ГБОУ ВПО УГМУ Минздрава России, г.Екатеринбург

ИСПОЛЬЗОВАНИЕ ТЕЛЕСНЫХ ПРАКТИК ВОСТОКА ДЛЯ ПРОФИЛАКТИКИ ЗДОРОВЬЯ И ПОВЫШЕНИЯ КАЧЕСТВА ЖИЗНИ

Резюме. Проведено биохимическое исследование биологических жидкостей людей, практикующих дыхательную гимнастику цигун. Установлено, что в течение 20-30 минут выполнения упражнений оптимизируется кислотно-основное состояние организма и его электролитный баланс, на фоне чего возникает безмятежное психоэмоциональное состояние.

Ключевые слова: цигун, кислотно-основной баланс, спокойное психоэмоциональное состояние, профилактика здоровья.

USING EASTEN BODY PRACTICES FOR PREVENTION HEALTH AND IMPROVING THE QUALITY OF LIFE

E.V. Vlasova, R.P. Lelekova

Abstract: Conducted biochemical research of biological fluids of people practicing qigong breathing exercises. Found that 20-30 minutes of exercises optimized acid-base status of the body and its electrolyte balance, on the basis of which there was, achieved a serene emotional state.

Keywords: qigong, acid-base balance, calm emotional state, preventive health.

Введение.

В условиях преобладания медикаментозных методов поддержания здоровья огромное значение приобретают методы и формы профилактики, не связанные напрямую с приемом лекарств. На востоке это – боевые искусства, йога, цигун, различные техники релаксации и виды массажа, рефлексотерапия, арома- и фитотерапия.

Восточный подход хорош пониманием человека как целостного существа. Вторая его существенная особенность – работа с энергией, которая, в частности, гармонизируется при помощи дыхательных практик. Немногие восточные способы имеют рациональное обоснование, но эффект от них очевиден. Цигун – одна из базовых дыхательных техник, которая широко используется в Китае в лечебно-профилактических целях. Один из авторов этой статьи с 1995 года и по сей день практикует жесткий цигун стиля «железная рубашка» и в течение 10 лет изучает при помощи аппаратных, физико-химических, биохимических и других методов, как именно воздействует эта дыхательная гимнастика на организм [1]. Ограниченный объем статьи позволяет нам познакомить читателей лишь с одной малой частью этих исследований.

Материалы и методы.

В исследовании принимали участие 10 человек. Они отбирали пробы слюны и мочи до и после выполнения упражнений. Для анализа указанных биологических жидкостей использовали методы визуальной колориметрии, прямой потенциометрии и кондуктометрии. Водородный показатель pH определяли с помощью универсальной индикаторной бумаги с точностью ± 0,2 pH, а также на приборе pH-метре «Анион 4100» с точностью ± 0,01 pH. Удельную электропроводность и общее солесодержание мочи в пересчете на NaCl, г/л оценивали с помощью прибора кондуктометра / концентратометра «Анион-7020».

Результаты и обсуждение.

В таблице 1 представлены значения указанных физико-химических показателей слюны и мочи для четырех пациентов до и после выполнения дыхательных упражнений.

Таблица 1.

Значения pH и удельной электропроводности исследуемых биосред

№ пациента	Дата	Показатели до выполнения упражнений				Показатели после выполнения упражнений			
		pH		Удельная эл. проводть мСм/см	Минерализация мочи, г/л	pH		Удельная эл. Проводность мСм/ см	Минерализация мочи, г/л
		мочи	слюны			мочи	слюны		
Пациент 1	15.12.	5,07	6,0	7,6	4,04	4,77	7,0	20,8	11,56
	19.12.	5,42	6,0	19,9	11,33	4,46	7,0	22,4	12,07
	26.01.	5,31	5,5	20,0	11,10	5,39	6,0	24,0	13,22
	31.01.	5,60	6,0	21,5	11,93	5,44	7,0	21,8	12,80
	06.02.	5,46	6,0	0,4	0,75	5,57	6,5	15,4	8,49
Пациент 2	19.12.	4,87	6,0	16,0	8,82	3,83	7,0	1,9 0	0,90
	26.01.	5,86	6,5	20,8	11,57	5,76	7,5	22,0	11,83
	31.01.	5,60	6,0	21,5	11,93	5,44	7,0	21,8	12,80
	06.02.	7,50	6,8	8,9	4,76	7,06	7,3	12,0	6,57
Пациент 3	26.01.	6,87	5,5	17,5	9,77	5,60	6,0	17,9	9,86
Пациент 4	06.02.	8,61	6,0	1,6	0,75	6,84	6,5	21,10	11,65

Как видно из таблицы 1, водородный показатель слюны возрастает после дыхательной гимнастики. Такое изменение можно объяснить повышением вентиляции легких и увеличением буферного отношения

C_{HCO3}^- / P_{CO2}, а, следовательно, и буферной емкости слюны по посторонней кислоте.

Выполняя ритмичные движения руками, сопровождающиеся мышечным напряжением, цигунист начинает дышать, подчиняясь ритму этих движений. Рефлексы с работающих мышц проводятся не только к рабочей мускулатуре, но также к дыхательным центрам, вызывая возбуждение дыхательных нейронов, то есть имеет место феномен коиннервации [2]. Динамика движений такова, что фаза выдоха становится продолжительнее фазы вдоха, что обеспечивает оптимальное соотношение кислорода и углекислого газа в организме. Среднее соотношение вдоха и выдоха в обычном состоянии равно 1:1,3. Увеличение времени выдоха по сравнению с вдохом в 3 раза соответствует спокойному, уравновешенному состоянию человека. Дыхательные упражнения цигун задают именно такой темп дыхания, который идеально соответствует запросам организма, обеспечивая наиболее экономичное соотношение кислорода и углекислого газа.

Усиливается вентиляция легких и увеличивается их жизненная емкость. Легкие при интенсивной работе способны пропускать до 130 литров воздуха в минуту, и усиление их функций за счет мышечной активности заставляет работать резервные механизмы. Включается дополнительная дыхательная мускулатура; увеличивается вентиляция плоховентилируемых альвеолярных участков; уменьшается функционально мертвое пространство, в котором в покое обычно не происходит газообмен; увеличивается кровоток, что способствует большей артериолизации крови. В силу того, что дыхание в процессе выполнения упражнений становится все медленнее, ритмичнее и глубже - интенсивнее идет внутрилегочная диффузия O_2 и CO_2. Непрерывно происходит обмен газов с кровью, поступающей в легочные капилляры [1].

Венозная кровь оксигенируется, а артериальная эффективно отдает кислород тканям организма. В естественных условиях гемоглобин оксигенируется не полностью. В процессе дыхательных упражнений гемоглобин насыщается кислородом очень активно. В силу того, что кровь несколько защелачивается, поглощение кислорода в легких в результате эффекта Бора увеличивается.

Нейроны дыхательного центра, находящегося в продолговатом мозге, чутко реагируют на изменение уровня кислорода, углекислого газа и pH крови. При недостатке кислорода и избытке углекислого газа активность дыхательных нейронов возрастает.

Мышечная нагрузка способствует усилению легочной вентиляции за счет углубления дыхания. Усиленная импульсация от хеморецепторов дополнительно стимулирует активность центрального механизма, в результате чего наступает компенсаторный рост вентиляции. Этим обеспечивается сохранение более или менее нормального газового состава и кислотно-основного состояния крови во время дыхательно-мышечной работы.

Понижение водородного показателя мочи (см. табл. 1) также вполне закономерно, если учесть, что выполняемые упражнения сопровождаются мышечной нагрузкой, следовательно, более активно идут процессы обмена веществ, в результате которых накапливаются кислые продукты обмена. Они выводятся из организма через мочевыделительную систему.

Увеличение минерализации, а также удельной электропроводимости мочи говорит об усиленном выведении солей из организма, что необходимо для поддержания электролитного баланса, а также кислотно-основного состояния организма.

Выводы

Проведенное исследование показало, что данный вид упражнений способствует поддержанию кислотно-основного состояния организма и его электролитного баланса, а также достижению уравновешенного спокойного эмоционального состояния. следовательно, может быть использован для профилактики и терапии неврозов, способствуя повышению устойчивости психоэмоционального состояния организма.

Практика показывает, что наилучший эффект даёт сочетание физической нагрузки с дыхательными практиками, релаксацией, массажами и ароматерапией. Такая комплексность воздействия и регулярность занятий заметно укрепляют здоровье, повышая тем самым качество жизни. Человек не болеет, становится более адаптивен и стрессоустойчив. Он эффективнее трудится и быстрее восстанавливает силы. Освоив паттерн «дыхание Будды» (1:3; 1:6; 1:10 и т.д.), практикующий может использовать его (по принципу обратной связи) для восстановления психического равновесия в стрессовых состояниях.

Литература

1. Власова Е.В. Дыхательные практики Востока с точки зрения европейской науки. Новые идеи в философии природы и научном познании: Сб. научных трудов. Выпуск 2. Екатеринбург: УрО РАН, 2004. 406 с.
2. Сазонова Е.А. Цигун как оздоровительная система. Цигун: синтез знаний Востока и Запада на рубеже тысячелетий: Сб. научных трудов. Челябинск, 2001. 80 с.

Шаймухаметов И.И., Бикбаев И.Ф.
студенты 4 курса факультета нефти и нефтехимии
Лаврова О.М.
к.х.н., доцент каф. органической химии
Казанский Национальный Исследовательский Технологический
Университет
ilnur-bikbaev@mail.ru

МЕТОДЫ СИНТЕЗА МЕТИЛИЗОБУТИЛКЕТОНА

На сегодняшний день огромное значение в химической и нефтехимической промышленности имеет использование современных методов переработки и очистки сырья с использованием растворителей.

Актуальность данной статьи заключается в применении эффективных катализаторов для увеличения выхода метилизобутилкетона, как потенциально новой присадки к моторным топливам.

В данной статье мы исследовали активность и селективность катализаторов, используемые при получении метилизобутилкетона (MIBK) из ацетона (пропанона) одностадийным синтезом при температурном интервале от 373 до 573 K в газообразной фазе. Используемые катализаторы (MgO/ SiO$_2$, Pd-MgO/ SiO$_2$) образованны путем пропитки нитратами, а также палладия (Pd), содержащего 1% примесей на основе магния (Pd/Mg-SiO$_2$) [8,258; 8,250]. А Синтез метилизобутилкетона из пропанола-2, осуществляемый в газообразной фазе, был изучен как альтернатива традиционной технологии получения метилизобутилкетона из ацетона. Бифункциональные катализаторы, состоящие из носителя кислотно-основного типа с нанесенным на него металлом на основе меди, способны функционировать при невысоких температурах и атмосферном давлении. Так, в процессе исследования, использование катализатора на основе Cu-Mg-Al обеспечило высокий выход целевого продукта – метилизобутилкетона [9,296; 9,128].

Метилизобутилкетон и ацетон являются алифатическими кетонами, производство которых распространенно во всем мире. В частности, MIBK широко используется в качестве растворителя для винила, эпоксидной и акриловой смолы, для удаления парафинов из нефтяного топлива, в синтезе различных химикатов, а также как присадка к моторным топливам. Всемирный спрос на метилизобутилкетон оценен в 300000 тонн ежегодно [5,240]. На сегодняшний день, метилизобутилкетон в промышленности получают одностадийным синтезом из ацетона в жидкой фазе при низких температурах (393-433K) и высоких давлениях(1-10Мпа) в многотрубчатых реакторах. Химическая реакция для данного синтеза выглядит следующим образом:

метил изобутил кетон

Катализаторы были приготовлены путем пропитки нитратов на основе магния(Mg), никеля(Ni) и палладия(Pd). Удельная площадь поверхности кремнезема(SiO_2) составляла 331 м^2/г. Содержание палладия составляла 1% по массе. Комбинированная группа, в состав которой входили катализаторы на основе магния(Mg) с 5% содержанием по массе, была приготовлена путем растворения обоих нитратов и их последующим распылением на слой катализатора на основе диоксида кремния (SiO_2). Катализаторы характеризовались хемосорбцией монооксида углерода(CO), диоксида углерода(CO_2) и методом анализа для измерения удельной площади поверхности катализатора (BET), предложенным Бруннером (Brunnauer), Эмметом (Emmett) и Теллером (Teller). Удельная поверхность катализатора определяется адсорбцией азота, осуществляемая на установке Micromeritics Gemini 2375.

Катализатор на основе меди имеет формулу: $CuM_I(M_{II})O_x$, где M_I и M_{II}-катионы металла(Mg^{2+}, Al^{3+}, Ce^{3+}) были приготовлены путем совместного осаждения. Водный раствор нитратов металла с общей концентрацией катиона [Cu^{2+}, M_I, M_I] 1.5M прореагировал с водным раствором KOH и K_2CO_3 при постоянном значении PH=10.

Таблица 1. Характеристика катализаторов.

Катализатор	Удельная площадь поверхности катализатора	Дисперсия металла	Плотность основного центра
MgO/SiO_2	328		70.7
Pd/SiO_2		31	
Pd-MgO/SiO_2	250	48	42.4
Pd/Mg-SiO_2	284	41	

Таблица 2. Реакционная способность 1% Pd/SiO_2 при конверсии ацетона

Температура (K)	Конверсия (%)	Селективность (%)	
		Изопропиловый спирт	Метил изобутил кетон (MIBK)
373	1.5+0.2	100	0
473	4.2+0.4	100	-
573	6.3+0.4	89	11

В данной статье мы подробно изучили конверсию ацетона в метилизобутилкетон в присутствие катализаторов на основе Pd-MgO/SiO$_2$ и Pd/Mg-SiO$_2$. 100% селективность оксида мезитила (МО) была получена в присутствие MgO/SiO$_2$, которая далее количественно преобразуется в метилизобутилкетон, но при невысокой конверсии путем добавления палладия. Использование катализатора на основе Pd-MgO/SiO$_2$ привело к значительному увеличению выхода метилизобутилкетона. Одностадийный синтез MIBK из пропанола-2 осуществляется при низких температурах и атмосферном давлении при использовании бифункционального катализатора на основе CuMg$_{10}$Al$_7$O$_x$, который состоит из кислотно-основного типа, способствующий формированию C=C связи в реакции альдольной конденсации, и носителя в качестве которого выступает Cu, который благоприятствует протеканию реакции гидрирования и дегидрирования.

Литература

1. A. Mitschker, R. Wagner, P.M. Lange, in: M. Guisnet, et al. (Eds), Heterogeneous Catalysis and Fine Chemicals I, Elsevier, Amsterdam, 1988, p. 61.
2. W.K. O´Keefe, M. Jiang, F.T.T. Ng, G.L. Rempel, Chem. Eng. Sci. 60 (2005) 4131.
3. Nikolopoulos, A. A.; Jang, B.W. –L.; Spivey, J.J. Acetone Condensation and Selective Hydrogenation to MIBK on Pd and Pt Hydrotalcite-derived Mg-Al Mixed Oxide Catalysts. Appl. Catal., A 2005, 296, 128.
4. N. Cheiki, M. Kacimi, M. Rouimi, M. Ziyad, L.F. Liotta, G. Pantaleo, G. Deganello, J. Catal. 232 (2005) 257.
5. V. K. Diez, C.R. Apesteguia, J.I. Di Cosimo, J. Catal. 240 (2006).
6. J. I. Di Cosimo, G. Torres, C.R. Apesteguia, J. Catal 208(2002) 114.
7. J.I. Di Cosimo, V.K. Diez, C.R. Apesteguia, Appl. Catal. A: Gen. 137(1996) 149.
8. Hetterley, R.D.; Mackey, R.; Jones, J. T. A.; Khimyak, Y.Z.; Fogg, A.M.; Kozhevnikov, I. V. One-step Conversation of Acetone to Methyl Isobutyl Ketone over Pd-Mixed Oxide Catalysts prepared from novel layered double hydroxides. J. Catal. 2008, 258, 250.

Белогина Н.С.
доцент, к.э.н. НИЯУ «МИФИ»
nsbelog@gmail.com

ЭТАПЫ ЭВОЛЮЦИИ СИСТЕМЫ ВНУТРЕННЕГО ФИНАНСОВОГО КОНТРОЛЯ

Статья 19 Закона «О бухгалтерском учете» предписывает всем экономическим субъектам осуществлять внутренний контроль совершаемых фактов хозяйственной жизни [1]. При этом Закон не раскрывает ни что такое внутренний контроль, ни как его организовать. Для решения поставленной перед многими российскими компаниями проблемы организации системы внутреннего контроля будет полезным рассмотреть сущность этой категории под углом зрения ее исторического развития.

Контроль, являющийся важнейшей функцией управления, исторически появляется одновременно с появлением процессов управления хозяйствующими субъектами. Финансовый контроль – это часть процессов контроля, становящаяся важнейшим компонентом одновременно с выдвижением денег на роль кровеносной системы в хозяйственных механизмах. Наконец, внутренний контроль – это контроль силами хозяйствующего субъекта и в его интересах. Целью внутреннего контроля является обеспечение достижения хозяйствующим субъектом ожидаемых параметров. Следовательно, целью внутреннего финансового контроля является достижение хозяйствующим субъектом ожидаемых финансово-экономических параметров. В этом своем качестве внутренний финансовый контроль прошел длинный исторический путь. На этом пути можно выделить пять этапов, определяющихся в зависимости от состояния объекта контроля, то есть самого хозяйствующего субъекта, и от того, в каких условиях осуществлялась им хозяйственная деятельность.

Первый этап в развитии внутреннего финансового контроля – это этап доиндустриальных экономических формаций, охватывающий период вплоть до 16 в. Характерными особенностями этого этапа являлись примитивные формы хозяйствования, незначительные размеры хозяйствующих субъектов, что предполагало использование несложных приемов управления. А то обстоятельство, что управление зачастую осуществлялось собственником средств производства, значительно снижало остроту проблем контроля. Как следствие, внутренний финансовый контроль данного этапа отличался простотой используемых приемов, незначительностью масштабов контрольных процедур и фрагментарностью их использования. Основными контрольными приемами этого периода были инвентаризации, средства физического ограничения несанкционированного доступа к активам, система материальной ответственности и распределение функций доступа к активам и инициации операций. Внутренний контроль на данном этапе преследовал преимущественно цели борьбы с хищениями активов.

Второй этап в развитии внутреннего контроля соответствовал эпохе индустриализации, охватывающей период вплоть до середины 19 века. На этом этапе формируется товарное хозяйство. Переход к мануфактурному, а затем и фабрично-заводскому производству сопровождался отделением производителя от средств производства. Значительно возросли масштабы производства и соответственно усложнилась организационно-управленческая структура хозяйствующих субъектов. Использование наемного труда неизбежно повлекло увеличение набора применяемых приемов и процедур контроля за персоналом. Качественные изменения состояли в переходе от эпизодического к регулярному использованию контрольных процедур в рамках формирующейся в это время системы бухгалтерского учета как одного из методов последнего. Целью внутреннего контроля на данном этапе его развития становится выявление умышленных и неумышленных учетных ошибок и мошеннического присвоения активов.

Третий этап соответствовал эпохе перехода капитализма на стадию империализма. Он длится с середины 19 до середины 20 столетия. Период характеризуется бурным экономическим ростом, выразившимся в резком росте масштабов и дальнейшем усложнении организационной структуры бизнеса. Получает широкое распространение кооперация хозяйствующих субъектов и образование разнообразных объединений, становящихся лидирующей формой организации бизнеса. Именно на этом историческом этапе происходит формирование системы внутреннего финансового контроля, пришедшей на смену практике использования произвольного набора разрозненных приемов и процедур контроля. Целью такой системы становится не столько выявление ошибок и мошенничеств, сколько их предотвращение.

Четвертый этап в развитии внутреннего контроля приходится на вторую половину 20 столетия - эпоху финансового капитализма. Это эпоха научно-технической и технологической революций, усиления процессов интернационализации и интеграции. Использование компьютерных технологий и развитие транспорта, обеспечившие возможность мгновенного обмена информацией, перемещения товаров и рабочей силы на значительные расстояния, привели к глобализацией мировой экономики. Ключевые позиции в ее развитии перешли к транснациональным банкам. Эти процессы не могли не сказаться на целях и методах внутреннего контроля хозяйствующих субъектов. Система внутреннего контроля этого периода характеризуется ее унификацией и интернационализацией. Появляются профессиональные объединения внутренних финансовых контролеров, которые разрабатывают нормативные акты, формализующие требования к системе внутреннего контроля [2]. Цели внутреннего контроля расширяются за счет включения в их состав цели повышения эффективности бизнеса.

Пятый, длящийся до настоящего времени, этап эволюции внутреннего контроля соответствует ситуации системного мирового экономического кризиса, характеризующей начало двадцать первого столетия. Особенностью нынешней экономической ситуации является ее нестабильность и рост агрессивности внешней среды, проявляющейся угрозами терроризма, громкими банкротствами, обострением угроз информационных рисков, нарастающими масштабами коррупции, ужесточением налогового законодательства и т.п. Отличительной особенностью этапа является также снижение количественных и качественных показателей человеческих ресурсов вследствие демографического кризиса и порождаемой неуверенностью в завтрашнем дне девальвацией традиционных моральных ценностей и нравственных устоев. Ответом на вызовы времени со стороны системы внутреннего контроля стало появление новых методологических подходов и новых технологий. В методологию внутреннего контроля приходит процессный подход, предполагающий использование риск-ориентированных технологий контроля. Важнейшей целью внутреннего контроля становится идентификация рисков, оценка их величины и вероятности реализации. Второй особенностью системы внутреннего контроля становится ее срастание с такими компонентами управления как риск-менеджмент, менеджмент по управлению качеством, бережливое производство и т.п. Между этими системами происходит обмен приемами, методами и подходами в реализации управленческих функций. Таким образом, внутренний контроль превращается в один из наиболее эффективных инструментов финансового менеджмента.

Реализация нормативных требований российского законодательства об использовании системы внутреннего финансового контроля каждым хозяйствующим субъектом должна осуществляться с учетом ее экономической целесообразности и адекватности требованиям современного этапа ее эволюции [3].

Литература

1. Федеральный закон «О бухгалтерском учете» от 06.12.2011 № 402-ФЗ

2. Международные профессиональные стандарты внутреннего аудита. http//sea/search/msn/com

3. Постановление Правительства РФ от 30.06.2012 №667 «Об утверждении требований к правилам внутреннего контроля, разрабатываемым организациями, осуществляющими операции с денежными средствами»

Соболева С.Ю. - к.э.н., доцент, Волгоградский государственный медицинский университет, emvolgmed@mail.ru
Соболев А.В. - соискатель, Белгородский национальный исследовательский университет

ПРИМЕР ПОСТРОЕНИЯ ТЕХНОЛОГИЧЕСКОГО ПРОФИЛЯ РЕГИОНАЛЬНОГО КЛАСТЕРА

Одним из приоритетов экономической политики государства в настоящее время в Российской Федерации является формирование региональных кластеров, интерес к которым обусловлен проявляющимися в данных образованиях эффектами синергии и повышения конкурентоспособности. Наиболее актуальным становится создание кластеров в инновационных отраслях, например, в фармации.

В настоящее время в Волгоградской области идет строительство химико-фармацевтического кластера, опирающегося, прежде всего, на солидную научную базу - Волгоградский государственный медицинский университет, объединяющий для фармакологический и фармацевтических исследований потенциал научных учреждений региона – НИИ Фармакологии, Волгоградский исследовательский медицинский центр, Научно – исследовательский институт гигиены, токсикологии и профпатологии, Волгоградский научно - исследовательский противочумный институт Роспотребнадзора. Кроме того, Волгоградский медицинский университет обеспечивает профессиональными кадрами лечебные и фармацевтические учреждения региона. В состав участников кластера включены промышленные предприятия, выпускающие сырье для фармацевтической промышленности - ОАО «Каустик», ВОАО «Химпром», ОАО «Волжский оргсинтез», а также фирма, выпускающая лекарственные средства – ЗАО НПО «Европа-Биофарм», основу производства которой составляют два лекарственных препарата и биологически активные добавки (БАДы). В период до 2015 года в регионе должен быть создан Научный центр инновационных лекарственных средств с опытно-промышленным производством [2, 3].

Для более глубокого анализа сложившейся в регионе ситуации необходимо провести профилизацию формируемого в Волгоградской области химико-фармацевтического кластера. Для этого, в первую очередь, следует определить систему координат в соответствии с предложенной классификацией Ю. Громыко [1]:

1) инновационные инфраструктуры (ИИ);
2) новые не существовавшие ранее инфраструктуры (НИ);
3) ультраструктуры, метапромышленность (УС);
4) заимствование технологической платформы и ее развитие (Т).

Каждая из четырех координат методом экспертной оценки оценивается по 10-ти балльной шкале. Волгоградский химико-фармацевтический кластер получил 2 балла по шкале ИИ, так как в регионе практически отсутствует инфраструктурная платформа для формируемого кластера. Фактически в области планируется строительство новых объектов на новом свободном месте, не существует в настоящий момент промышленное производство лекарственных средств, поэтому шкала НИ оценивается в 8 баллов. Дальнейшее перевооружение промышленности и создание предприятий, производящих продукцию для предприятий на данном этапе не предусмотрено, но возможно в дальнейшем по мере развития кластера, в связи с чем шкала УС получает 1 балл. Формирование и развитие кластера предусматривает заимствование зарубежной технологии, ее развитие и выход на уровень импортозамещения, поэтому по шкале Т Волгоградский фармкластер оценивается в 9 баллов. Таким образом, профиль данного кластера выглядит, как представлено на рис.1.

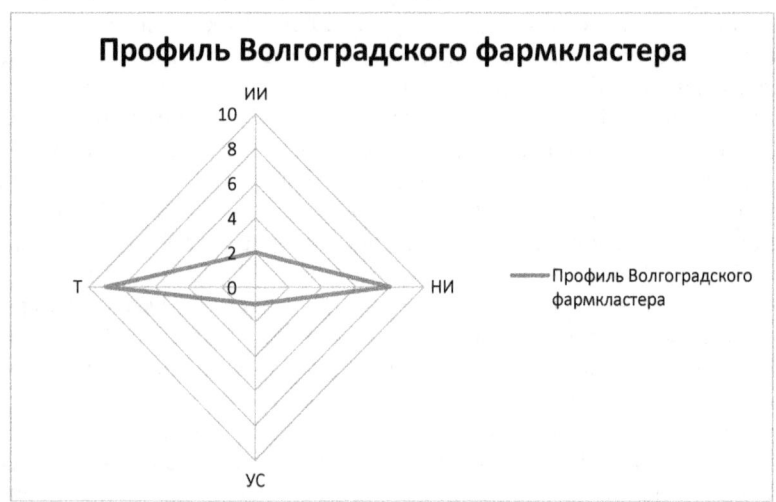

Рис.1 Технологический профиль Волгоградского химико-фармацевтического кластера

Как видно из представленного профиля, региональные условия создания Волгоградского химико-фармацевтического кластера характеризуются наличием диспропорций и перекосов. Так, в настоящий момент не создана инфраструктурная платформа кластера, что значительно осложняет процесс его формирования и успех дальнейшего функционирования из-за проблемы поиска рынков сбыта продукции. Таким образом, шкала ИИ свидетельствует о наличии проблемы и необходимости ее скорейшего устранения. С другой стороны один балл по шкале УС можно охарактеризовать скорее как проблему Федерального, а не регионального уровня, поскольку создание промышленности по преобразованию существующей промышленности (метапромышленности) требует значительных капитальных вложений, наличие научной базы соответствующего профиля и государственной поддержки.

Согласно технологическому профилю Волгоградский фармкластер получил максимальные баллы по шкалам НИ и Т, что говорит о том, что кластер создается практически с нуля, предусматривает создание новых производств, рынков сбыта, продуктов, а также заимствование технологий. Таким образом, это достаточно рискованное решение, при котором невозможно прогнозировать спрос, и которое нуждается в дополнительных госгарантиях и активном участии и регулировании со стороны органов местной власти. Все эти аспекты должны быть учтены при разработке мероприятий по формированию химико-фармацевтического кластера в Волгоградском регионе.

Литература

1. Громыко, Ю. Что такое кластеры и как их создавать? / Ю. Громыко. [Электронный ресурс] Режим доступа: http://www.idmrr.ru

2. Соболев, А.В. Институциональные предпосылки формирования и факторы успеха региональных фармацевтических кластеров (на примере Волгоградской области) / А.В. Соболев, В.Л. Аджиенко // Вестник Волгоградского государственного университета. Серия 3, Экономика, Экология. – 2012. – Вып. 1 (20). – С. 131 – 138

3. Соболева, С.Ю. Региональные особенности формирования фармацевтических кластеров на территории Российской Федерации / С.Ю. Соболева, С.В. Животова / Волгоградский научно-медицинский журнал. №1. 2013 г. январь – март. / Волгоград: Изд-во ВолгГМУ. 2013. – С. 10 – 14

Лысунец М.В.
к.э.н., научный сотрудник экономического факультета
МГУ имена М.В. Ломоносова

ИЗМЕНЕНИЕ ПРАВИЛ РОССИЙСКОГО ТРАНСФЕРТНОГО ЦЕНООБРАЗОВАНИЯ – ПОПЫТКА ИСПОЛЬЗОВАНИЯ МИРОВОГО ОПЫТА

С 2012 года в Российской Федерации действуют новые правила трансфертного ценообразования. Учитывая то, что на страны – члены ОЭСР приходится около 65% внешнеторгового оборота России, и со всеми этими странами Россия имеет договоры об устранении двойного налогообложения, заключенные на основе Модельной конвенции ОЭСР в отношении налогов на доходы и капитал [3], актуальным является вопрос приведения налогового законодательства Российской Федерации в определенное соответствие с требованиями Руководства ОЭСР по трансфертному ценообразованию для транснациональных компаний и налоговых органов [2]. Проводя изменения национальных правил по трансфертному ценообразованию, российский законодатель предпринял попытку гармонизировать российское законодательство с некоторыми международными принципами контроля за трансфертными ценами.

Каковы основные изменения, и в чем, собственно, заключается эта попытка приведения норм российских правил трансфертного ценообразования в соответствие с международными правилами, в чем состоят основные спорные и противоречивые моменты новых российских норм? Рассмотрим основные нововведения.

I.   Значительно <u>расширены критерии для признания лиц взаимозависимыми</u>. Так, теперь лица признаются взаимозависимыми:
1)   Самостоятельно участниками сделки, если отношения между ними влияют на условия и результаты сделок [1, ст.105.1];
2)   По формальному критерию: [1, ст.105.1];
   –   По доле прямого или косвенного участия - более 25%;
   –   По полномочиям на избрание органов управления – более 50%;
   –   По управлению компаниями одними и теми же физическими лицами – более 50% состава органов управления;
   –   По родству и должностному подчинению.
3)   Судом, по любым иным основаниям, если отношения обладают признаками зависимости.

II.   Существенно <u>изменился перечень контролируемых сделок</u>. По новым правилам контролируемыми также признаются следующие сделки:
1)   Сделки реализации (перепродажи) при участии посредников (в т.ч. независимых), если посредники не выполняют в такой сделке никаких дополнительных функций [1, ст.105.14];

2) Сделки между взаимозависимыми лицами-резидентами РФ по крупным сделкам с объемом, превышающим 1млрд.руб. в год [1, ст.105.14];

3) Внешнеторговые сделки в случае торговли товарами мировой биржевой торговли [1, ст.105.14];

4) Сделки с компаниями, зарегистрированными на оффшорной территории, по перечню Минфина РФ [1, ст.105.14; 4].

Дополнительно, по заявлению налоговых органов суд может признать сделку контролируемой при наличии достаточных оснований полагать, что указанная сделка является частью группы однородных сделок, совершенных в целях создания условий, при которых такая сделка не отвечала бы признакам контролируемой сделки.

Не признаются контролируемыми [1, ст.105.14]:

1. Сделки между сторонами одной консолидированной группы налогоплательщиков;

2. Сделки при одновременном соблюдении следующих условий:
   - Лица зарегистрированы в одном субъекте РФ;
   - Не имеют обособленных подразделений;
   - Не платят налог на прибыль в бюджеты других субъектов РФ;
   - Не имеют убытков;
   - Не затрагивают НДПИ (налог на добычу полезных ископаемых);
   - Не применяют ЕНВД (единый налог на вмененный доход) и ЕСХН (единый сельскохозяйственный налог);
   - Не освобождены от уплаты налога на прибыль;
   - Не являются резидентами ОЭЗ.

III. <u>Расширился перечень</u> методов, применяемых для контроля за ценами. Теперь предусмотрено пять <u>методов определения рыночной цены</u> [1, ст.105.7]:

1) Метод сопоставимой неконтролируемой цены;
2) Метод цены перепродажи;
3) Метод затрат плюс прибыль;
4) Метод сопоставимой рентабельности;
5) Метод распределения прибыли.

Методы, указанные в пунктах 2-5 допускаются только в случае невозможности применения первого метода сопоставимой неконтролируемой цены. Кроме того, изменились требования к обоснованию выбора применяемого метода. Тем не менее, одной из основных проблем нового законодательства является алгоритм расчета интервала рыночных цен (и интервалов рентабельностей), с которым сравниваются цены (или рентабельность) налогоплательщика.

Апробация указанных в Налоговом Кодексе методов и прежде всего метода сопоставимой неконтролируемой цены показывает, что рассчитанный интервал цен (интервал рентабельности), с которыми сравниваются цены (рентабельность) налогоплательщика, не включает в себя значительную часть рыночных цен. По сути, это означает, что налогоплательщик обязан доплатить налог, если цены по контролируемой сделке соответствуют уровню рыночных цен, но не попали в расчетный интервал цен, предусмотренный Кодексом.

IV. Введены правила об уведомлении налогоплательщиком налогового органа о контролируемых сделках [1, ст.105.16]. Так, не позднее 20-го мая года, следующего за отчетным, налогоплательщик обязан уведомить территориальный налоговый орган о контролируемых сделках, имевших место в отчетном году. В таком уведомлении указываются предметы сделок, сведения об участниках сделок, сумма полученных доходов и (или) произведенных расходов (понесенных убытков) с выделением суммы по сделкам с регулируемыми ценами.

V. На налогоплательщика возложена обязанность готовить и предоставлять специальную документацию о контролируемых сделках. Такая документация может содержать сведения о деятельности налогоплательщика и сторон сделки (перечень сторон сделки с указанием их функций; описание сделки, ее условий, методики ценообразования, условий и сроков осуществления платежей; используемые для сделки активы, принимаемые риски), а также сведения об используемых источниках информации, обоснование причин выбора и способа применения используемого метода определения цены, интервал рыночных цен (рентабельности) и прочую информацию.

VI. Введены специальные налоговые проверки за соблюдением законодательства о трансфертном ценообразовании [1, ст.105.17] и установлены специальные правила их проведения. Такая проверка не препятствует проведению обычной камеральной и/или выездной налоговой проверки. С введением таких специальных проверок, отныне контроль цен не может быть предметом обычных выездных и камеральных налоговых проверок.

VII. Введены симметричные корректировки цен [1, ст.105.18], что подразумевает под собой применение другой стороной сделки тех рыночных цен, на основании которых первой стороне сделки были доначислены налоги. По сути, это право контрагента налогоплательщика на получение выгод вследствие применения санкций к налогоплательщику. Таким образом, скорректированные по итогам проверки цены могут быть применены другой стороной сделки при исчислении соответствующих налогов.

VIII. Для крупнейших налогоплательщиков предусмотрена возможность заключать соглашение о ценообразовании [1, ст.105.19] с налоговыми органами, в соответствии с которым российская организация – крупнейший налогоплательщик предварительно согласовывает с налоговым органом порядок определения цены для целей налогообложения, что является своего рода гарантией принятия налоговым органом ценовой политики налогоплательщика.

IX. <u>Установлена</u> специальная <u>ответственность за соблюдение правил трансфертного ценообразования</u>. В целом, штрафные санкции за неуплату или неполную уплату налогов в результате применения налогоплательщиком в контролируемых сделках условий, не сопоставимых с условиями сделок между независимыми лицами, аналогичны штрафам, применяемым к неуплате или неполной уплате налоговов по обычным основаниям и может составлять от 20 до 40% от суммы заниженного налога.

Несмотря на значительное расширение и уточнение ранее существовавших правил по трансфертному ценообразованию, нововведения содержат и спорные моменты и неоднозначные трактовки. Так, например, четко не определено:

- Как оценивать объем сделки для определения ее контролируемости;
- Следует ли при исчислении доходов по сделкам с взаимозависимыми лицами учитывать доходы с каждым взаимозависимым лицом по отдельности или по всем сделкам со всеми взаимозависимыми лицами;
- Могут ли быть признаны контролируемыми сделки, по которым налогоплательщик приобретает товары (работы, услуги), т.е. осуществляет расходы, а не извлекает доходы;
- Следует ли при исчислении «порога» для контроля сделок между лицами учитывать как доходные, так и расходные сделки совокупно;

Несмотря на все недоработки и недочеты, эти нововведения могут способствовать сближению российских и международных правил трансфертного ценообразования, что имеет ряд положительных моментов. Например, такие принципы деятельности более понятны иностранным компаниям и сторонам сделки, поскольку они были составлены с учетом использования уже сложившейся теории и практики в мировом сообществе. Эти нововведения содержат некоторые правила, общепринятые в мировой практике, например, возможность заключения предварительного соглашения о ценообразовании, расширение и приведение в соответствие с международными правилами перечня методов определения рыночных цен и критерия определения взаимозависимых лиц.

Кроме того, эти новации более детально и разносторонне охватывают ситуации, с которыми сталкиваются налогоплательщики в вопросах исчисления трансфертных цен, и содержат ряд положительных для налогоплательщиков моментов, таких как, например, возможность применения симметричных корректировок, соглашений о ценообразовании.

Список литературы

1. Налоговый Кодекс Российской Федерации (части 1 и 2).
2. Руководства ОЭСР по трансфертному ценообразованию для транснациональных компаний и налоговых органов (The OECD transfer pricing guidelines for multinational enterprises and tax administrations - http://www.oecd.org/ctp/transfer-pricing/transfer-pricing-guidelines.htm - дата обращения 15.02.2014.
3. Модельная конвенция ОЭСР в отношении налогов на доходы и капитал в редакции от 22.07.2010 (OECD Model Tax Convention with Respect to Income and Capital as of 22.07.2010) - http://www.oecd.org/tax/treaties/47213736.pdf - дата обращения 15.02.2014.
4. Приказ Минфина России от 13.11.2007 № 108н "Об утверждении Перечня государств и территорий, предоставляющих льготный налоговый режим налогообложения и (или) не предусматривающих раскрытия и предоставления информации при проведении финансовых операций (офшорные зоны)".

Болотина А.Е.

соискатель на присвоение ученой степени кандидата экономических наук,
Московский государственный университет печати имени Ивана Федорова
reddy55@mail.ru

УПРАВЛЕНИЕ ПРЕДПРИЯТИЕМ НА ОСНОВЕ РЕСУРСНОЙ КОНЦЕПЦИИ

Традиционной основой эволюции бизнеса является рост экономики на основе производственных факторов, которые называются воспроизводимыми факторами конкуренции. К данным источникам относятся технический базис, технология, организация производства, система стимулирования труда, сбытовые схемы и т. п. В силу своего простого характера эти факторы могут быть сравнительно легко воспроизводимы конкурентами, тем более в эпоху глобализации и интернационализации мирохозяйственных связей, интенсивного перелива капитала, движения рабочей силы, идей, научных открытий и т. п. Далее экономический рост происходит на базе инвестиций, которые обеспечивают модернизацию производственных процессов, снижение издержек, улучшение качества продукции.

Реалии XXI века кардинально усложняют хозяйственный механизм современной экономики.

В современных условиях меняется характер конкуренции и принципы формирования конкурентных преимуществ. Эволюция рынка требует дальнейшего критического переосмысления и обобщения теории конкурентных преимуществ и их источников.

С развитием информационных технологий конкурентные преимущества, основанные на обладании богатыми природными ресурсами, быстро теряют свое прежнее значение. Классическая теория конкуренции (А. Смита и Д. Рикардо), сложившаяся в эпоху индустриализации экономики, сегодня не соответствует возросшим масштабам экономики, глубокой дифференциации товаров, индивидуализации спроса, интенсивному движению капитала, рабочей силы, технологий и т. п.

Современная информационная социально-ориентированная экономика нуждается в принципиально новой теории конкуренции, которая должна раскрыть сложный механизм современной конкуренции, включая сегментацию рынков, дифференциацию товаров, технологические различия, уровень и качество жизни. Поэтому на смену классической теории конкуренции индустриального мира должна прийти новая теория конкуренции и конкурентных преимуществ, которая позволяет раскрыть сложный механизм взаимозависимости между природными, научнотехническими, экономическими, организационными и социальными факторами экономического роста.

В настоящее время главным источником экономического роста становятся инновации, которые способствуют качественному совершенствованию производственных факторов, усилению внутренней конкуренции, усложнению структуры спроса, развитию отраслевых кластеров (взаимодополняющих отраслей), инфраструктуры бизнеса.

Утверждается новый подход в управлении, согласно которому успех организации в достижении ее целей определяется не доступом к финансовым или материальным ресурсам, а умением менеджмента использовать человеческий потенциал, что обеспечивает высокую эффективность бизнеса.

Таким образом, конкуренция достигает наивысшего уровня развития, так как задействованы все элементы ресурсной базы конкурентоспособности.

Как отмечает российский экономист Г.Н. Степанова «....постиндустриальная экономика, основанная на инновационном характере производства, требует от организации проявления особых качеств, продиктованных не конкурентным анализом, а высокопрофессиональным пониманием бизнеса и глубоким осознанием тенденций окружающего бизнес-пространства. Таким образом, конкурентоспособность организации должна иметь абсолютный характер, то есть поведение организации на рынке не должно быть зависимым от наличия или отсутствия тех или иных конкурентов, что обеспечивает не реактивное управление бизнесом и последействие, что обрекает организацию на второстепенную роль в маркетинговом пространстве, продиктованную конкурентом, а самостоятельную линию поведения и упреждающее управление на любом рынке» [1, 210].

Устойчивые конкурентные преимущества возникают только тогда, когда система управления является уникальной.

В связи с этим возьмем за основу определение конкурентоспособности организации, осуществляющей полиграфическую деятельность, данное отраслевыми экономистами В.А. Богомоловой, Э.В. Никольской, О.Г. Исаевой, так как оно содержит рекомендации по созданию инструментальных аспектов формирования конкурентных преимуществ на основе современных научных подходов к экономике, что является особенно ценным в условиях поиска эффективных методов управления современной организацией – *способность стабильно функционировать в долгосрочной перспективе за счет эффективного использования собственного ресурсного потенциала, превосходства в ресурсах и лучшего умения их использовать* [2].

Повышение конкурентоспособности предприятия должно опираться на рекомендации ресурсного подхода по управлению наиболее важными ресурсами, который базируется на том, что каждая фирма обладает разнообразными ресурсами, приобретаемыми на рынках факторов производства, а также способностью комбинировать их со своими возможностями (квалифицированный персонал, техническими средствами и т. д.) и целями.

В отличие от рыночного подхода, предполагающего определение потребности в ресурсах в зависимости от положения организации на рынке, ресурсный подход базируется на утверждении, что рыночное положение предприятия основывается на ее ресурсном потенциале, то есть в основу выбора стратегии ставятся ресурсы и управление ими.

Рассматривая ресурсный подход как основной фактор успеха, экономистами была определена особая роль внутрифирменных параметров, которые оказывают более сильное влияние на достижение успеха, чем рыночные характеристики. Выявление стратегического потенциала и эффективное, рациональное использование всех необходимых для этого ресурсов в большей мере определяют успех предприятия, чем работа на классических рынках на базе конкурентных стратегий. В рамках развития ресурсной школы приоритет стал отдаваться внутрифирменным ресурсам. По мнению американского экономиста Р.Г. Коуза, «… в современной экономике большая часть ресурсов задействована внутри фирм, и способы их использования зависят от административных решений, а не непосредственно от рыночных отношений» [3].

То есть произошел возврат к внутренним возможностям предприятия. Однако, в соответствии с диалектикой Гегеля, повторение предыдущей стадии развития происходит на более высоком качественном уровне. Таким образом, требования к ресурсной концепции предприятия принципиально изменились. Теперь от предприятия требуется опережающее создание, удержание и развитие специфических ресурсов (компетенций).

Американские экономисты К.К. Прахалад и Г. Хамел в своих работах («Ключевая компетенция корпорации», «Конкурируя за будущее», «Во главе революции в бизнесе») убедительно доказали достоинства концепции фирмы как портфеля компетенций, а не как портфеля бизнес-единиц .

Таким образом, основной задачей предприятия должно стать развитие внутрифирменных ресурсов и компетенций, которые позволяют предприятию завоевать преимущества перед конкурентами.

Специфика ресурсной концепции, как отмечает швейцарский экономист Э. Рюли, состоит в том, что внутрифирменные ресурсы сами по себе не являются гарантией успеха [4]. Таковыми они становятся при условии, что данные уникальные преимущества содержат потребительскую ценность.

Ресурсы не могут быть оценены сами по себе, поскольку их ценность определяется в процессе взаимодействия с рыночными параметрами. Таким образом, ресурсный подход также неразрывно связывает внутренние способности компании и ее внешнюю отраслевую среду. Однако успех предприятия рассматривается под новым углом зрения как результат привлекательности отрасли и конкурентной позиции предприятия в ней.

Разнонаправленность рыночного и ресурсного подходов является основанием считать их антиподами, полагать, что использование одного исключает применение другого. В таком противопоставлении нет необходимости.

В научной литературе высказывается мнение о потенциальной эффективности объединения подходов, так как они не только не конкурируют между собой, но и дополняют друг друга. Учет не только продукта, но и генерирующих его ресурсов позволяет менеджменту разработать реализуемую стратегию.

Значимость ресурсов и способностей в конечном счете определяется рынком, поэтому ресурсоориентированный подход не может отказаться от рыночной перспективы. Ключевые компетенции нужны рынку только тогда, когда они обеспечивают потребности целевого рынка. Подчеркивание определяющего значения идентификации потенциала предприятия с точки зрения внутрифирменных возможностей и потребительской ценности делает очевидным синтез ресурсной и рыночной перспектив, что обеспечивает достижение внешней и внутренней эффективности бизнеса.

Как отмечают американские экономисты Д.Дж. Коллиз и С.А. Монтгомери, «ресурсная концепция сочетает внутренний анализ явлений организационного происхождения и внешний анализ отрасли и конкурентной среды. Ресурсная концепция признает значимость специфических… ресурсов и компетенций, однако это происходит в контексте конкурентной среды. Данная концепция представляет способности и ресурсы как суть конкурентной позиции компании, они являются предметом взаимодействия трех основных рыночных сил: спроса, редкости и возможности присвоения» [5].

Ресурсно-ориентированный подход к обоснованию выбора конкурентной стратегии не должен рассматриваться в качестве альтернативы рыночному, так как не может быть отделен от других структурных составляющих конкурентного преимущества, включающих масштаб деятельности, специализацию, оптимальную степень интеграции и т. д.

Перспектива интеграции обеих концепций в единых рамках позволяет учесть различные аспекты конкурентоспособности и использовать преимущества взвешенной точки зрения для стратегического управления предприятием. В результате возникла бы возможность, с одной стороны, объяснить развитие предприятия использованием оригинальных ресурсов и специфической конкурентной конъюнктуры, а с другой – разработать при наличии определенной комбинации ресурсов и рыночных условий практические рекомендации для управления предприятием.

Конкурентная ценность ресурсов может увеличиваться или уменьшаться посредством изменений в технологии, поведения конкурента или требований потребителей. Таким образом, ценность ресурса связана со структурой отрасли и с рыночной ситуацией. Путем учета рыночных потребностей и рамочных условий бизнеса предприятие должно так использовать свои ресурсы, чтобы потребительская ценность была оптимальной. При этом задача маркетинга заключается в том, чтобы объективные конкурентные преимущества предприятия опирались на субъективное восприятие клиентом предлагаемых услуг.

Особое значение имеют метаресурсы, которые позволяют предприятию адаптировать свои ресурсы к рыночным вызовам и трансформировать потребительскую ориентацию.

Рыночно-ориентированный подход исходит из следующего принципиального постулата: внешняя среда является данностью, которая не поддается изменению. Однако исходной посылкой современной ресурсной теории является то, что предприятие не играет роль пассивного созерцателя внешних воздействий, что подразумевается популяционно-экологической теорией, а пытается управлять внешней средой для достижения стратегический целей деятельности.

С ресурсной концепцией неразрывно связана концепция «динамических способностей», которая, по словам американского экономиста Д. Тиса, предполагает «потенциал реагирования, создания и конфигурации внутренних и внешних компетенций для соответствия быстро меняющейся среде» [6]. Суть новой парадигмы заключается в том, что рыночный успех сопутствует тем предприятиям, чьи стратегии нацелены на активное использование внутреннего потенциала для изменения внешнего окружения. В современной трактовке синтез ресурсной и рыночной концепций предполагает изменение характера взаимодействия предприятия с внешней средой – не простое приспособление и адаптацию к рынку, а его трансформацию.

Американские экономисты К.К. Прахалад и Г. Хэмел, проанализировав функционирование американских и японских компаний, сделали вывод, что рыночный успех имеют те из них, которые иначе, чем предполагает традиционное классическое управление, представляют движущие силы своего организационного развития. Они стремятся развивать те свои качества, которые обеспечивают им стратегический отрыв в конкурентной среде и уникальным, инновационным образом используют ресурсы для достижения стратегических целей [7].

Повышение конкурентоспособности современного предприятия должно опираться на рекомендации ресурсной концепции в организационном контексте стратегического управления, что выражается в требовании формирования ключевых компетенций, под которыми понимаются оригинальные ресурсы – уникальные преимущества – технологические «ноу-хау», креативные сотрудники, историческая траектория развития предприятия, комбинация ресурсов, определяющих результативность бизнеса. Ключом к устойчиво высоким прибылям является не повторение модели поведения конкурентов, а всемерное развитие уникальности предприятия как основы предложения потребителям уникального товара. Залогом лидерства в бизнесе называется не подавление соперника любой ценой, а создание собственных, трудно имитируемых конкурентами организационных компетенций.

Эффект положительной синергии создается за счет оптимального взаимодействия наиболее значимых ресурсов.

Длительные конкурентные преимущества и связанная с этим прибыль выше среднего уровня достигаются в результате внутрифирменной генерации уникальных ресурсов.

В этом проявляется синергетический подход к управлению ресурсным потенциалом. Как отмечают Д.Дж. Коллиз и С.А. Монтгомери, «... ценный ресурс является комбинацией навыков, ни один из которых не является превосходным сам по себе, но только при объединении с другими ресурсами оказывается частью их лучшего набора» [8].

В рамках ресурсного подхода утверждается, что конкурентоспособность предприятия в долгосрочной перспективе зависит от правильного выбора ресурсов и способности осуществлять комбинацию ресурсов лучше, оригинальнее и быстрее конкурентов.

Источники конкурентных преимуществ заключаются не столько в успешных инвестициях в привлекательный бизнес, сколько в умении менеджмента консолидировать рассредоточенные по предприятию технологии и производственные навыки в компетенции. При этом имеются в виду прежде всего кадровые и организационные ресурсы, в меньшей степени это касается машин и оборудования, а также других капитальных ресурсов, так как они легко могут быть стандартизированы. В этом случае предприятие станет обладать бизнес-потенциалом не только быстрой адаптации к изменяющимся рыночным условиям, но и станет проводит активную политику на рынке.

Задачи современного маркетинга заключаются в поиске такой комбинации ресурсов, которая бы отвечала запросам рынка. При этом речь идет, с одной стороны, о приобретении и развитии новых ресурсов (прежде всего, так называемых, престижных активов в сочетании с соответствующей политикой фирменной марки), а с другой – об ориентированной на клиента увязке и интеграции имеющихся ресурсов.

Кроме того, растущая взаимозависимость экономических и социальных процессов привела к тому, что в маркетинг постепенно включались серьезные социальные задачи – обеспечение занятости, гуманизация условий труда, постоянная подготовка и переподготовка менеджеров, технического персонала и производственных рабочих, расширение участия членов коллектива в управлении предприятием.

Таким образом, оценка доминирующих концепций управления инновационной экономикой в аспекте их адаптивности к современным условиям хозяйствования показала:

– в период становления в России и развития рыночной экономики максимально адаптированной оказалась рыночная (маркетинговая) концепция управления, нацеливающая предприятие на получение высоких краткосрочных прибылей, их максимизацию. При этом хозяйствующие субъекты ориентировались в большей степени не на внутренние возможности, а на внешнюю среду – потребителей, конкурентов, рынок.

В условиях постоянного стремления предприятия к расширению, монопольному положению на рынке, максимизации прибыли за счет снижения издержек и повышения цен продаж появились тенденции к перепроизводству товарной массы, углублению кризисов, отставанию в развитии внутренних ресурсов и другим негативным экономическим и социальным последствиям. Поэтому на современном этапе развития экономики принцип неограниченного экономического роста, соответствующий рыночной концепции, утрачивает свое доминирующее значение;

– одновременно происходит объективный процесс переориентации бизнеса на новую ресурсную концепцию, нацеливающую предприятие на достижение качественного развития за счет синергии внутреннего потенциала и эффективного управления научными, техническими, технологическими и социальными инновациями;

– доминантой ресурсной парадигмы является осознание исключительной значимости интеллектуального потенциала для стратегического успеха организации.

Одним из направлений формирования стратегии, которая рассматривается как альтернатива рыночно-ориентированной схеме разработки стратегии, является ресурсный подход.

По мнению сторонников ресурсного подхода (Э. Рюли, Р. Холл), четкая ориентация на рынки сбыта не является сама по себе гарантией успеха и долговременного наилучшего положения организации на рынке. Рыночно-ориентированный подход недостаточно учитывает организационные, научно-психологические и социальные факторы поведения организации в стратегическом отношении, например, внутрифирменную структуру, социальные аспекты управления, ресурсообеспечение и поведение персонала, который непосредственно участвует в реализации стратегии.

Литература:

1. Степанова, Г.Н. Стратегический менеджмент – контент эволюционной экономики XXI века /монография/ : М.: МГУП, 2010. 210 с.
2. Богомолова, В.А., Никольская, Э.В., Исаева О.Г. Оценка конкурентоспособности полиграфических предприятий //Проблемы полиграфии и издательского дела. 2002. №5
3. Коуз, Р.Г. Природа фирмы // Вестник Санкт-Петербургского университета. Сер. «Экономика». 1992. № 4
4. Рюли, Э. Управление ресурсами как фактор стратегического успеха // Проблемы теории и практики управления. 1995. № 6.
5. Коллиз, Д.Дж.. Монтгомери С.А. Конкуренция на основе ресурсов: стратегия в 1990-е // Вестник СПбГУ. Сер. 8. 2003. Вып. 4. №32. С. 186–205.
6. Teece, D.J. The Competitive Challenge: Strategies for Industrial Innovation and Renewal. Cambridge, Mass.: Ballinger, 1987. P. 137.
7. Prahalad, C.K., Hamel, G. The Core Competence of the Corporation. Harward Business Review 1990. № 3 May-June. 79–91,
8. Коллиз, Д.Дж.. Монтгомери, С.А. Конкуренция на основе ресурсов: стратегия в 1990-е // Вестник СПбГУ. Сер. 8. 2003. Вып. 4. №32. С. 186–205.

Кушнарева И.В.

к.э.н., Институт сферы обслуживания и предпринимательства (филиал)
Донского государственного технического университета в г. Шахты
innakusnareva@yandex.ru

КОНКУРЕНТОСПОСОБНОСТЬ АВТОТРАНСПОРТНЫХ УСЛУГ

Автомобильному транспорту свойственны такие свойства, как мобильность, универсальность, гибкость, способность объединить все виды транспорта в единую сеть.

Сегодня более 80% предприятий всех отраслей экономики и населённых пунктов Российской Федерации кроме автомобильных дорог не имеют других подъездных путей. Поэтому одним из главных приоритетных направлений роста экономического потенциала является стимулирование развития автомобильно-дорожного комплекса страны.

Предоставляемые конкурентоспособные автотранспортные услуги оказывают влияние на себестоимость товаров, производительность труда, конкурентоспособность большинства отраслей экономики страны.

Ввиду слабого уровня развития автомобильных дорог по отношению к уровню автомобилизации существенно растут издержки, снижается скорость движения, длительные простои, повышается уровень аварийности.

Изучение факторов, влияющих на повышение конкурентоспособности автотранспортных услуг, в настоящее время, является актуальной задачей в сфере транспорта.

Одной из важнейшей составляющей экономического роста нашей страны является стабилизация и развитие производства и услуг во всех отраслях экономики, на всех предприятиях, как в малом, так в среднем и большом бизнесе, во всех сферах предпринимательской деятельности. Конкуренция, интегрирующая как запросы потребителей, так и способность производителя обеспечить производство конкурентоспособной продукции и предоставление конкурентоспособных услуг, выступает в качестве движущейся силы.

Конкуренция в переводе означает соперничество между людьми в достижении цели.

Конкуренция является ключевым элементом всего рыночного механизма и рыночной экономики в целом.

Предметом конкуренции может быть продукция, работы или услуги, посредством которых соперники стремятся завоевать заказчика-клиента и его деньги. Продукция, работы или услуги характерны как для грузовых, так и пассажирских автотранспортных предприятий. Такая ситуация характерна и для других видов транспорта.

Объектом конкуренции выступает заказчик, за которого борются на рынке автотранспортных услуг конкурирующие стороны.

Конкуренция создаёт предпосылки для развития автотранспортных услуг, расширения сферы их применения в рыночных условиях, а также стимулирует переход на эффективные технологии перевозочного процесса и способствует снижению цен и тарифов.

Определяющими признаками конкуренции услуг автомобильного транспорта являются:

– наличие конкурентных преимуществ услуг автомобильного транспорта с помощью рыночного сопоставления в развитии конкуренции;

– совокупность конкурентов разных категорий: индивидуальных, предприятий, отраслевых, межотраслевых (национальных);

– сочетание многообразия и открытости конкурентных услуг автомобильного транспорта в условиях насыщенного и дифференцированного рынка;

– преобладание взаимной выгоды субъектов автомобильного транспорта, предоставляющих автотранспортные услуги;

– превращение соперничества между конкурирующими субъектами автомобильного транспорта в одну из двух противоположных, но дополняющих друг друга тенденций развития: конкуренции и интеграции.

Конкуренция услуг в сфере автомобильного транспорта во всем своём сочетании проявляет эффект толерантности (терпимости, снисходительности) конкурентов, а внешнее окружение оказывает содействие в разработке стратегии конкурентных действий на рынке автотранспортных услуг.

Ни индивидуальный предприниматель, ни автотранспортное предприятие не может достичь превосходства над конкурентами по всем характеристикам предоставляемых услуг и средствам его продвижения на рынке этих услуг. Необходим выбор приоритетов и выработка стратегии, которые в наибольшей степени соответствуют тенденциям развития рыночной ситуации и наилучшим способом использующей сильные стороны деятельности хозяйствующего субъекта автомобильного транспорта. В отличие от тактических действий на рынке автотранспортных услуг стратегия конкуренции должна быть направлена на обеспечение преимуществ над конкурентами в долгосрочной перспективе.

Особого внимания заслуживает классификация уровней конкурентоспособности услуг автомобильного транспорта в зависимости от мотивации потребностей потребителя автотранспортных услуг.

Первый уровень конкурентоспособности характеризует потребителей услуг, удовлетворяющих минимальные потребности при минимальных затратах.

Второй уровень – ориентация потребителя на ценовой характер и на качественные характеристики услуг автомобильного транспорта.

Третий уровень – ориентация потребителя на комплексную оценку всех факторов, удовлетворяющих их потребность, отдавая предпочтение услугам автомобильного транспорта с лучшим соотношением неценовых и ценовых характеристик.

Четвёртый уровень – ориентация потребителя на уникальность предоставляемых услуг, при высокой цене.

Пятый уровень – побудительный фактор (фирменное предоставление услуг автомобильного транспорта).

Уровень конкурентоспособности услуг автомобильного транспорта определяется такими факторами, как превосходством в качестве, ценой потребления, уровнем обслуживания, инновационной активностью, потенциалом развития предоставляемых автотранспортных услуг.

Рынок автотранспортных услуг современной России подвержен действиям спроса и предложений. Распознать состояние рынка автотранспортных услуг, выявить тенденции его изменения и развития – главная задача хозяйствующих субъектов автомобильного транспорта. Для этих целей используются различные методы маркетинговой деятельности. Маркетинговая деятельность в решении проблем конкурентоспособности автотранспортных услуг, позволяет выявить потребительские предпочтения услуг, произвести прогноз их реализации, определить значение качества услуг, цен и тарифов, требования к подвижному составу и его техническому состоянию и т.д.

Маркетинговая деятельность ориентирована на детальное знание потребностей потребителей автотранспортных услуг, факторов и тенденций их изменения в ближайшей перспективе. Производство и сбыт автотранспортных услуг находятся в прямой зависимости от запросов потребителей, изучения рынка, потребительских оценок ассортимента и качества, к которым хозяйствующие субъекты автомобильного транспорта приспосабливают свою производственную и маркетинговую деятельность. Социально- экономические реформы обусловили радикальные структурные изменения автомобильного транспорта как отрасли. Изменения системы хозяйственных связей, развитие внутренних и международных товарных рынков поставило перед автотранспортом новые задачи и открыло перед ним большие перспективы.

Лю Инин
НГУЭиУ, аспирант

ПЕРСПЕКТИВЫ ИНТЕГРАЦИИ ЮАНЯ В МИРОВУЮ ВАЛЮТНО-ФИНАНСОВУЮ СИСТЕМУ

Исследование мировой валютно-финансовой системы позволяет выделить пять основных форм интеграции валют, к которым относят: валютные зоны, стабилизацию валютных курсов, систему трансграничных расчетов, консолидацию валютных и финансовых рынков, валютный союз. В современных условиях особое внимание уделяется созданию региональных валютных союзов и уменьшению числа национальных валют как варианту трансформации мировой валютной системы. Другими направлениями трансформации валютной системы являются диверсификация международных валютных резервов и рост числа резервных валют. Китай активно продвигает юань на мировой арене. В период с 2010 года по 2012 год было заключено большое число валютных свопов с центральными банками других стран, которые позволяют им обменивать напрямую национальные валюты, не используя при этом доллар. По итогам 2012 года монетизация ВВП Китая составила 97,42 трлн юаней, Китай сконцентрировал внутри страны ¼ от всей мировой денежной массы. Это позволяет сделать вывод, что Китай становится мировым лидером, что существенно отразится на развитии валютной системы и темпах интеграции юаня в мировую валютно-финансовую систему.

Валютное регулирование и валютный контроль в КНР представляют собой достаточно органичное соединение и являются частью валютной политики, которая, в свою очередь, тесно связана с кредитно-денежной и внешнеэкономической политикой. Можно говорить и о существовании основополагающих элементов валютной стратегии Китая, входящих во внешнеэкономическую стратегию. Под такой стратегией имеется в виду самостоятельный и долгосрочный курс, ориентированный на цели укрепления положения страны в мировой экономике.

О наличии у Пекина собственной валютной стратегии свидетельствует даже сам факт успехов КНР в рассматриваемой области, которые, как отчасти уже было показано, могли быть результатом довольно основательных предварительных расчетов и тщательного анализа ситуации в международных финансах [4,с.5].

Объектом валютной стратегии и валютной политики КНР являются, помимо прочего, отношения с ведущими международными финансовыми институтами и странами-эмитентами мировых валют, которые содержат значительный внешнеполитический компонент, элементы геоэкономики, геополитики и т.п.

В настоящее время задачи внутреннего характера - сохранения стабильной национальной денежной единицы в целом пока преобладают над планами, так или иначе связанным с международным статусом юаня - будь то выведение их в ранг региональной валюты, переход к обратимости по счетам движения капитала и т.д.

Начало интернационализации китайского юаня является результатом тесного торгово-экономического сотрудничества Китая за рубежом, а также развития внешней торговли страны [5].

Помимо активной внешней политики, способствующей интернационализации китайского юаня имеет место ряд внутренних факторов, который также оказывает положительное влияние на интернационализацию юаня. Среди таких факторов можно выделить интернационализацию банковского сектора, развитие финансовых рынков, развитие валютной политики в Китае.

Повышение степени интернационализации китайского юаня может в долгосрочной перспективе оказать существенное влияние на экономическое развитие не только Китая, но и Юго-Восточной Азии и, как представляется, на мировую экономику и развитие МВС.

Китай вышел на позиции второй крупнейшей мировой экономики после США. Однако фактор его экономической мощи пока в недостаточной степени уравновешен аналогичными позициями в мировой валютно-финансовой системе по мощи позициями в мировой валютно-финансовой системе.

По данным Сообщества всемирных межбанковских финансовых телекоммуникаций (SWIFT), национальная валюта юань пока занимает лишь 13-е место среди наиболее часто используемых для платежных расчетов валют мира.

Пекин, учитывая это, уже начал реализацию долгосрочной стратегии на данном направлении. Речь идет, прежде всего, о придании юаню статуса мировой валюты. Интернационализация юаня проходит в три этапа. Вначале он охватит сделки с соседними странами, далее — государства Азиатского региона, и на третьем этапе будет участвовать в глобальных финансовых операциях. По данным Комиссии по валютной политике Центрального банка Китая, в течение 2016–2020 годов можно ожидать конвертируемости юаня.

К настоящему времени достигнуты неплохие результаты. Как указывают эксперты банка HSBC, доля сделок по китайскому импорту и экспорту, заключенных в юанях, выросла примерно в 6 раз за последние три года и составляет порядка 12% (в 2011 году было 9,2). Также объемы юаней в офшорных зонах за три года выросли до 900 млрд. юаней. Кром того, по внешнеторговому обороту Китай в 2012 году вышел на первое место, опередив США, которые со Второй мировой войны не уступали эту позицию никому. Объем внешней торговли США в прошлом году составил

3,82 млрд. долларов, в то время как китайские экспортно-импортные операции вышли на уровень 3,87 млрд. долларов. Ранее аналитики HSBC Holdings Plc. прогнозировали становление КНР в качестве ведущей торговой державы только к 2016 году.

В целях интернационализации юаня Китай поддерживает создание офшорных центров, работающих с китайской валютой. Первым подобным центром стал Гонконг/Сянган. В этом году стало известно, что Китай и Сингапур договорились о возможности проведения для клиентов своих банков операций в юанях. В частности, сингапурское подразделение китайского Industrial and Commercial Bank of China начало проводить расчеты в жэньминьби. По словам управляющего директора валютного управления Сингапура Рави Менона, «спектр финансовых продуктов, номинированных в юанях, вероятно, будет расширяться, так как многие компании Сингапура все чаще прибегают к финансированию в юанях, выпуская акции и облигации в этой валюте» [5].

В 2012 году центробанки КНР и Тайваня подписали соглашение о клиринговых расчетах в юанях, что было оценено аналитиками как крупнейшее экономическое событие в Азиатском регионе. Соглашение предусматривает, что Тайвань предоставит возможности для межбанковских торговых операций, выраженных в юанях. Оба регулятора также намереваются инициировать переговоры о введении дилинга валютных свопов, который позволит Тайваню распоряжаться активами, выраженными в юанях, в рамках своих инвалютных запасов [6].

Прорывным для юаня событием становится укрепление его позиций в финансовых операциях, проводимых в Великобритании, которая является мировым лидером в этой сфере с оборотом 4 трлн долларов в день. Согласно Банку Англии, Великобритания в феврале текущего года получила преимущество первой из стран «большой семерки» подписать соглашение о валютном свопе с Народным банком Китая. Сделка позволит ЦБ Великобритании поставлять до 400 млрд. юаней, или 64 миллиарда долларов, другим банкам. По словам главы отдела межбанковских операций в Европе Standard Chartered Plc. Филиппа Линтерна, «это событие, вероятно, самое волнующее за всю мою карьеру, полностью перевернет финансовые рынки».

На этом фоне значительно активизировались финансовые институты Франции и Швейцарии, которые также намереваются заключить подобные соглашения с Народным банком КНР. Пекин прилагает усилия для продвижения юаня на финансовых площадках в Латинской Америке и на Ближнем Востоке — крупнейших регионах-поставщиках нефти в Китай. Если поступательное движение КНР на этом направлении будет идти такими же высокими темпами, то вполне вероятно, сбудется предсказание HSBC о том, что к 2015 году треть международных сделок будет проводиться в юанях, что сделает денежную единицу КНР одной из трех самых используемых в мировой торговле валют, наряду с долларом и евро.

КНР в целях расширения использования юаня активно продвигает подписание своповых валютных соглашений. За последние четыре года Китай подписал 20 своповых договоров, включая Аргентину, Австралию, Южную Корею и Сингапур. На 5-м саммите БРИКС было подписано соглашение с Бразилией на своп 190 млрд. юаней/60 млрд. бразильских риалов (около 30 млрд. долларов). С Россией в июне 2011 года Пекин подписал Соглашение о переходе к расчетам в национальных валютах. В качестве первого шага начались торги рублями на бирже в Китае и юаневые торги в Москве. Российский ВТБ 24 октября 2011 года открыл вклады в юанях.

В целях повышения международного доверия к юаню и подготовки к его будущему вхождению в лигу валютных «тяжеловесов» Пекин проводит политику увеличения национальных резервов золота. Официальные данные говорят о накопленных запасах в 1 054 тонны, что ставит Китай на 5-е место в мире. Однако, по неофициальным данным, запасов золота у Китая более 3 000 тонн, что делает его третьим по значимости владельцем желтого металла после США (8 113 тонн) и Германии (3 391 тонна), и эта цифра продолжает расти. Прежде всего, Китай значительно нарастил внутреннюю добычу золота (403 тонны в 2012 г.), обойдя в 2007 году Южную Африку, которая была мировым лидером с 1896 года. Также растет импорт золота, в первую очередь, через Гонконг. Согласно агентству Bloomberg, в 2012 году импорт золота в виде лома и монет через Гонконг составил 834,5 тонн против 431,215 тонн в 2011 году. Конечно, большая часть поступающего золота скупается населением, предпочитающим вкладывать свои растущие доходы в драгоценный металл. Однако значительная доля может также идти в государственный резерв [4,c.7].

Посредством скупки золота Китай хочет параллельно обезопасить свои инвалютные резервы, которые оцениваются почти в 3,6 трлн. долларов. Хотя их структура обычно засекречена, но традиционно считается, что доля доллара США составляет 40%, евро — 30, японской иены — 10, других валют — 20. Для Пекина его постоянно растущие инвалютные резервы и их структура представляют головную боль. Причиной являются риски для держателей таких валют, как доллар и евро, которые остаются весьма высокими после начала мирового финансово-экономического кризиса в 2008 году. В число рисков входят фактически бесконтрольная эмиссия американского доллара, что ведет к обесцениванию долларовых вкладов и снижению покупательной способности американской валюты, высокий госдолг США, обостряющийся кризис в еврозоне.

В этой связи понятны опасения Пекина, который хочет оградить себя от потерь и минимизировать риски для процесса утверждения юаня в качестве мировой валюты. Согласно некоторым источникам, Госсовет КНР потребовал у ЦБ сократить чрезмерные накопления валютных резервов и активизировать рациональное управление ими через диверсификацию, то есть инвестирование в акции зарубежных компаний, в сельхозугодья, месторождения полезных ископаемых, лес, импорт передовых технологий, дефицитного сырья, топлива и других [1,с.34]

Параллельно с данными мерами Китай в рамках своей глобальной валютно-финансовой политики стремится заложить институциональный базис в виде создания новых международных финансовых структур и продвижения своих интересов в тех международных финансовых структурах, где традиционно главенствуют США и страны Западной Европы (МВФ и Всемирный банк).

КНР большое значение придает формату БРИКС, в который также входят Бразилия, Россия, Индия и Южная Африка. Он должен стать инструментом для создания новых финансовых механизмов, которые должны, с одной стороны, минимизировать риски от кризисных явлений в традиционных валютных зонах (доллар, евро, японская иена), а с другой — позволить лидерам развивающегося мира конвертировать свой растущий вклад в глобальный экономический рост в право на регулирование мировых валютно-финансовых потоков.

На достижение этого нацелены две инициативы — создание Резервного фонда БРИКС и Банка развития БРИКС. Предполагается, что объем фонда может составить 100 млрд. долларов: на Китай должна прийтись доля в 41 млрд. долларов, на Россию, Индию и Бразилию — по 18 млрд., ЮАР — 5 млрд. Выделение средств не будет затрагивать национальные бюджеты: ЦБ каждой страны должен будет гарантировать, что часть международных резервов может быть в форме валютного свопа направлена на поддержку платежного баланса члена БРИКС.

Банк БРИКС, в свою очередь, рассматривается как противовес МВФ и ВБ. Он призван финансировать масштабные проекты в рамках БРИКС и снижать риски от потрясений в мировой экономике. Капитал банка должен составить 50 млрд. долларов, на начальном этапе — 10 млрд. (по 2 миллиарда от каждой страны). Однако в марте текущего года в ходе последнего 5-го саммита в ЮАР министры финансов не смогли договориться о ряде принципов работы Банка развития, в первую очередь, о механизме управления.

Хотя эксперты говорят о том, что странам БРИКС пока лучше удаются различные заявления, чем их реальные воплощения, однако сами руководители стран БРИКС считают делом времени запуск вышеуказанных структур.

Данный тезис был зафиксирован в пункте № 11 Этеквинской декларации, принятой по итогам саммита в ЮАР: «Мы благодарны нашим министрам финансов и управляющим центральных банков за проделанную работу по созданию нового Банка развития и заключению Соглашения о валютном резерве для использования в чрезвычайных ситуациях и поручаем им провести переговоры и заключить соглашения об их создании. Мы оценим ход работы над обеими инициативами на нашей следующей встрече в сентябре 2013 года».

Китай стремится использовать БРИКС также как инструмент давления на развитые страны для повышения своего представительского веса в МВФ и ВБ и включения юаня в корзину SDR (Special Drawing Rights) [2], на что прямо указывает пункт № 13 в Этеквинской декларации.В нем страны БРИКС призывают к реформе международных финансовых институтов (пересмотр квот в МВФ) с целью отразить увеличившийся вес стран БРИКС, а также начать дискуссию о роли Special Drawing Rights в существующей международной валютной системе, включающую в себя вопрос о составе валют в корзине SDR.

Таким образом, Китай сегодня последовательно идет к реализации планов по расширению влияния своей национальной валюты в международной торговле и финансовой системе. Если ко всем своим лидирующим показателям, таким как численность населения, размер и темпы роста ВВП, размер золотовалютных резервов, рост потребительского рынка и другие, он добавит также лидерство в мировой финансовой системе, то при условии либерализации валютного законодательства, китайский юань обладает серьезными перспективами интернационализации. При продолжении экономического развития с переориентацией на качественное развитие существует вероятность, что юань может стать региональной валютой Юго-Восточной Азии.

ЛИТЕРАТУРА

1.   Лю Ли Цян. Оценка состояния КНР в условиях кризиса и меры, предпринимаемые правительством по его преодолению // Банки Казахстана. - 2010.-№1.-С.34-37.

2.   Ма Сюйхун. Новая политика Китая в привлечении иностранных инвестиций // Сайт Министерства кадров КНР. - URL: www. chinatalents. gov.cn

3.   Щербанин Ю. А., Рожков К. Л., Рыбалкин В. Е., Фишер Г. Международные экономические отношения. Интеграция. - М.: Банки и биржи, ЮНИТИ, 2007. - 640 с.

4.   Чжан, Хун (Zhang, Hong). Проблемы перехода к полной конвертации юаня в Китае. — М.: МАКС Пресс, 2012. — 16 с.

5. ICBC начинает операции в юанях в Сингапуре. - URL http://www.vestifinance.ru/articles/25799

6. ЦБ Тайваня и КНР продвигают юань, . - URL http://www.worldbiz.ru/jurisdictions-news/detail.php?ID=2669

7. Валютный курс КНР за все годы // Официальный сайт Государственного управления иностранной валюты. - URL: www.safe.gov.cn

8. Все про иностранную валюту // Официальный сайт Китайского Народного Банка. — URL: www.pbc.gov.cn/xinwen/?id=617

Фролов А.В.

кандидат экономических наук,

доцент каф. Мировой экономики экономического факультета

МГУ им. М.В. Ломоносова

РОЛЬ ЭКОНОМИЧЕСКОЙ ТЕОРИИ В АНАЛИЗЕ ИННОВАЦИОННОЙ ЭКОНОМИКИ США

Россия только вступает в период активных инновационных преобразований. Поэтому чрезвычайно важным является учет теоретического опыта зарубежных экономистов в анализе инноваций, инновационных систем наиболее передовых в этом вопросе стран. Так, американские экономисты подходят к анализу инновационной экономики с точки зрения концепции «национальных инновационных систем» (НИС).

Высказывается мнение, что концепция НИС набрала силу отчасти в связи с тем обстоятельством, что «основное» (неоклассическое) течение макроэкономической теории и политики потерпело фиаско в попытке понимания и контроля тех факторов, которые определяют международную конкурентоспособность и долгосрочное экономическое развитие. [1]

Современные НИС предполагают развитие отношений между тремя главными участниками инновационного процесса: государством, частным бизнесом и университетами. Модель, основанная на этих отношениях, получила название «тройной спирали» (triple helix model). Ведущим теоретиком в этом вопросе является Г.Ицковиц.

По мнению Г.Ицковица, есть два подхода к развитию современной экономики: ресурсный и институциональный. «При первом все заливают деньгами, нефтью и газом, а потом ждут, зародится ли в этом «бульоне» что-то новое, передовое. Но этот путь вряд ли приведет не только к созданию НИС, но и к чему-то инновационному». [2]

При институциональном подходе создаются необходимые условия инновационной деятельности. Так вот «тройная спираль» - это именно институциональный подход. Развитие и укрепление институтов – частной собственности, информационного и интеллектуального права, судопроизводства, экспертного сообщества – вот что должно дать государство. А еще – достойное финансирование науки и инноваций в объемах, составляющих не менее 5% ВВП.

Согласно концепции «тройной спирали», в системе инновационного развития доминирующее положение начинают занимать институты, ответственные за создание нового знания. Прежде всего, речь идет об университетах, к которым предъявляются новые требования, главное из которых – стать предпринимательскими. Одним из критериев предпринимательского университета является высокий уровень исследовательского бюджета (например, в Стэнфорде этот уровень составляет 85%). [2]

Так же концепция предполагает организацию более эффективных форм взаимодействия государства, науки и бизнеса и создания новой основы сетевых связей между ними.

И, наконец, отдельная роль отводится транснациональным корпорациям (ТНК) как движущей силе глобализации (формирование глобальных экономических сетей и системы ГИС), влияющей на изменения условий инновационной деятельности.

Связь между государством, бизнесом и университетами, в свою очередь, приводит к появлению «инноваций в инновациях» (или организационных инноваций), например - к созданию разнообразных структур венчурного капитала для борьбы с нехваткой финансовых средств в конкретном регионе. Динамика «инноваций в инновациях» является движущей силой для формирования кластеров высокотехнологичной индустрии и продуктовых инноваций.

Развитие инновационной среды США, в том числе и Кремниевой долины, десятилетиями строилось на предпринимательстве в высшей школе, эволюции отношений между университетами, государством и бизнесом. Эти же факторы стали причинами успеха целых инновационных регионов, таких как бостонское Шоссе 128 (Boston's Route 128) и Исследовательский треугольник Research Triangle, созданный в штате Северная Каролина еще в 1959 г.(сейчас здесь расположены исследовательские мощности около 100 ведущих мировых корпораций типа GlaxoSmithKline, BASF, Bayer, IBM и Cisco Systems). [3]

На основе тройной спирали регионы и компании получают возможность в полной мере реализовать свой потенциал, как это делают Apple, Facebook и Google; избегать слишком пристального внимания к инновациям исключительно в продуктовом сегменте и концентрации только на коммерческих результатах инноваций.

Как конкретно, в каких формах участники НИС могут взаимодействовать друг с другом в качестве элементов инновационной системы? Ответ на это вопрос американские теоретики ищут в рамках практики государственно-частного партнерства в инновационной сфере (ГЧП). Так, могут быть разнообразными формы государственного участия в рамках ГЧП: предоставление грантов, совершенствование патентной системы, налоговое стимулирование научно-исследовательских работ и коммерциализация соответствующих изобретений, поддержка малых инновационных фирм типа стартапов.

Главным вызовом для многих инновационных экономик является процесс построения эффективных национальных инновационных систем. Везде, где удалось понять и применить закономерности создания инновационных систем, достигнуты высокие результаты в экономике. Это подтверждает опыт Сингапура и Тайваня, Норвегии и Финляндии, США и Японии. Страны, заявляющие о намерении развивать свои НИС (в том числе – Россия), могут опереться на уже накопленный опыт построения инновационных систем.

Литература и сноски:

1.   Lundvall B.-A. Towards a learning society, Conceicao P., Heitor M., Lundvall BA., eds., Innovation, Competence Building and Social Cohesion in Europe: Towards a Learning Society, Edward Elgar Publishing, Cheltenham, UK, 2000

2.   «Тройная спираль» Г. Ицковица. - http://www.izvestia.ru/education1/article3150343/

3.   http://www.tusur.ru/export/sites/ru.tusur.new/ru/innovation/tr iplehelix/ickovic.pdf

4.   Robert D. Atkinson and Scott Andes, The Atlantic Century II: Benchmarking EU & U.S. Innovation and Competitiveness (Washington, D.C.: ITIF, 2011), 19, http://www.itif.org/files/2011-atlantic-century.pdf.

5.   President Barack Obama's State of the Union Address, January 28, 2014 -http://www.whitehouse.gov/the-press-office/2014/01/28/president-barack-obamas-state-union-address

Репникова Д.С.
аспирант Государственного научного учреждения Научно-
исследовательского института экономики и организации
агропромышленного комплекса Центрально-Черноземного района
Российской Федерации Российской академии сельскохозяйственных наук
(ГНУ НИИЭОАПК ЦЧР России Россельхозакадемии)

ФАКТОРЫ ОБЕСПЕЧЕНИЯ ВОСПРОИЗВОДСТВЕННОГО ПРОЦЕССА В СЕЛЬСКОМ ХОЗЯЙСТВЕ РОССИИ

В современных условиях развития конкурентных отношений особое значение принимает создание эффективной системы хозяйствования, основанной на устойчивом воспроизводственном процессе. Следовательно, возникает необходимость обеспечения условий расширенного воспроизводства в сельском хозяйстве для формирования и развития отечественного сельскохозяйственного рынка и решения задач продовольственного обеспечения страны.

Развитие воспроизводственного процесса в сельском хозяйстве осуществляется в двух формах – экстенсивной и интенсивной. Однако на практике эти формы переплетаются между собой, образуя смешанную форму воспроизводства.

Экстенсивный рост – является более простым типом экономического роста. Его главное достоинство заключается в том, что он обеспечивает наиболее легкий путь повышения темпов хозяйственного развития, позволяет сравнительно быстро и относительно дешево наращивать экономический потенциал предприятия. Экстенсивный рост исторически предшествует интенсивному росту. [1]

Вместе с тем, мировой исторический опыт развития сельского хозяйства показывает, что наиболее перспективным направлением развития воспроизводственного процесса является интенсификация сельскохозяйственного производства.

Интенсификация сельского хозяйства – это основная форма рас-ширенного воспроизводства, осуществляемая путем совершенствования системы ведения отрасли на основе научно-технического прогресса для увеличения выхода продукции с единицы площади, повышения производительности труда и снижения издержек на единицу продукции. В ходе интенсификации затраты материальных ресурсов (овеществленного труда) увеличиваются, а живого труда сокращаются, так что совокупные затраты труда в целом на единицу продукции уменьшаются. [2]

Таким образом, для исследования воспроизводственного процесса в сельском хозяйстве России необходимо произвести оценку влияния экстенсивных и интенсивных факторов воспроизводства при помощи определенных технико-экономических показателей.

Рассмотрим влияние экстенсивных и интенсивных факторов воспроизводственного процесса на состояние сельского хозяйства России.

Таблица 1. Экстенсивные и интенсивные показатели воспроизводственного процесса в сельском хозяйстве России*

Наименование показателя	Годы					2012 г. в % к 2008 г.
	2008	2009	2010	2011	2012	
Экстенсивные показатели						
Посевные площади сельскохозяйственных культур, тыс. га	76923	77805	75188	76662	76325	99,22
Поголовье скота и птицы, тысяч голов	21038	20671	19970	20134	19981	94,98
Парк основных видов техники в сельском хозяйстве, тыс. шт.	628,5	569,6	535,5	506,6	478,9	76,20
Инвестиции в основной капитал на развитие сельского хозяйства, млн. руб.	235143	196531	182931	256912	252994	107,59
Интенсивные показатели						
Урожайность сельскохозяйственных культур, ц с 1 га площади	23,8	22,7	18,3	22,4	18,3	76,89
Выход корма в расчете на 1 условную голову крупного скота, ц в пересчете на кормовые единицы	11,2	10,4	7,8	10,2	7,8	69,64
Надой молока на 1 корову, кг	3892	4089	4592	4306	4985	128,08
Продукция выращивания скота в расчете на 1 голову, кг						
- крупного рогатого скота	102	107	112	108	118	115,69
- свиней	134	156	155	166	187	139,55

* Официальный сайт Федеральной службы государственной статистики – www.gks.ru

Данные таблицы свидетельствуют о том, что в отрасли наблюдается тенденция к сокращению экстенсивных факторов обеспечения воспроизводственного процесса. Таким образом, воспроизводственный процесс в отрасли в значительной степени зависит от факторов интенсификации производства.

Анализ экстенсивных факторов роста воспроизводственного процесса в сельском хозяйстве показал, что соотношение между факторами изменяется сравнительно равномерно. Повышение эффективности производства продукции зависит в основном от состояния и наличия экономических ресурсов сельскохозяйственной отрасли, особенно затрат труда и капитала, что заставляет предприятия зависеть от факторов внешней среды. Вместе с тем, применение экстенсивных факторов развития отрасли позволяет в определенных случаях добиться значительного экономического эффекта. Однако обеспечение условий для развития расширенного воспроизводственного процесса, на наш взгляд, невозможно без влияния научно-технического прогресса.

Эффективность интенсификации воспроизводства в сельском хозяйстве осуществляется не только за счет количественного наращивания ресурсов, но и на основе их более рационального использования. В этой связи важным элементом интенсификации является применение ресурсосберегающих технологий сельскохозяйственного производства на основе достижений научно-технического прогресса, направленных на снижение прямых затрат труда, материалоемкости продукции, соблюдение экологических норм воздействия на земельные и природные ресурсы, получение максимального выхода продукции и прибыли.

Рассмотрев вышеизложенные проблемы, можно сделать вывод о том, что экстенсивный путь развития воспроизводственного процесса в сельском хозяйстве практически непригоден в современных экономических условиях, поскольку с одной стороны, создает возможности для развития расширенного воспроизводственного процесса путем увеличения факторов производства, но с другой стороны, ограничивает возможности качественного совершенствования сельскохозяйственной отрасли, поскольку физическое увеличение производства имеет пределы, обусловленные ограниченностью факторов производства.

По нашему мнению, экстенсивный путь развития воспроизводственного процесса, являясь первой моделью расширенного воспроизводства, представляет собой базу для дальнейшего экономического развития сельскохозяйственной отрасли, поскольку именно он послужил основой для возникновения нового пути развития – интенсивного. В отрасли имеются определенные резервы роста воспроизводственного процесса как за счет экстенсивных факторов производства, так и за счет показателей интенсификации.

Таким образом, главным условием устойчивого развития процесса воспроизводства является, по нашему мнению, представляется их совмещение для более рационального и эффективного использования ресурсного потенциала сельскохозяйственной отрасли.

Литература

1. Экстенсивные факторы воспроизводства и их характеристика [Электронный ресурс] // Учебные материалы. [Интернет-портал] URL: http://works.doklad.ru/view/E_Xc6biP7Yw.html (дата обращения: 15.02.2014).

2. Сущность и научные основы интенсификации сельского хозяйства [Электронный ресурс] // Центральная Научная Библиотека [Интернет-портал]URL:http://www.0ck.ru/referaty_po_botanike_i_selskomu/referat_sush hnost_i_nauchnye_osnovy.html (дата обращения: 15.02.2014).

Зоркальцев В. И.[1], Хажеев И.И.[2]
[1]д.т.н., проф.
Институт систем энергетики им. Л.А. Мелентьева СО РАН
[2]студент 4 курса, спец. «Математические методы в экономике»
Иркутский государственный университет
ivan-khazheev@yandex.ru

ТОПЛИВООБЕСПЕЧЕНИЕ. ИНДЕКСНЫЙ ПОДХОД

Процесс топливообеспечения населенных пунктов в силу суровых климатических условий всегда имел важное значение для нашей страны. Поэтому повышение точности прогнозирования объемов топливопотребления на отопительный период до сих пор является одним их приоритетных направлений в научных исследованиях.

Введение Расход топлива на отопление (F^C - fuel consumption) можно вычислить по формуле:

$$F^C = Q \cdot q_{усл},\qquad(1)$$

где $q_{усл}$ - удельный расход топлива (кг/Гкал),

Q - величина теплопотерь через наружные ограждения:

$$Q = \left(1 + \mu\right) q_0 V \left(\hat{t} - t\right),\qquad(2)$$

μ -коэффициент инфильтрации,

q_0 -удельная величина теплопотерь на единицу объема, $\dfrac{\text{Гкал/ч}}{\text{м}^3}$,

V -объем помещения, м^3,

$\hat{t}$ -нормативная температура воздуха в отапливаемых помещениях, $^{\circ}$C

t - среднесуточная температура атмосферного воздуха, $^{\circ}$C.

Ввиду линейной зависимости расхода топлива от разности температур в дальнейшем в качестве показателя, характеризующего расход топлива, рассматривается интегральная разность температур внутри и вне здания:

$$B_\tau^r = \sum_{k=1}^{L_k^r} \left(\hat{} \cdot _{\tau k}\right), \quad \cdot = \overline{1, T^r},\qquad(3)$$

где T^r – количество отопительных периодов, r – номер рассматриваемого района, $r = \overline{1, m}$.

Кроме интегральной разности (B_τ^r) к показателям, характеризующим температурный режим, можно отнести продолжительность отопительного периода (L_τ^r) и среднюю разность температур внутри и вне здания (N_τ^r) за отопительный период:

$$N_\tau^r = \frac{1}{L_\tau^r} \sum_{\tau=1}^{L_\tau^r} \left(\hat{} \cdot_\tau \right), \quad \tau = \overline{1, T^r}. \tag{4}$$

Интегральная разность температур согласно (3),(4) представляет собой произведение продолжительности отопительного периода и средней разности температур:

$$B_\tau^r = L_\tau^r \cdot N_\tau^r, \quad \tau = \overline{1, T^r}. \tag{5}$$

Среднеарифметические значения указанных климатических показателей за рассматриваемые периоды времени для выбранных населенных пунктов находим по формулам (6):

$$\overline{B^r} = \frac{1}{T^r} \sum_{\tau=1}^{T^r} B_\tau^r, \qquad \overline{L^r} = \frac{1}{T^r} \sum_{\tau=1}^{T^r} L_\tau^r, \qquad \overline{N^r} = \frac{1}{T^r} \sum_{\tau=1}^{T^r} N_\tau^r. \tag{6}$$

По формулам (1)-(6) произведены численные расчеты, представленные в таблице 1.

Таблица 1

Средние значения климатических показателей
по Иркутской области,1900-2013 гг.

Название города/ населенного пункта	Сроки наблюдения	Интегральная разность температур	Продолжительность отопительного периода, дни	Средние за отопительный период температуры, °С
Ербогачен	1936-2012	8672,2	262	-15,1
Иркутск	1900-2012	6251,0	235	-8,6
Тайшет	1929-2012	6273,0	246	-7,5
Большое Голоустное	1939-2012	6075,6	244	-6,9

Интенсивности колебаний интегральной разности температур, продолжительности и средней разности температур за отопительный период

В качестве меры изменчивости потребности в топливе введем такой показатель, интенсивность колебаний, для его нахождения:

1. Вычислим средние геометрические для B, L, N:

$$\overline{B} = \left(\prod_{\tau=1}^{T} B_\tau \right)^{\frac{1}{T}}, \quad \overline{L} = \left(\prod_{\tau=1}^{T} L_\tau \right)^{\frac{1}{T}}, \quad \overline{N} = \left(\prod_{\tau=1}^{T} N_\tau \right)^{\frac{1}{T}}. \tag{10}$$

Средние показатели были не случайно выбраны как средние геометрические. Основное требование к средним величинам —это выполнение условия (9), т.е. $\overline{L} \cdot \overline{N} = \overline{B}$. Это свойство справедливо при использовании средних геометрических:

$$\overline{L} \cdot \overline{N} = \left(\prod_{\tau=1}^{T} L_\tau\right)^{\frac{1}{T}} \cdot \left(\prod_{\tau=1}^{T} N_\tau\right)^{\frac{1}{T}} = \left(\prod_{\tau=1}^{T} B_\tau\right)^{\frac{1}{T}} = \overline{B}. \qquad (11)$$

В первоначальном виде в методике для определения интенсивности колебаний средние показатели вычислялись как средние арифметические, но тогда условие (7) не выполняется:

$$\overline{L} \cdot \overline{N} = \left(\frac{1}{T}\sum_{\tau=1}^{T} L_\tau\right) \cdot \left(\frac{1}{T}\sum_{\tau=1}^{T} N_\tau\right) \neq \frac{1}{T}\sum_{\tau=1}^{T} B_\tau = \overline{B}.$$

В этом случае, для того, чтобы условие (9) выполнялось, приходилось принимать следующее допущение:

$$\overline{N} = \frac{\overline{B}}{\overline{L}} = \left(\sum_{\tau=1}^{T} B_\tau\right) / \left(\sum_{\tau=1}^{T} L_\tau\right) \neq \frac{1}{T}\sum_{\tau=1}^{T} N_\tau.$$

2. Для выполнения свойства аддитивности удельных весов (вкладов колебаний) средней разности температур и продолжительности отопительного периода в интенсивности колебаний расхода топлива относительные отклонения представим в логарифмической шкале:

$$b_\tau = \ln\left(\frac{B_\tau}{\overline{B}}\right), \quad l_\tau = \ln\left(\frac{L_\tau}{\overline{L}}\right), \quad n_\tau = \ln\left(\frac{N_\tau}{\overline{N}}\right). \qquad (12)$$

3. Находим показатель средней интенсивности колебания:

$$I_b = \exp\left(\frac{1}{T}\sum_{\tau=1}^{T} |b_\tau|\right), \quad I_l = \exp\left(\frac{1}{T}\sum_{\tau=1}^{T} |l_\tau|\right), \quad I_n = \exp\left(\frac{1}{T}\sum_{\tau=1}^{T} |n_\tau|\right). \qquad (13)$$

Мера изменчивости потребности в топливе характеризуется интенсивностью колебаний. Интенсивность колебаний потребности в топливе на отопление показывает, насколько в среднем может отклоняться потребность в топливе от среднеожидаемого уровня.

4. Тогда средняя интенсивность отклонений:

$$\overline{I_b} = (I_b - 1) \cdot 100\%, \quad \overline{I_l} = (I_l - 1) \cdot 100\%, \quad \overline{I_n} = (I_n - 1) \cdot 100\%. \qquad (14)$$

Интенсивности колебаний расхода топлива на отопление, продолжительности отопительного периода и средней разности температур по Иркутской области за период 1900-2013 гг. представлены в таблице 3.

Таблица 3

Интенсивности колебаний расхода топлива на отопление, продолжительности отопительного периода и средней разности температур по Иркутской области, 1900-2013 гг.

Название населенного пункта	Интенсивность колебаний потребности в топливе	Интенсивность колебаний продолжительности отопительного периода	Интенсивность колебаний средней разности температур
Ербогачен	4,03	2,03	4,57
Иркутск	5,62	2,58	4,57
Тайшет	5,03	2,31	4,94
Большое Голоустное	5,31	2,19	3,38

По данным таблицы 4:потребность в топливе для Иркутска отклоняется на 5,62 % от среднего уровня потребления (т.е. для обеспечения надежного уровня топливообеспечения необходимо «завозить» топлива на 5,62 % больше, чем средний, ожидаемый уровень потребления-100%), продолжительность отопительного периода на на 2,58 %, и средняя разность температур на 4,57 % от среднеожидаемого уровня.

Литература

1. Зоркальцев В.И. Анализ колебаний потребности в топливе на отопление по экономическим районам СССР на основе многолетних наблюдений температур. // Методы оптимизации и их приложения: труды XII

2. Руденко Ю.Н., Чельцов М.Б., Зоркальцев В.И. Разработка алгоритмов и программ для прогнозирования потребности в котельно-печном топливе с заблаговременностью до 1 года методами статистической экстраполяции (материалы к итоговому научному отчету по хоздоговору с ГВЦ Госснаба СССР н/р 8/77).

3. Российский гидрометеорологический портал. URL: http://meteo.ru/.

Губина Е.Н.
Федеральное государственное бюджетное образовательное учреждение
высшего профессионального образования «Самарский государственный
университет»
E-mail: kartina74@mail.ru

ПРЕИМУЩЕСТВА И НЕДОСТАТКИ ВОЗБУЖДЕНИЯ ИСКОВОГО ПРОИЗВОДСТВА ПОСРЕДСТВОМ «ЭЛЕКТРОННОГО ПРАВОСУДИЯ»

Возбуждение искового производства является результатом двух процессуальных действий: обращения заинтересованного лица в суд с исковым заявлением и принятия единолично судьей поданного заявления. Обращение в суд с просьбой разрешить спор о праве в юридической литературе называется предъявлением иска. Для того, чтобы предъявить иск, необходимо: во-первых, обладать правом на предъявление иска; во-вторых, соблюсти правила обращения к суду.

В соответствии со ст. 4 ГПК РФ суд возбуждает гражданское судопроизводство по заявлению лица, обратившегося за защитой своих прав, свобод и законных интересов. По общему правилу, процессуальная деятельность может быть инициирована по заявлению субъективно заинтересованных с точки зрения материального права лиц. Особенности содержания искового заявления обусловлены подлежащими применению нормами материального права [6, 19]. Вместе с тем, следует помнить, что конституционное право граждан на судебную защиту означает обязанность суда принять заявление дееспособного гражданина, если оно отвечает требованиям закона к его форме и содержанию. Суд не вправе отказать гражданину в принятии его заявления, если оно соответствует закону по форме и содержанию [5, 9-10].

Развитие технических возможностей работы с информацией коснулось и такой важной сферы государственной деятельности как осуществление судебной власти, в частности, правосудия по гражданским делам. В юридической литературе все «информационные» новшества, касающиеся, например, способов общения участников дела судом, обеспечения информацией о движении дел через сайт соответствующего суда, размещения судебных актов в сети Интернет и др., часто называют термином – «электронное правосудие». Под «электронным правосудием» подразумевают систему разрешения споров, которая может включать в себя такие элементы: руководство процессом и судебным разбирательством; оборот судебных документов; доступ к судебной информации; судебные извещения; внутренние судебные процедуры.

Как отмечает Черных И.И., законодатель в электронном правосудии, прежде всего, увидел возможность облечь данные, фиксирующие судебную деятельность, в электронную форму. Во многом благодаря этому удается решать проблему оптимизации рутинного канцелярского процесса. Облегчается обработка документации, ее хранение, дублирование, передача информации. Но можно говорить о такой проблеме, как проблема охраны сетевого хранилища, атака компьютерных вирусов и т.д [9, 132].

Одним из важнейших направлений использования информационных технологий в судопроизводстве является информирование участников процесса о движении дела и, в целом, общение участников с судом. Нормативная база для использования электронных средств в судопроизводстве весьма ограничена. АПК РФ закрепляет право заинтересованного лица на подачу заявления, отзыва на иск в суд в электронном виде (ст.125, 131 АПК РФ), получать информацию на официальном сайте суда, размещенном в сети Интернет и пр.

Для возбуждения гражданского дела в суде необходимо соблюдение определенной юридической процедуры, которая охватывает действия, как истца, так и единично действующего судьи. Преимущества подачи искового заявления в электронной форме вполне очевидны. Среди них К.Л.Брановицкий выделяет снижение временных и денежных затрат сторон по доставке документов в суд, избежание пропуска срока исковой давности за счет возможности отправки сообщения буквально в последнюю минуту срока, повышение удобства и скорости обработки исковых заявлений, регистрации их в канцелярии суда, решение многих вопросов судебной статистики [2, 20-21]. Также отмечается удобство электронной цифровой подписи. Однако «не каждая организация и тем более гражданин обладают навыками использования электронной цифровой подписи», поэтому существует необходимость параллельного сосуществования электронного искового заявления с обычной бумажной формой [2, 22].

Требования ст.131 ГПК РФ и ст.125 АПК РФ о письменной форме заявлений, предъявляемых в суд, явно подразумевают использование классического варианта письменного документа. В некоторых нормах закона (ст.71 ГПК РФ, ст.75 АПК РФ) письменная форма документа понимается более широко, включает и электронный его вариант. АПК РФ закрепляет право на подачу в суд заявлений и иных документов в электронной форме, что влечет возникновение проблемы идентификации лица, управомоченного на подписание документов. Также в качестве «слабого» момента, связанного с использованием электронного искового заявления, можно указать сложность подтверждения выполнения истцом обязанности по отправке копии иска другим участникам процесса, если им используется электронная форма оповещения.

Можно согласиться с мнением И.И.Черных, который отмечает, что электронный способ информирования о предъявлении иска в суд не отвечает всем требованиям, предъявляемым к надлежащему извещению, поэтому АПК РФ сохраняет норму об обязательной для истца отправке копии искового заявления и прилагаемых документов по почте заказным письмом с уведомлением. Функции суда по обеспечению участников процесса информацией по делу согласно АПК РФ и ГПК РФ также могут быть реализованы в электронной форме. Статья 113 ГПК РФ предусматривает такую форму извещения, но не имеет механизма реализации [9, 133-134]. Существуют также и некоторые другие проблемы электронного правосудия, которые требуют более тщательной проработки.

Проведенные российскими учеными исследования в сфере так называемого электронного правосудия в гражданском судопроизводстве США, рассмотренные ими вопросы электронной подачи документов в федеральные суды, оборачиваемости и хранения электронных документов, наглядно демонстрируют современные формы реализации права получить доступ к суду на данном этапе процесса [3, 157-158].

И.В.Решетникова отмечает скорость, удобство доставки и хранения электронных документов, что, по ее мнению, позволяет избежать задержек или сбоев, вызванных независимыми от сторон и суда обстоятельствами. В частности, И.В.Решетникова приводит яркий пример выгоды от применения системы электронного правосудия: во время урагана «Катрина» суды США не работали, но подача документов не прекращалась, что позволило избежать существенных проблем [8, 8].

Е.В.Кудрявцева отмечает, что суды в США в течение многих лет применяют на практике системы электронной публикации и электронной подачи документов, а в настоящее время производство по всем рассматриваемым в федеральных судах США делам осуществляется с использованием систем сервиса открытого электронного доступа, позволяющего заинтересованным лиц получать сведения о судебных делах и материалы судебных дел [4, 52].

Аналогичный опыт использования системы электронного правосудия в России применяется в арбитражных судах и весьма успешно. С 2011 года в Российской Федерации впервые был введен и действовал Временный порядок подачи документов в арбитражные суды РФ в электронном виде. В 2013 году Постановлением Высшего арбитражного суда РФ был утвержден порядок подачи документов в арбитражные суды РФ в электронном виде в связи с изменениями арбитражного процессуального законодательства [7].

Можно согласиться с Борисовой В.Ф., которая выделяет бонусы «электронных дел» в виде быстроты работы с базой данных, эргономичности хранения и т.д. Между тем достаточно высок риск потери столь юридически важной информации в результате сбоя программы, вызванного различными причинами – вирусами, скачками напряжения в сети и пр. Введение электронного документооборота требует наличия серьезных пользовательских навыков у судей и работников аппаратов судов; разработки соответствующего программного обеспечения; усиления материально-технической базы судов [1, 323].

На наш взгляд, положительный опыт введения электронного правосудия в арбитражных судах позволит в судах общей юрисдикции также внедрить систему электронного правосудия с целью эффективности защиты прав и охраняемых законом интересов и готовности России к участию в сетевом внутреннем и международном сообществе.

Список источников:

1. Борисова В.Ф. Электронное правосудие: проблемы обращения в суд //Судебная реформа и проблемы гражданского и арбитражного процессуального законодательства: материалы международной научно-практической конференции. М.:РАП, 2012.

2. Брановицкий К.Л. Информационные технологии в гражданском процессе Германии (сравнительно-правовой анализ): Автореф.дисс. … канд.юрид.наук. Екатеринбург, 2009.

3. Клейменов А.Я. Состязательность в гражданском судопроизводстве Соединенных Штатов Америки: монография. – 2-е изд., перераб. и доп. М.: Проспект, 2012.

4. Кудрявцева Е.В. Внедрение информационных технологий в гражданское судопроизводство //Закон. № 2. 2011.

5. Лебедь К.А. Обращение к мировому судье – защита ваших прав. Серия «Правовое просвещение населения». Министерство юстиции РФ, Общероссийская общественная организация «Ассоциация юристов России», 2012.

6. Особенности рассмотрения и разрешения отдельных категорий гражданских дел (исковое производство): учебное пособие /под ред. И.К.Пискарева. М.: Проспект, 2013.

7. Порядок подачи документов в арбитражные суды РФ в электронном виде (утв. Приказом ВАС РФ от 08.11.2013 г. № 80) //СПС КонсультантПлюс, 2014.

8. Решетникова И.В. С введением электронного правосудия судопроизводство перейдет на совсем иной уровень развития //Закон. № 2. 2011.

9. Черных И.И. Размышления об электронном правосудии // Судебная реформа и проблемы гражданского и арбитражного процессуального законодательства: материалы международной научно-практической конференции. М.:РАП, 2012.

www.ingramcontent.com/pod-product-compliance
Lightning Source LLC
Chambersburg PA
CBHW051631170526
45167CB00001B/148